올림포스

미적분

개념 정리

교과서의 기본 내용을 소주제별로 세분화하여 체계
적으로 정리하고 보기, 설명, 참고, 주의, 증명을 통
해서 개념의 이해를 도울 수 있도록 구성하였다.

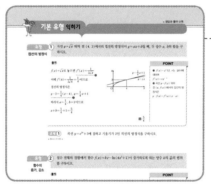

기본 유형 익히기

대표 문항을 통해 개념을 익히고 비슷한 유형의 유
제 문항을 구성하여 개념에 대한 확실한 이해를 도
울 수 있도록 하였다. 또한 대표 문항 풀이 과정 중
유의할 부분이나 추가 개념이 있는 경우 **point**를
통해 다시 한 번 학습할 수 있도록 하였다.

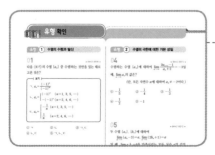

유형 확인

개념을 유형별로 나누어 다양한 문항을 연습할 수
있도록 하였다.

서술형 연습장

서술형 시험에 대비하여 풀이 과정을 단계적으로 서술하여 문제 해결 과정의 이해를 도왔다.

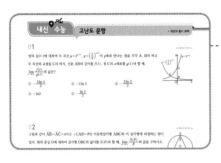

내신♥ ^{Plus} 수능 고난도 문항

내신 및 수능 1등급에 대비하기 위하여 난이도가 높은 문항들로 구성하였다.

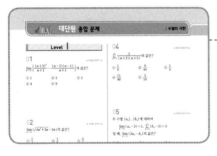

대단원 종합 문제

체계적이고 종합적인 사고력을 학습할 수 있도록 기본 문항부터 고난도 문항까지 단계별로 수록하였다.

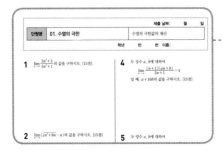

수행평가

학교 수행평가에 대비하여 단원별로 간단한 쪽지시험으로 구성하였다.

이 책의 차례

올림포스 **미적분**

Ⅰ 수열의 극한

01 수열의 극한		06
02 급수		18
대단원 종합 문제		30

Ⅱ 미분법

03 여러 가지 함수의 미분		34
04 여러 가지 미분법		50
05 도함수의 활용		64
대단원 종합 문제		82

Ⅲ 적분법

06 여러 가지 적분법		86
07 정적분의 활용		98
대단원 종합 문제		108

[부록] 올림포스 미적분 수행평가

EBS 스마트북 활용 안내

EBS 스마트북은 스마트폰으로 바로 찍어 해설영상을 수강할 수 있고, 교재 문제를 파일(한글, 이미지)로 다운로드하여 쉽게 활용할 수 있습니다.

학생   <u>모르는 문제, 찍어서 해설 강의 수강</u>

[8442-0001]

1. 윗글에 대해 이해한 내용으로 가장 적절한 것은?

- # 스마트폰 문제 촬영
- # 문항코드 입력도 가능
- # 해설 강의 수강

※ EBS 수능강의 앱 설치 후 이용하실 수 있습니다.
※ 기존과 같이 문항코드 입력으로도 사용할 수 있습니다.

교사   <u>교재 문항을 한글(HWP)문서로 저장</u>

[8442-0001]

1. 윗글에 대해 이해한 내용으로 가장 적절한 것은

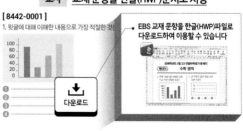

- EBS 교재 문항을 한글(HWP)파일로 다운로드하여 이용할 수 있습니다

※ 교사지원센터(http://teacher.ebsi.co.kr) 접속 후 '교사인증'을 통해 이용 가능

01 수열의 극한

1 수열의 수렴과 발산

(1) 수열의 수렴

수열 $\{a_n\}$에서 n의 값이 한없이 커질 때, a_n의 값이 일정한 실수 α에 한없이 가까워지면 수열 $\{a_n\}$은 α에 수렴한다고 하고, α를 수열 $\{a_n\}$의 극한 또는 극한값이라 한다. 이것을 기호로 다음과 같이 나타낸다.

$$n \to \infty \text{일 때 } a_n \to \alpha \text{ 또는 } \lim_{n\to\infty} a_n = \alpha$$

(2) 수열의 발산

수열 $\{a_n\}$이 수렴하지 않을 때, 수열 $\{a_n\}$은 발산한다고 한다.

① 양의 무한대로 발산: $n \to \infty$일 때 $a_n \to \infty$ 또는 $\lim_{n\to\infty} a_n = \infty$

② 음의 무한대로 발산: $n \to \infty$일 때 $a_n \to -\infty$ 또는 $\lim_{n\to\infty} a_n = -\infty$

③ 진동(발산): 수열 $\{a_n\}$이 수렴하지도 않고 양의 무한대나 음의 무한대로 발산하지도 않을 때, 수열 $\{a_n\}$은 진동한다고 한다.

보기

① 수열 $\left\{\dfrac{1}{n}\right\}$에서 $a_n = \dfrac{1}{n}$이라 하면 $a_1 = 1$, $a_2 = \dfrac{1}{2}$, $a_3 = \dfrac{1}{3}$, $a_4 = \dfrac{1}{4}$, $\cdots$이므로 수열 $\left\{\dfrac{1}{n}\right\}$은 0에 수렴한다.

즉, $\lim\limits_{n\to\infty} \dfrac{1}{n} = 0$이다.

② 수열 $\{(-1)^n\}$에서 $a_n = (-1)^n$이라 하면 $a_1 = -1$, $a_2 = 1$, $a_3 = -1$, $a_4 = 1$, $\cdots$이므로 수열 $\{(-1)^n\}$은 진동(발산)한다.

2 수열의 극한에 대한 기본 성질

두 수열 $\{a_n\}$, $\{b_n\}$이 각각 수렴하고, $\lim\limits_{n\to\infty} a_n = \alpha$, $\lim\limits_{n\to\infty} b_n = \beta$ (α, β는 실수)일 때

(1) $\lim\limits_{n\to\infty} ca_n = c\lim\limits_{n\to\infty} a_n = c\alpha$ (단, c는 상수)

(2) $\lim\limits_{n\to\infty} (a_n + b_n) = \lim\limits_{n\to\infty} a_n + \lim\limits_{n\to\infty} b_n = \alpha + \beta$

(3) $\lim\limits_{n\to\infty} (a_n - b_n) = \lim\limits_{n\to\infty} a_n - \lim\limits_{n\to\infty} b_n = \alpha - \beta$

(4) $\lim\limits_{n\to\infty} a_n b_n = \lim\limits_{n\to\infty} a_n \times \lim\limits_{n\to\infty} b_n = \alpha\beta$

(5) $\lim\limits_{n\to\infty} \dfrac{a_n}{b_n} = \dfrac{\lim\limits_{n\to\infty} a_n}{\lim\limits_{n\to\infty} b_n} = \dfrac{\alpha}{\beta}$ (단, $b_n \neq 0$, $\beta \neq 0$)

보기

$\lim\limits_{n\to\infty} a_n = 3$, $\lim\limits_{n\to\infty} b_n = 2$일 때,

$\lim\limits_{n\to\infty} (2a_n - b_n)$

$= 2\lim\limits_{n\to\infty} a_n - \lim\limits_{n\to\infty} b_n$

$= 2 \times 3 - 2 = 4$

주의

두 수열 $\{a_n\}$, $\{b_n\}$ 중 어느 하나라도 수렴하지 않으면 수열의 극한에 대한 기본 성질이 성립하지 않을 수 있다.

3 수열의 극한값의 계산

(1) $\dfrac{\infty}{\infty}$꼴의 극한: 분모의 최고차항으로 분모, 분자를 각각 나눈다.

① (분모의 차수) > (분자의 차수): 0으로 수렴한다.

② (분모의 차수) = (분자의 차수): 최고차항의 계수의 비로 수렴한다.

③ (분모의 차수) < (분자의 차수): ∞ 또는 $-\infty$로 발산한다.

(2) $\infty - \infty$꼴의 극한

① 무리식은 유리화를 이용하여 극한값을 구한다.

② 다항식은 최고차항으로 묶어 극한값을 구한다.

보기

$\lim\limits_{n\to\infty} \dfrac{n+1}{2n-1}$

$= \lim\limits_{n\to\infty} \dfrac{1+\dfrac{1}{n}}{2-\dfrac{1}{n}}$

$= \dfrac{1}{2}$

4 | ## 수열의 극한의 대소 관계

두 수열 $\{a_n\}$, $\{b_n\}$이 각각 수렴하고, $\lim\limits_{n\to\infty} a_n = \alpha$, $\lim\limits_{n\to\infty} b_n = \beta$ (α, β는 실수)일 때

(1) 모든 자연수 n에 대하여 $a_n \le b_n$이면 $\alpha \le \beta$이다.

(2) 수열 $\{c_n\}$이 모든 자연수 n에 대하여 $a_n \le c_n \le b_n$이고 $\alpha = \beta$이면 $\lim\limits_{n\to\infty} c_n = \alpha$이다.

참고 (1)에서 $a_n < b_n$일 때에도 $\lim\limits_{n\to\infty} a_n = \lim\limits_{n\to\infty} b_n$인 경우가 있다. 예를 들면

$a_n = \dfrac{1}{n}$, $b_n = \dfrac{2}{n}$이면 $a_n < b_n$이지만 $\lim\limits_{n\to\infty} a_n = \lim\limits_{n\to\infty} b_n = 0$이다.

5 | ## 등비수열의 극한

등비수열 $\{r^n\}$의 수렴과 발산은 다음과 같다.

(1) $r > 1$일 때, $\lim\limits_{n\to\infty} r^n = \infty$ (발산)

(2) $r = 1$일 때, $\lim\limits_{n\to\infty} r^n = 1$ (수렴)

(3) $|r| < 1$일 때, $\lim\limits_{n\to\infty} r^n = 0$ (수렴)

(4) $r \le -1$일 때, 수열 $\{r^n\}$은 진동한다. (발산)

참고 ① 등비수열 $\{r^n\}$이 수렴할 필요충분조건은 $-1 < r \le 1$이다.

② 수열 $\{ar^{n-1}\}$이 수렴할 필요충분조건은 $a = 0$ 또는 $-1 < r \le 1$이다.

③ 분모, 분자가 등비수열 $\{r^n\}$ 꼴의 식으로 나타내어진 수열의 극한값은 분모에 있는 등비수열의 공비의 절댓값이 가장 큰 것으로 분모, 분자를 각각 나누어 극한값을 구한다.

6 | ## r^n을 포함한 식의 극한

r^n을 포함한 식의 극한은 r의 값을 다음의 경우로 나누어 그 극한값을 구한다.

(ⅰ) $-1 < r < 1$

(ⅱ) $r = 1$

(ⅲ) $r = -1$

(ⅳ) $r < -1$ 또는 $r > 1$

기본 유형 익히기

유형 1

수열의 수렴과 발산

다음 수열 중 수렴하는 것은?

① $\{n+1\}$
② $\{1-n\}$
③ $\left\{\dfrac{n^2+1}{n}\right\}$

④ $\{(-1)^{2n}+1\}$
⑤ $\left\{\dfrac{(-1)^n+1}{2}\right\}$

풀이

❶
- ① $2, 3, 4, 5, 6, \cdots$ 이므로 수열 $\{n+1\}$은 양의 무한대로 발산한다.
- ② $0, -1, -2, -3, -4, \cdots$ 이므로 수열 $\{1-n\}$은 음의 무한대로 발산한다.
- ③ $2, \dfrac{5}{2}, \dfrac{10}{3}, \dfrac{17}{4}, \dfrac{26}{5}, \cdots$ 이므로 수열 $\left\{\dfrac{n^2+1}{n}\right\}$은 양의 무한대로 발산한다.
- ④ $2, 2, 2, 2, 2, \cdots$ 이므로 수열 $\{(-1)^{2n}+1\}$은 2로 수렴한다.
- ⑤ $0, 1, 0, 1, 0, \cdots$ 이므로 수열 $\left\{\dfrac{(-1)^n+1}{2}\right\}$은 진동(발산)한다.

답 ④

> **POINT**
>
> ❶ 수열 $\{a_n\}$에서 n이 커짐에 따라 각 항의 값이 변하는 상태를 그래프로 나타내면 수렴, 발산을 판단할 수 있다.

유제 1

• 8442-0001 •

두 수열 $\{a_n\}$, $\{b_n\}$에 대하여 $a_n=2n$, $b_n=3n$일 때, 다음 수열 중 발산하는 것은?

① $\left\{\dfrac{a_n}{b_n}\right\}$
② $\left\{\dfrac{b_n}{a_n}\right\}$
③ $\left\{\dfrac{1}{a_n b_n}\right\}$
④ $\left\{\dfrac{a_n-b_n}{a_n b_n}\right\}$
⑤ $\left\{\dfrac{a_n b_n}{a_n+b_n}\right\}$

유형 2

수열의 극한에 대한 기본 성질

두 수열 $\{a_n\}$, $\{b_n\}$에 대하여 $\displaystyle\lim_{n\to\infty}(a_n-1)=2$, $\displaystyle\lim_{n\to\infty}(2a_n+b_n)=8$일 때, $\displaystyle\lim_{n\to\infty}a_n b_n$의 값을 구하시오.

풀이

$$\lim_{n\to\infty}a_n=\lim_{n\to\infty}\{(a_n-1)+1\}=\lim_{n\to\infty}(a_n-1)+\lim_{n\to\infty}1$$
$$=2+1=3$$
$$\lim_{n\to\infty}b_n=\lim_{n\to\infty}\{(2a_n+b_n)-2a_n\}=\lim_{n\to\infty}(2a_n+b_n)-2\lim_{n\to\infty}a_n$$
$$=8-2\times3=2$$
$$\lim_{n\to\infty}a_n b_n=\lim_{n\to\infty}a_n\times\lim_{n\to\infty}b_n=3\times2=6 \quad ❶$$

답 6

> **POINT**
>
> ❶ 두 수열 $\{a_n\}$, $\{b_n\}$이 각각 수렴하므로 수열의 극한에 대한 기본 성질에 의하여
> $$\lim_{n\to\infty}a_n b_n=\lim_{n\to\infty}a_n\times\lim_{n\to\infty}b_n$$
> 이 성립한다.

유제 2

• 8442-0002 •

수렴하는 두 수열 $\{a_n\}$, $\{b_n\}$에 대하여 $\displaystyle\lim_{n\to\infty}(a_n+b_n)=2$, $\displaystyle\lim_{n\to\infty}(3a_n+b_n)=0$일 때,

$\displaystyle\lim_{n\to\infty}\dfrac{b_n}{(a_n)^2}$의 값을 구하시오. (단, 모든 자연수 n에 대하여 $a_n\neq0$이다.)

유형 ③

수열의 극한값
의 계산
$\left(\dfrac{\infty}{\infty}\ \text{꼴}\right)$

$\displaystyle\lim_{n\to\infty}\dfrac{(n+1)(2n-1)+6n^2}{n^2+1}$의 값을 구하시오.

풀이

$$\lim_{n\to\infty}\dfrac{(n+1)(2n-1)+6n^2}{n^2+1}=\lim_{n\to\infty}\dfrac{(2n^2+n-1)+6n^2}{n^2+1}$$

$$=\lim_{n\to\infty}\dfrac{8n^2+n-1}{n^2+1}$$

$$=\lim_{n\to\infty}\dfrac{8+\dfrac{1}{n}-\dfrac{1}{n^2}}{1+\dfrac{1}{n^2}}$$ ❶

$$=\dfrac{8+0-0}{1+0}=8$$

답 8

POINT

❶ $\dfrac{\infty}{\infty}$ 꼴의 극한은 분모의 최고차항으로 분모, 분자를 각각 나누어 계산한다.

유제 ③
● 8442-0003 ●

$\displaystyle\lim_{n\to\infty}\dfrac{(3n+1)^2-(3n-1)^2}{2n-1}$의 값을 구하시오.

유형 ④

수열의 극한값
의 계산
$(\infty-\infty\ \text{꼴})$

$100\displaystyle\lim_{n\to\infty}\sqrt{n}(\sqrt{4n+1}-\sqrt{4n})$의 값을 구하시오.

풀이

$$\lim_{n\to\infty}\sqrt{n}(\sqrt{4n+1}-\sqrt{4n})=\lim_{n\to\infty}\dfrac{\sqrt{n}(\sqrt{4n+1}-\sqrt{4n})(\sqrt{4n+1}+\sqrt{4n})}{\sqrt{4n+1}+\sqrt{4n}}$$ ❶

$$=\lim_{n\to\infty}\dfrac{\sqrt{n}}{\sqrt{4n+1}+\sqrt{4n}}$$

$$=\lim_{n\to\infty}\dfrac{1}{\sqrt{4+\dfrac{1}{n}}+\sqrt{4}}$$

$$=\dfrac{1}{\sqrt{4+0}+\sqrt{4}}$$

$$=\dfrac{1}{2+2}=\dfrac{1}{4}$$

따라서 $100\displaystyle\lim_{n\to\infty}\sqrt{n}(\sqrt{4n+1}-\sqrt{4n})=100\times\dfrac{1}{4}=25$

답 25

POINT

❶ 근호를 포함한 $\infty-\infty$ 꼴의 식의 극한은 근호를 포함한 식을 유리화하여 계산한다.

유제 ④
● 8442-0004 ●

$\displaystyle\lim_{n\to\infty}\dfrac{12}{n-\sqrt{n^2-3n}}$의 값을 구하시오.

유형 5

수열의 극한의 대소 관계

수열 $\{a_n\}$이 모든 자연수 n에 대하여 부등식 $(3n-1)^2 < a_n < (3n+1)^2$을 만족시킬 때, $\lim\limits_{n\to\infty} \dfrac{a_n}{n^2}$의 값을 구하시오.

풀이

부등식 $(3n-1)^2 < a_n < (3n+1)^2$의 각 변을 $n^2 \,(n^2 > 0)$으로 나누면

$\left(3 - \dfrac{1}{n}\right)^2 < \dfrac{a_n}{n^2} < \left(3 + \dfrac{1}{n}\right)^2$이다.

$\lim\limits_{n\to\infty}\left(3 - \dfrac{1}{n}\right)^2 = 3^2 = 9$, $\lim\limits_{n\to\infty}\left(3 + \dfrac{1}{n}\right)^2 = 3^2 = 9$

따라서 수열의 극한의 대소 관계에 의하여 $\lim\limits_{n\to\infty}\dfrac{a_n}{n^2} = 9$ ❶

답 9

POINT

❶ 수열 $\{a_n\}$이 모든 자연수 n에 대하여 $f(n) < a_n < g(n)$이고, $\lim\limits_{n\to\infty} f(n) = \lim\limits_{n\to\infty} g(n) = \alpha$이면 $\lim\limits_{n\to\infty} a_n = \alpha$이다.

유제 5
• 8442-0005 •

수열 $\{a_n\}$이 모든 자연수 n에 대하여 부등식 $\sqrt{4n-1} < (\sqrt{n+1} + \sqrt{n})a_n < \sqrt{4n+1}$을 만족시킬 때, $\lim\limits_{n\to\infty} a_n$의 값을 구하시오.

유형 6

등비수열의 극한

$\lim\limits_{n\to\infty} \dfrac{2^n(3^{n+1}-1)}{3^n + 6^{n-1}}$의 값을 구하시오.

풀이

$\lim\limits_{n\to\infty} \dfrac{2^n(3^{n+1}-1)}{3^n + 6^{n-1}} = \lim\limits_{n\to\infty} \dfrac{3 \times 6^n - 2^n}{3^n + \dfrac{1}{6} \times 6^n}$

$= \lim\limits_{n\to\infty} \dfrac{3 - \left(\dfrac{1}{3}\right)^n}{\left(\dfrac{1}{2}\right)^n + \dfrac{1}{6}}$ ❶

$= \dfrac{3-0}{0 + \dfrac{1}{6}} = 18$

답 18

POINT

❶ $r = 1$일 때, $\lim\limits_{n\to\infty} r^n = 1$
$-1 < r < 1$일 때, $\lim\limits_{n\to\infty} r^n = 0$
이므로 공비 r가 $-1 < r \le 1$이 되도록 식을 변형한다. 즉, 6^n으로 분모, 분자를 각각 나눈다.

유제 6
• 8442-0006 •

$\lim\limits_{n\to\infty} \dfrac{2^{2n+1}}{3^{n-1} + 4^{n-1}}$의 값을 구하시오.

유형 7

r^n을 포함한 식의 극한

다음은 실수 r의 조건에 따른 수열 $\left\{\dfrac{2r^{2n}-1}{r^{2n}+1}\right\}$의 극한값을 구한 것이다.

- $-1<r<1$일 때, (가) 로 수렴한다.
- $r=-1$ 또는 $r=1$일 때, (나) 로 수렴한다.
- $r<-1$ 또는 $r>1$일 때, (다) 로 수렴한다.

위의 (가), (나), (다)에 알맞은 수를 각각 a, b, c라 할 때, $a+10b+20c$의 값을 구하시오.

풀이

- $-1<r<1$일 때,

$\displaystyle\lim_{n\to\infty}r^{2n}=0$이므로 ❶ $\displaystyle\lim_{n\to\infty}\dfrac{2r^{2n}-1}{r^{2n}+1}=\dfrac{2\times0-1}{0+1}=-1$

- $r=-1$ 또는 $r=1$일 때,

모든 자연수 n에 대하여 $r^{2n}=1$이므로

$\displaystyle\lim_{n\to\infty}\dfrac{2r^{2n}-1}{r^{2n}+1}=\dfrac{2\times1-1}{1+1}=\dfrac{1}{2}$

- $r<-1$ 또는 $r>1$일 때,

$\displaystyle\lim_{n\to\infty}r^{2n}=\infty$이고 $\displaystyle\lim_{n\to\infty}\dfrac{1}{r^{2n}}=0$이므로

$\displaystyle\lim_{n\to\infty}\dfrac{2r^{2n}-1}{r^{2n}+1}=\lim_{n\to\infty}\dfrac{2-\dfrac{1}{r^{2n}}}{1+\dfrac{1}{r^{2n}}}=\dfrac{2-0}{1+0}=2$

따라서 $a=-1$, $b=\dfrac{1}{2}$, $c=2$이므로

$a+10b+20c=-1+10\times\dfrac{1}{2}+20\times2$

$=-1+5+40=44$

답 44

POINT

❶ 수열 $\{r^{2n}\}$은

$-1<r<1$일 때,

0으로 수렴하고,

$r=-1$ 또는 $r=1$일 때,

1로 수렴하고,

$r<-1$ 또는 $r>1$일 때,

양의 무한대로 발산한다.

유제 7

● 8442-0007

양의 실수 전체의 집합에서 정의된 함수 $f(x)=\displaystyle\lim_{n\to\infty}\dfrac{2x^{n+1}-x}{x^{n-1}+2}$에 대하여 $f\left(\dfrac{3}{4}\right)\times f(6)$의 값은? (단, n은 자연수)

① -27 ② -24 ③ -21 ④ -18 ⑤ -15

유형 **1** 수열의 수렴과 발산

01
• 8442-0008 •

다음 〈보기〉의 수열 $\{a_n\}$ 중 수렴하는 것만을 있는 대로 고른 것은?

┤ 보기 ├

ㄱ. $a_n = \dfrac{(-1)^n}{(-1)^{2n}}$

ㄴ. $a_n = \begin{cases} (-1)^n & (n=1,\ 3,\ 5,\ \cdots) \\ -(-1)^n & (n=2,\ 4,\ 6,\ \cdots) \end{cases}$

ㄷ. $a_n = \begin{cases} -\dfrac{1}{n} & (n=1,\ 3,\ 5,\ \cdots) \\ \dfrac{1}{n} & (n=2,\ 4,\ 6,\ \cdots) \end{cases}$

① ㄱ   ② ㄴ   ③ ㄱ, ㄷ
④ ㄴ, ㄷ   ⑤ ㄱ, ㄴ, ㄷ

02
• 8442-0009 •

자연수 n과 함수 $f(x)=2x+1$에 대하여 〈보기〉의 수열 중 수렴하는 것만을 있는 대로 고른 것은?

┤ 보기 ├

ㄱ. $\left\{\dfrac{f(0)}{f(-n)}\right\}$ ㄴ. $\left\{\dfrac{f(n^2)}{f(n)}\right\}$

ㄷ. $\left\{\dfrac{f(n)}{f(f(n))}\right\}$

① ㄱ   ② ㄴ   ③ ㄱ, ㄷ
④ ㄴ, ㄷ   ⑤ ㄱ, ㄴ, ㄷ

03
• 8442-0010 •

수열 $\{a_n\}$이 $a_n=(-1)^n$일 때, 다음 수열 중 발산하는 것은?

① $\{a_n a_{n+1}\}$ ② $\{a_n + a_{n+1}\}$ ③ $\{a_n - a_{n+1}\}$
④ $\left\{\dfrac{a_n}{a_{n+1}}\right\}$ ⑤ $\left\{\dfrac{a_{2n}-1}{a_n}\right\}$

유형 **2** 수열의 극한에 대한 기본 성질

04
• 8442-0011 •

수렴하는 수열 $\{a_n\}$에 대하여 $\displaystyle\lim_{n\to\infty}\dfrac{2a_{n+1}-1}{a_n+2}=-3$일 때, $\displaystyle\lim_{n\to\infty}a_n$의 값은?

(단, 모든 자연수 n에 대하여 $a_n \neq -2$이다.)

① $-\dfrac{1}{5}$ ② $-\dfrac{1}{4}$ ③ $-\dfrac{1}{3}$
④ $-\dfrac{1}{2}$ ⑤ -1

05
• 8442-0012 •

두 수열 $\{a_n\}$, $\{b_n\}$에 대하여
$$\lim_{n\to\infty}(a_n-3)=\alpha,\ \lim_{n\to\infty}(2b_n+1)=\alpha$$
일 때, $\displaystyle\lim_{n\to\infty}a_n b_n=6$을 만족시키는 모든 실수 α의 값의 합은?

① -2 ② -1 ③ 0
④ 1 ⑤ 2

06
• 8442-0013 •

두 수열 $\{a_n\}$, $\{b_n\}$에 대하여
$$\lim_{n\to\infty}(a_n+b_n)=2,\ \lim_{n\to\infty}(a_n{}^2-b_n{}^2)=5$$
일 때, $\displaystyle\lim_{n\to\infty}a_n b_n$의 값은?

(단, 모든 자연수 n에 대하여 $a_n+b_n \neq 0$이다.)

① $-\dfrac{5}{8}$ ② $-\dfrac{9}{16}$ ③ $-\dfrac{1}{2}$
④ $-\dfrac{7}{16}$ ⑤ $-\dfrac{3}{8}$

유형 ③ 수열의 극한값의 계산 $\left(\dfrac{\infty}{\infty} \, \text{꼴}\right)$

07
• 8442-0014 •

$\displaystyle\lim_{n\to\infty}\dfrac{3n^2+2n}{1+2+3+\cdots+(2n-1)+2n}$ 의 값은?

① $\dfrac{1}{2}$　　　② 1　　　③ $\dfrac{3}{2}$

④ 2　　　⑤ $\dfrac{5}{2}$

08
• 8442-0015 •

첫째항이 1이고 공차가 3인 등차수열 $\{a_n\}$의 첫째항부터 제n항까지의 합을 S_n이라 할 때, $\displaystyle\lim_{n\to\infty}\dfrac{(a_n)^2}{S_n}$의 값은?

① 2　　　② 3　　　③ 4

④ 6　　　⑤ 8

09
• 8442-0016 •

수열 $\{a_n\}$에 대하여 $\displaystyle\lim_{n\to\infty}\dfrac{a_n}{2n-1}=3$일 때, $\displaystyle\lim_{n\to\infty}\dfrac{n^2}{(2n+1)a_n}$의 값은?

(단, 모든 자연수 n에 대하여 $a_n\neq0$이다.)

① $\dfrac{1}{12}$　　　② $\dfrac{1}{6}$　　　③ $\dfrac{1}{4}$

④ $\dfrac{1}{3}$　　　⑤ $\dfrac{5}{12}$

10
• 8442-0017 •

$\displaystyle\lim_{n\to\infty}\dfrac{(a+b)n^2+bn+1}{2n-1}=1$을 만족시키는 두 상수 a, b에 대하여 $\displaystyle\lim_{n\to\infty}\dfrac{an+b}{(a^2+b^2)n+1}$의 값은?

① $-\dfrac{1}{8}$　　　② $-\dfrac{1}{4}$　　　③ $-\dfrac{1}{2}$

④ -1　　　⑤ -2

11
• 8442-0018 •

다음 두 조건을 만족시키는 두 양수 a, b에 대하여 $a+b$의 값은?

> (가) $\displaystyle\lim_{n\to\infty}\dfrac{(an-1)(an+b)}{n^2+1}=4$
>
> (나) $\displaystyle\sum_{n=1}^{10}(an-b)=\sum_{n=1}^{5}(an+b)$

① $\dfrac{22}{3}$　　　② 8　　　③ $\dfrac{26}{3}$

④ 9　　　⑤ $\dfrac{31}{3}$

유형 ④ 수열의 극한값의 계산 $(\infty-\infty \, \text{꼴})$

12
• 8442-0019 •

$\displaystyle\lim_{n\to\infty}\{\sqrt{n^2+an}-\sqrt{n^2+(a+3)n}\}$의 값은?

(단, $a\geq-1$)

① $-\dfrac{5}{2}$　　　② -2　　　③ $-\dfrac{3}{2}$

④ -1　　　⑤ $-\dfrac{1}{2}$

13

• 8442-0020 •

수열 $\{a_n\}$의 첫째항부터 제n항까지의 합 S_n이
$S_n=n^2+2n$일 때, $\lim\limits_{n\to\infty}\dfrac{\sqrt{a_{n+1}}-\sqrt{2n}}{\sqrt{a_n}-\sqrt{2n}}$의 값은?

① 1　　　　② 2　　　　③ 3

④ 4　　　　⑤ 5

14

• 8442-0021 •

n에 대한 다항식 $n^3+7n^2+14n+8$을 인수분해하면
$$(n+a)(n+b)(n+c)\ (단,\ a<b<c)$$
일 때, $\lim\limits_{n\to\infty}\{\sqrt{(n+b)(n+c)}-(n+a)\}$의 값은?

(단, a, b, c는 상수이다.)

① $\dfrac{1}{2}$　　　　② 1　　　　③ $\dfrac{3}{2}$

④ 2　　　　⑤ $\dfrac{5}{2}$

15

• 8442-0022 •

$\lim\limits_{n\to\infty}(\sqrt{4n^2+an}-bn)=b$를 만족시키는 두 상수 a, b
에 대하여 $a+b$의 값을 구하시오.

16

• 8442-0023 •

수열 $\{a_n\}$이 모든 자연수 n에 대하여 부등식
$$2n^2-n<a_n<2n^2+n$$
을 만족시킬 때, $\lim\limits_{n\to\infty}\dfrac{a_{2n}}{n^2+2}$의 값은?

① 2　　　　② 4　　　　③ 6

④ 8　　　　⑤ 10

17

• 8442-0024 •

수열 $\{a_n\}$이 모든 자연수 n에 대하여 부등식
$$2n-1<a_n<2n+1$$
을 만족시킬 때, $\lim\limits_{n\to\infty}\dfrac{(a_n)^2}{3n^2+1}$의 값은?

① $\dfrac{1}{3}$　　　　② $\dfrac{2}{3}$　　　　③ 1

④ $\dfrac{4}{3}$　　　　⑤ $\dfrac{5}{3}$

18

• 8442-0025 •

두 수열 $\{a_n\}$, $\{b_n\}$이 모든 자연수 n에 대하여 다음 조
건을 만족시킬 때, $\lim\limits_{n\to\infty}\dfrac{b_n}{n}$의 값을 구하시오.

(가) $a_1=3$, $a_{n+1}-a_n=4$
(나) $a_{2n}<b_n<a_{2n+1}$

19

• 8442-0026 •

$\lim\limits_{n\to\infty}\dfrac{a\times 2^{2n+1}-3^n}{4^{n-1}+3^n}=6$일 때, 상수 a의 값은?

① $\dfrac{1}{2}$　　　② $\dfrac{2}{3}$　　　③ $\dfrac{3}{4}$

④ $\dfrac{4}{5}$　　　⑤ $\dfrac{5}{6}$

20

• 8442-0027 •

첫째항과 공비가 모두 $r\,(r>1)$인 등비수열 $\{a_n\}$의 첫째항부터 제n항까지의 합을 S_n이라 하자. $\lim\limits_{n\to\infty}\dfrac{S_n}{a_n}=3$일 때, r의 값은?

① $\dfrac{3}{2}$　　　② 2　　　③ $\dfrac{5}{2}$

④ 3　　　⑤ $\dfrac{7}{2}$

21

• 8442-0028 •

두 수열 $\{a_n\}$, $\{b_n\}$이
$$\lim_{n\to\infty}(2^{n-1}+3^n)a_n=6,\ \lim_{n\to\infty}(2^n+3^{n-1})b_n=9$$
를 만족시킬 때, $\lim\limits_{n\to\infty}\dfrac{b_n}{a_n}$의 값은?

① $\dfrac{3}{2}$　　　② 3　　　③ $\dfrac{9}{2}$

④ 6　　　⑤ $\dfrac{15}{2}$

22

• 8442-0029 •

자연수 n에 대하여 다항식 $(3x+6)^n$을 $x-1$로 나눈 나머지를 a_n, $x+1$로 나눈 나머지를 b_n이라 할 때, $\lim\limits_{n\to\infty}\dfrac{b_{n+1}-1}{\sqrt{a_n+2^n}}$의 값은?

① $\dfrac{1}{3}$　　　② $\dfrac{1}{2}$　　　③ 1

④ 2　　　⑤ 3

23

• 8442-0030 •

$r\neq -1$인 모든 실수 r에서 정의된 함수
$$f(r)=\lim_{n\to\infty}\frac{r^n+2}{3r^n+1}$$
의 치역의 모든 원소의 곱은? (단, n은 자연수)

① $\dfrac{1}{3}$　　　② $\dfrac{1}{2}$　　　③ $\dfrac{3}{4}$

④ $\dfrac{3}{2}$　　　⑤ 2

24

• 8442-0031 •

실수 전체의 집합에서 정의된 함수
$$f(x)=\lim_{n\to\infty}\frac{|x|^{n+1}+1}{|x|^n+3}$$
에 대하여 $f(-1)=f\left(\dfrac{1}{2}\right)\times f(a)$를 만족시키는 모든 실수 a의 값의 곱은? (단, n은 자연수)

① $-\dfrac{1}{4}$　　　② $-\dfrac{4}{9}$　　　③ $-\dfrac{16}{9}$

④ $-\dfrac{9}{4}$　　　⑤ -4

● 정답과 풀이 10쪽

$\lim\limits_{n \to \infty} \dfrac{1}{\sqrt{n^2+4n}-(n+a)} = -\dfrac{1}{3}$ 을 만족시키는 상수 a의 값을 구하시오.

풀이

$\lim\limits_{n \to \infty} \dfrac{1}{\sqrt{n^2+4n}-(n+a)}$

$= \lim\limits_{n \to \infty} \dfrac{\sqrt{n^2+4n}+(n+a)}{\{\sqrt{n^2+4n}-(n+a)\}\{\sqrt{n^2+4n}+(n+a)\}}$

$= \lim\limits_{n \to \infty} \dfrac{\sqrt{n^2+4n}+(n+a)}{(\sqrt{n^2+4n})^2-(n+a)^2}$ → 근호가 포함된 식을 유리화한다.

$= \lim\limits_{n \to \infty} \dfrac{\sqrt{n^2+4n}+(n+a)}{n^2+4n-(n^2+2an+a^2)}$

$= \lim\limits_{n \to \infty} \dfrac{\sqrt{n^2+4n}+(n+a)}{(4-2a)n-a^2}$ ◀ ❶

$= \lim\limits_{n \to \infty} \dfrac{\sqrt{1+\dfrac{4}{n}}+\left(1+\dfrac{a}{n}\right)}{(4-2a)-\dfrac{a^2}{n}}$

→ 분모의 최고차항으로 분모와 분자를 각각 나누어 계산한다.

$= \dfrac{\sqrt{1+0}+(1+0)}{(4-2a)-0}$

$= \dfrac{2}{4-2a} = \dfrac{1}{2-a}$ ◀ ❷

$\dfrac{1}{2-a} = -\dfrac{1}{3}$ 에서 $2-a=-3$

따라서 $a=5$ ◀ ❸

目 5

단계	채점 기준	비율
❶	분모, 분자에 $\sqrt{n^2+4n}+(n+a)$를 곱하여 식을 변형한 경우	40 %
❷	분모, 분자를 각각 n으로 나누어 극한값을 구한 경우	40 %
❸	상수 a의 값을 구한 경우	20 %

01
● 8442-0032 ●

자연수 n에 대하여 함수 $f(x)=\dfrac{2nx+1}{x-n}$의 그래프의 두 점근선을 $x=a_n$, $y=b_n$이라 할 때,

$\lim\limits_{n \to \infty} \dfrac{a_n+b_n}{f(2n)}$의 값을 구하시오.

02
● 8442-0033 ●

두 수열 $\{a_n\}$, $\{b_n\}$에 대하여

$\lim\limits_{n \to \infty} \left(a_n + \dfrac{n+1}{2n-1} \right) = 2$,

$\lim\limits_{n \to \infty} \left(b_n - \dfrac{2^n+3^{n+1}}{2^{n-1}+3^n} \right) = 1$

일 때, $\lim\limits_{n \to \infty} a_n b_n$의 값을 구하시오.

03
● 8442-0034 ●

두 수열

$\left\{ (x-3)\left(\dfrac{x}{2}\right)^n \right\}$, $\left\{ (x+4)\left(\dfrac{x+1}{3}\right)^n \right\}$

중에서 어느 하나만 수렴하도록 하는 실수 x의 값의 범위를 구하시오.

01
● 8442-0035 ●

자연수 n에 대하여 이차함수 $y=x^2+4x$의 그래프와 직선 $y=2x+n$이 만나는 서로 다른 두 점 사이의 거리를 a_n이라 할 때, $\lim\limits_{n\to\infty}\{a_{n+2}(a_{n+1}-a_n)\}$의 값은?

① 5　　　　　② $\dfrac{15}{2}$　　　　　③ 10　　　　　④ $\dfrac{25}{2}$　　　　　⑤ 15

02
● 8442-0036 ●

함수 $f(x)=\lim\limits_{n\to\infty}\dfrac{2+\left(\frac{1}{3}x\right)^{2n+1}}{1+\left(\frac{1}{3}x\right)^{2n}}$ 에 대하여 $f(x)=\dfrac{3}{2}$을 만족시키는 모든 실수 x의 값의 합은? (단, n은 자연수)

① $\dfrac{9}{2}$　　　　　② 5　　　　　③ $\dfrac{11}{2}$　　　　　④ $\dfrac{13}{2}$　　　　　⑤ $\dfrac{15}{2}$

03
● 8442-0037 ●

그림과 같이 $\overline{AB}=\overline{AC}=3$, $\angle CAB=90°$인 삼각형 ABC 모양의 종이를 다음과 같은 방법으로 자른다. [과정 n]을 마쳤을 때, 삼각형 모양의 종이의 개수를 a_n, 삼각형 모양의 종이 한 개의 넓이를 b_n이라 하자. $\lim\limits_{n\to\infty}\dfrac{180a_{n+1}}{1+4^n\times b_n}$의 값을 구하시오. (단, n은 자연수)

[과정 1] 삼각형 ABC 모양의 종이를 점 A를 지나고 선분 BC에 수직인 선분으로 자른다.
[과정 $n+1$] [과정 n]에서 만들어진 모든 삼각형 모양의 종이를 각각 [과정 1]과 같은 방법으로 자른다.

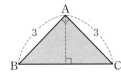

[과정 1]　　　[과정 2]　　...

02 급수

1 급수와 수렴, 발산

(1) **급수의 뜻**

수열 $\{a_n\}$의 각 항을 차례대로 합의 기호 $+$를 사용하여 연결한 식

$$a_1+a_2+\cdots+a_n+\cdots$$

을 급수라 하고, 이를 기호 $\sum$를 사용하여 $\displaystyle\sum_{n=1}^{\infty} a_n$과 같이 나타낸다.

(2) **부분합**: 급수에서 첫째항부터 제n항까지의 합 $\displaystyle S_n=\sum_{k=1}^{n} a_k=a_1+a_2+\cdots+a_n$을

이 급수의 제n항까지의 부분합이라고 한다.

(3) **급수의 수렴, 발산**

급수 $\displaystyle\sum_{n=1}^{\infty} a_n$의 부분합으로 이루어진 수열 S_1, S_2, S_3, $\cdots$, S_n, $\cdots$이 n이 한없이

커짐에 따라 일정한 값 S에 수렴할 때, 급수 $\displaystyle\sum_{n=1}^{\infty} a_n$은 S에 수렴한다고 하고, S를

이 급수의 합이라 한다. $\displaystyle\sum_{n=1}^{\infty} a_n=\lim_{n\to\infty}\sum_{k=1}^{n} a_k=\lim_{n\to\infty} S_n=S$

한편 부분합의 수열 $\{S_n\}$이 발산할 때, 급수 $\displaystyle\sum_{n=1}^{\infty} a_n$은 발산한다고 한다.

보기

① 급수

$1+\dfrac{1}{2}+\dfrac{1}{3}+\cdots+\dfrac{1}{n}+\cdots$은

$\displaystyle\sum_{n=1}^{\infty}\dfrac{1}{n}$과 같이 나타낸다.

② $a_n=\dfrac{1}{n}-\dfrac{1}{n+1}$일 때,

급수 $\displaystyle\sum_{n=1}^{\infty} a_n$의 제$n$항까지의 부분합 S_n은

$S_n=\displaystyle\sum_{k=1}^{n} a_k$

$=\left(1-\dfrac{1}{2}\right)+\left(\dfrac{1}{2}-\dfrac{1}{3}\right)$

$\qquad+\cdots+\left(\dfrac{1}{n}-\dfrac{1}{n+1}\right)$

$=1-\dfrac{1}{n+1}$

$\displaystyle\lim_{n\to\infty} S_n=\lim_{n\to\infty}\left(1-\dfrac{1}{n+1}\right)=1$

이므로

$\displaystyle\sum_{n=1}^{\infty}\left(\dfrac{1}{n}-\dfrac{1}{n+1}\right)=1$

2 급수와 수열의 극한 사이의 관계

(1) 급수 $\displaystyle\sum_{n=1}^{\infty} a_n$이 수렴하면 $\displaystyle\lim_{n\to\infty} a_n=0$이다.

증명 급수 $\displaystyle\sum_{n=1}^{\infty} a_n$이 S에 수렴한다고 할 때, 수열 $\{a_n\}$의 첫째항부터 제n항까지의 합을 S_n이라

하면 $\displaystyle\lim_{n\to\infty} S_n=\lim_{n\to\infty} S_{n-1}=S$이고, $a_n=S_n-S_{n-1}\,(n\ge2)$이므로

$\displaystyle\lim_{n\to\infty} a_n=\lim_{n\to\infty}(S_n-S_{n-1})=\lim_{n\to\infty} S_n-\lim_{n\to\infty} S_{n-1}=S-S=0$

(2) $\displaystyle\lim_{n\to\infty} a_n\ne0$이면 급수 $\displaystyle\sum_{n=1}^{\infty} a_n$은 발산한다.

보기

$a_n=\dfrac{n}{2n+1}$일 때,

$\displaystyle\lim_{n\to\infty} a_n=\lim_{n\to\infty}\dfrac{n}{2n+1}=\dfrac{1}{2}\ne0$

이므로 급수 $\displaystyle\sum_{n=1}^{\infty} a_n$은 발산한다.

3 급수의 성질

두 급수 $\displaystyle\sum_{n=1}^{\infty} a_n$, $\displaystyle\sum_{n=1}^{\infty} b_n$이 각각 수렴하고, $\displaystyle\sum_{n=1}^{\infty} a_n=S$, $\displaystyle\sum_{n=1}^{\infty} b_n=T$ (S, T는 실수)일 때

(1) $\displaystyle\sum_{n=1}^{\infty} ca_n=c\sum_{n=1}^{\infty} a_n=cS$ (단, c는 상수)

(2) $\displaystyle\sum_{n=1}^{\infty}(a_n+b_n)=\sum_{n=1}^{\infty} a_n+\sum_{n=1}^{\infty} b_n=S+T$

(3) $\displaystyle\sum_{n=1}^{\infty}(a_n-b_n)=\sum_{n=1}^{\infty} a_n-\sum_{n=1}^{\infty} b_n=S-T$

보기

$\displaystyle\sum_{n=1}^{\infty} a_n=3$, $\displaystyle\sum_{n=1}^{\infty} b_n=2$일 때

$\displaystyle\sum_{n=1}^{\infty}(2a_n-b_n)$

$=2\displaystyle\sum_{n=1}^{\infty} a_n-\sum_{n=1}^{\infty} b_n$

$=2\times3-2=4$

4 **등비급수와 수렴, 발산**

(1) 등비급수의 뜻

첫째항이 $a\,(a\neq0)$이고 공비가 r인 등비수열 $\{ar^{n-1}\}$에 대하여 급수

$$\sum_{n=1}^{\infty} ar^{n-1}=a+ar+ar^2+\cdots+ar^{n-1}+\cdots$$

을 첫째항이 a이고 공비가 r인 등비급수라고 한다.

(2) 등비급수 $\sum\limits_{n=1}^{\infty} ar^{n-1}\,(a\neq0)$의 수렴과 발산

① $|r|<1$일 때, 수렴하고 그 합은 $\dfrac{a}{1-r}$이다.

② $|r|\geq1$일 때, 발산한다.

〔설명〕 등비급수 $\sum\limits_{n=1}^{\infty} ar^{n-1}\,(a\neq0)$에서

① $|r|<1$인 경우

등비급수의 제n항까지의 부분합을 S_n이라 하면, $S_n=\dfrac{a(1-r^n)}{1-r}$이고 $\lim\limits_{n\to\infty} r^n=0$이므로

$$\sum_{n=1}^{\infty} ar^{n-1}=\lim_{n\to\infty} S_n=\lim_{n\to\infty}\frac{a(1-r^n)}{1-r}=\frac{a}{1-r}$$

② $|r|\geq1$인 경우

$\lim\limits_{n\to\infty} ar^{n-1}\neq0$이므로 $\sum\limits_{n=1}^{\infty} ar^{n-1}$은 발산한다.

보기

수열 $\left\{\left(\dfrac{1}{2}\right)^{n-1}\right\}$은 첫째항이 1이고, 공비가 $\dfrac{1}{2}$인 등비수열이다.

이때 $-1<\dfrac{1}{2}<1$이므로 등비급수 $\sum\limits_{n=1}^{\infty}\left(\dfrac{1}{2}\right)^{n-1}$은 수렴하고,

그 합은 $\dfrac{1}{1-\dfrac{1}{2}}=2$이다.

주의

등비급수 $\sum\limits_{n=1}^{\infty} r^{n-1}$의 수렴 조건은 $-1<r<1$이다.

급수 $\sum\limits_{n=1}^{\infty} ar^{n-1}$의 수렴 조건은 $a=0$ 또는 $-1<r<1$이다.

5 **등비급수의 활용**

(1) 순환소수는 등비급수로 표현이 가능하므로 분수로 나타낼 수 있다.

〔예〕 $0.\dot{1}=0.1111\cdots$

$\qquad=0.1+0.01+0.001+\cdots$

$\qquad=\dfrac{1}{10}+\dfrac{1}{10^2}+\dfrac{1}{10^3}+\cdots=\dfrac{\dfrac{1}{10}}{1-\dfrac{1}{10}}=\dfrac{1}{9}$

(2) 선분의 길이나 도형의 넓이가 일정한 비율로 한없이 작아질 때, 이 모든 선분들의 길이의 합 또는 도형들의 넓이의 합은 등비급수로 표현이 가능하므로 다음과 같은 방법으로 구할 수 있다.

① 주어진 조건을 이용하여 구하고자 하는 선분의 길이 또는 도형의 넓이의 첫째 항 a를 구한다.

② 선분의 길이 또는 도형의 넓이의 이웃하는 두 항 사이의 규칙을 찾고, 공비 $r\,(-1<r<1)$의 값을 구한다.

③ 등비급수의 합의 공식 $\dfrac{a}{1-r}$에 대입한다.

보기

그림과 같이 한 변의 길이가 3인 정사각형 $A_1B_1C_1D_1$과 자연수 n에 대하여

$\overline{A_{n+1}C_n}=\dfrac{2}{3}\overline{D_nC_n}$을 만족시키는 정사각형 $A_{n+1}C_nC_{n+1}D_{n+1}$이 있다.

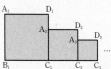

정사각형 $A_1B_1C_1D_1$의 넓이는 3^2이고, 정사각형 $A_2C_1C_2D_2$, $A_3C_2C_3D_3$, $\cdots$의 넓이는 각각 2^2, $\left(\dfrac{4}{3}\right)^2$, $\cdots$이므로 그림의 모든 정사각형의 넓이의 합은

$3^2+2^2+\left(\dfrac{4}{3}\right)^2+\cdots$

$=\dfrac{9}{1-\dfrac{4}{9}}=\dfrac{81}{5}$

기본 유형 익히기

유형 ❶

부분합이 주어진 급수

수열 $\{a_n\}$의 첫째항부터 제n항까지의 합 S_n이 $S_n = \dfrac{n}{2n+1}$일 때, $\displaystyle\sum_{n=1}^{\infty} a_n$의 값을 구하시오.

풀이

급수 $\displaystyle\sum_{n=1}^{\infty} a_n$의 부분합 S_n이 $S_n = \dfrac{n}{2n+1}$이므로

$$\sum_{n=1}^{\infty} a_n = \lim_{n \to \infty} S_n \text{❶}$$

$$= \lim_{n \to \infty} \frac{n}{2n+1}$$

$$= \lim_{n \to \infty} \frac{1}{2+\dfrac{1}{n}} = \frac{1}{2}$$

답 $\dfrac{1}{2}$

POINT

❶ 급수 $\displaystyle\sum_{n=1}^{\infty} a_n$의 제$n$항까지의 부분합을 S_n이라 할 때,
$$\sum_{n=1}^{\infty} a_n = \lim_{n \to \infty} S_n$$

유제 ❶
• 8442-0038 •

수열 $\{a_n\}$이 모든 자연수 n에 대하여 $a_1 + a_2 + a_3 + \cdots + a_n = 4 - \dfrac{1}{2^n}$을 만족시킬 때, $\displaystyle\sum_{n=1}^{\infty} a_n$의 값을 구하시오.

유형 ❷

부분분수와 급수

$\displaystyle\sum_{n=1}^{\infty} \dfrac{1}{n(n+2)}$의 값을 구하시오.

풀이

$\dfrac{1}{n(n+2)} = \dfrac{1}{2}\left(\dfrac{1}{n} - \dfrac{1}{n+2}\right)$이므로 급수 $\displaystyle\sum_{n=1}^{\infty} \dfrac{1}{n(n+2)}$의 부분합 S_n은 ❶

$$S_n = \frac{1}{2} \sum_{k=1}^{n} \left(\frac{1}{k} - \frac{1}{k+2}\right)$$

$$= \frac{1}{2}\left\{\left(1 - \frac{1}{3}\right) + \left(\frac{1}{2} - \frac{1}{4}\right) + \left(\frac{1}{3} - \frac{1}{5}\right) + \cdots + \left(\frac{1}{n-1} - \frac{1}{n+1}\right)\right.$$
$$\left. + \left(\frac{1}{n} - \frac{1}{n+2}\right)\right\}$$

$$= \frac{1}{2}\left(1 + \frac{1}{2} - \frac{1}{n+1} - \frac{1}{n+2}\right)$$

$$\sum_{n=1}^{\infty} \frac{1}{n(n+2)} = \lim_{n \to \infty} S_n = \lim_{n \to \infty} \frac{1}{2}\left(1 + \frac{1}{2} - \frac{1}{n+1} - \frac{1}{n+2}\right)$$

$$= \frac{1}{2}\left(1 + \frac{1}{2}\right) = \frac{3}{4}$$

답 $\dfrac{3}{4}$

POINT

❶ 부분분수
$$\frac{1}{AB} = \frac{1}{B-A}\left(\frac{1}{A} - \frac{1}{B}\right)$$
(단, $AB \neq 0$, $A \neq B$)

유제 ❷
• 8442-0039 •

$\displaystyle\sum_{n=1}^{\infty} \dfrac{\sqrt{n} - \sqrt{n+1}}{\sqrt{n(n+1)}}$의 값을 구하시오.

유형 3

급수와 수열의 극한 사이의 관계

수열 $\{a_n\}$에 대하여 $\sum\limits_{n=1}^{\infty}\left(\dfrac{a_n}{n}-2\right)=3$일 때, $\lim\limits_{n\to\infty}\dfrac{3a_n+4n}{2n+1}$의 값을 구하시오.

풀이

급수 $\sum\limits_{n=1}^{\infty}\left(\dfrac{a_n}{n}-2\right)$가 수렴하므로 $\lim\limits_{n\to\infty}\left(\dfrac{a_n}{n}-2\right)=0$이다. ❶

$\lim\limits_{n\to\infty}\dfrac{a_n}{n}=\lim\limits_{n\to\infty}\left\{\left(\dfrac{a_n}{n}-2\right)+2\right\}=\lim\limits_{n\to\infty}\left(\dfrac{a_n}{n}-2\right)+\lim\limits_{n\to\infty}2$ ❷

$=0+2=2$

이므로

$\lim\limits_{n\to\infty}\dfrac{3a_n+4n}{2n+1}=\lim\limits_{n\to\infty}\dfrac{3\times\dfrac{a_n}{n}+4}{2+\dfrac{1}{n}}=\dfrac{3\times2+4}{2+0}=5$

답 5

POINT

❶ 급수 $\sum\limits_{n=1}^{\infty}a_n$이 수렴하면

$\lim\limits_{n\to\infty}a_n=0$이다.

❷ 두 수열 $\{a_n\}$, $\{b_n\}$이 수렴하면

$\lim\limits_{n\to\infty}(a_n+b_n)$

$=\lim\limits_{n\to\infty}a_n+\lim\limits_{n\to\infty}b_n$

유제 3

● 8442-0040 ●

두 수열 $\{a_n\}$, $\{b_n\}$에 대하여 $\lim\limits_{n\to\infty}(a_n-4)=0$, $\sum\limits_{n=1}^{\infty}(b_n-3)=2$일 때, $\lim\limits_{n\to\infty}\dfrac{nb_n+2}{3na_n+4}$의 값을 구하시오.

유형 4

급수의 성질

두 수열 $\{a_n\}$, $\{b_n\}$에 대하여 $\sum\limits_{n=1}^{\infty}a_n=1$, $\sum\limits_{n=1}^{\infty}b_n=4$이다. $\sum\limits_{n=1}^{\infty}(k^2a_n-2kb_n)=-16$을 만족시키는 실수 k의 값을 구하시오.

풀이

두 급수 $\sum\limits_{n=1}^{\infty}a_n$, $\sum\limits_{n=1}^{\infty}b_n$이 수렴하므로 급수의 성질에 의하여

$\sum\limits_{n=1}^{\infty}(k^2a_n-2kb_n)=\sum\limits_{n=1}^{\infty}k^2a_n-\sum\limits_{n=1}^{\infty}2kb_n$ ❶

$=k^2\sum\limits_{n=1}^{\infty}a_n-2k\sum\limits_{n=1}^{\infty}b_n$ ❷

$=k^2-8k$

이므로 $k^2-8k=-16$에서

$k^2-8k+16=0$, $(k-4)^2=0$

따라서 $k=4$

답 4

POINT

$\sum\limits_{n=1}^{\infty}a_n=S$, $\sum\limits_{n=1}^{\infty}b_n=T$이면

❶ $\sum\limits_{n=1}^{\infty}(a_n-b_n)$

$=\sum\limits_{n=1}^{\infty}a_n-\sum\limits_{n=1}^{\infty}b_n$

$=S-T$

❷ $\sum\limits_{n=1}^{\infty}ca_n=c\sum\limits_{n=1}^{\infty}a_n=cS$

(단, c는 상수이고, S, T는 실수)

유제 4

● 8442-0041 ●

두 수열 $\{a_n\}$, $\{b_n\}$에 대하여 $\sum\limits_{n=1}^{\infty}a_n=4$, $\sum\limits_{n=1}^{\infty}(a_n-2b_n)=1$일 때, $\sum\limits_{n=1}^{\infty}b_n$의 값을 구하시오.

유형 5 등비급수와 수렴, 발산

$\sum\limits_{n=1}^{\infty} \dfrac{2^n(4^n-3^n)}{9^n}$ 의 값을 구하시오.

풀이

$$\sum_{n=1}^{\infty} \frac{2^n(4^n-3^n)}{9^n} = \sum_{n=1}^{\infty} \frac{2^n\times4^n-2^n\times3^n}{9^n} = \sum_{n=1}^{\infty} \frac{(2\times4)^n-(2\times3)^n}{9^n}$$

$$= \sum_{n=1}^{\infty} \frac{8^n-6^n}{9^n} = \sum_{n=1}^{\infty} \left\{\left(\frac{8}{9}\right)^n - \left(\frac{6}{9}\right)^n\right\}$$

$$= \sum_{n=1}^{\infty} \left(\frac{8}{9}\right)^n - \sum_{n=1}^{\infty} \left(\frac{2}{3}\right)^n$$

$$= \frac{\frac{8}{9}}{1-\frac{8}{9}} - \frac{\frac{2}{3}}{1-\frac{2}{3}} = 8-2 = 6$$

❶

답 6

POINT

❶ $\sum\limits_{n=1}^{\infty} ar^{n-1}\,(a\neq0)$은 $-1<r<1$일 때 수렴하고, 그 합은 $\dfrac{a}{1-r}$이다.

유제 5 ● 8442-0042 ●

$\sum\limits_{n=1}^{\infty} \dfrac{(2^n-1)(2^n+1)}{6^n}$ 의 값을 구하시오.

유형 6 등비급수의 수렴 조건

급수 $\sum\limits_{n=1}^{\infty}\left(\dfrac{1-x}{3}\right)^n$이 수렴하도록 하는 모든 정수 x의 값의 합을 구하시오.

풀이

수열 $\left\{\left(\dfrac{1-x}{3}\right)^n\right\}$은 공비가 $\dfrac{1-x}{3}$인 등비수열이므로 등비급수 $\sum\limits_{n=1}^{\infty}\left(\dfrac{1-x}{3}\right)^n$

이 수렴하려면

$-1<\dfrac{1-x}{3}<1$을 만족해야 한다. ❶ ……… ㉠

㉠의 각 변에 3을 곱하면

$-3<1-x<3$, $-4<-x<2$

각 변에 -1을 곱하면

$-2<x<4$

따라서 급수가 수렴하도록 하는 모든 정수 x의 값은 $-1,\ 0,\ 1,\ 2,\ 3$이고 그 합은 $-1+0+1+2+3=5$

답 5

POINT

❶ 공비가 r인 등비급수가 수렴하려면 $-1<r<1$이어야 한다. 즉, 등비급수 $\sum\limits_{n=1}^{\infty} ar^{n-1}(a\neq0)$의 수렴 조건은 $-1<r<1$이다.

유제 6 ● 8442-0043 ●

급수 $\sum\limits_{n=1}^{\infty}(x^2-9)\left(2-\dfrac{x}{2}\right)^{n-1}$이 수렴하도록 하는 모든 정수 x의 값의 합을 구하시오.

유형 7 등비급수의 활용

그림과 같이 $\overline{AB}=\overline{AC}=2$이고 $\angle BAC=90°$인 직각이등변삼각형 ABC에서 선분 AB의 중점을 M_1이라 하고, 점 M_1에서 선분 BC에 내린 수선의 발을 B_1, 점 B_1에서 선분 AC에 내린 수선의 발을 A_1이라 하자.
선분 A_1B_1의 중점을 M_2라 하고, 점 M_2에서 선분 B_1C에 내린 수선의 발을 B_2, 점 B_2에서 선분 A_1C에 내린 수선의 발을 A_2라 하자. 이와 같은 과정을 계속 반복할 때, 두 선분 M_nB_n과 A_nB_n의 길이의 합을 L_n이라 하자. $\sum_{n=1}^{\infty} L_n$의 값을 구하시오.

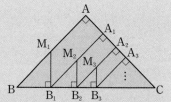

풀이

선분 AB의 중점이 M_1이므로 $\overline{M_1B}=1$

직각삼각형 M_1BB_1에서 $\angle M_1BB_1=45°$이므로

$\overline{M_1B_1}=\overline{BB_1}=\cos 45° \times \overline{M_1B}=\frac{\sqrt{2}}{2} \times 1=\frac{\sqrt{2}}{2}$

직각삼각형 A_1B_1C에서 $\overline{B_1C}=\overline{BC}-\overline{BB_1}=2\sqrt{2}-\frac{\sqrt{2}}{2}=\frac{3\sqrt{2}}{2}$이므로

$\overline{A_1B_1}=\cos 45° \times \overline{B_1C}=\frac{\sqrt{2}}{2} \times \frac{3\sqrt{2}}{2}=\frac{3}{2}$

$L_1=\overline{M_1B_1}+\overline{A_1B_1}=\frac{\sqrt{2}}{2}+\frac{3}{2}$

두 직각이등변삼각형 ABC, A_1B_1C의 닮음비는 $2:\frac{3}{2}=1:\frac{3}{4}$이므로 ❶

$L_2=L_1 \times \frac{3}{4}=\frac{3}{4}L_1$

이와 같은 방법으로 $L_3=\frac{3}{4}L_2=\left(\frac{3}{4}\right)^2 L_1$, $L_4=\frac{3}{4}L_3=\left(\frac{3}{4}\right)^3 L_1$, …

따라서 $\sum_{n=1}^{\infty} L_n=L_1+\frac{3}{4}L_1+\left(\frac{3}{4}\right)^2 L_1+\left(\frac{3}{4}\right)^3 L_1+\cdots=\frac{L_1}{1-\frac{3}{4}}$ ❷

$=4L_1=4\left(\frac{\sqrt{2}}{2}+\frac{3}{2}\right)=2\sqrt{2}+6$

답 $2\sqrt{2}+6$

POINT

❶ 반복되는 도형에서 두 도형의 닮음비가 $a:b$이면 길이의 비는 $a:b$이고, 넓이의 비는 $a^2:b^2$이다.

❷ $\sum_{n=1}^{\infty} ar^{n-1}\,(a \neq 0)$은 $-1<r<1$일 때 수렴하고, 그 합은 $\frac{a}{1-r}$이다.

유제 7
• 8442-0044 •

그림과 같이 한 변의 길이가 3인 정삼각형 $A_1B_1C_1$에서 세 선분 A_1B_1, A_1C_1, B_1C_1을 $1:2$로 내분하는 점을 각각 P_1, A_2, B_2라 하자.
정삼각형 $A_2B_2C_1$에서 세 선분 A_2B_2, A_2C_1, B_2C_1을 $1:2$로 내분하는 점을 각각 P_2, A_3, B_3이라 하자.
이와 같은 과정을 계속 반복할 때, 삼각형 $A_nP_nA_{n+1}$의 넓이를 S_n이라 하자. $\sum_{n=1}^{\infty} S_n$의 값을 구하시오.

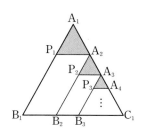

유형 1 부분합이 주어진 급수

01
• 8442-0045 •

수열 $\{a_n\}$의 첫째항부터 제n항까지의 합 S_n이

$S_n = \dfrac{1}{\sqrt{2n}(\sqrt{n+1}-\sqrt{n})}$일 때, $\displaystyle\sum_{n=1}^{\infty} a_n$의 값은?

① $\dfrac{\sqrt{2}}{4}$ ② $\dfrac{1}{2}$ ③ $\dfrac{\sqrt{2}}{2}$

④ 1 ⑤ $\sqrt{2}$

02
• 8442-0046 •

첫째항이 $\dfrac{5}{3}$인 수열 $\{a_n\}$에 대하여

$$\sum_{k=1}^{n} a_k = \frac{an+b}{2n+1}, \quad \sum_{n=1}^{\infty} a_n = 2$$

일 때, $a-b$의 값은? (단, a, b는 상수이다.)

① 1 ② 2 ③ 3

④ 4 ⑤ 5

유형 2 부분분수와 급수

03
• 8442-0047 •

첫째항이 1이고 공차가 3인 등차수열 $\{a_n\}$에 대하여

$\displaystyle\sum_{n=1}^{\infty} \left(\dfrac{1}{a_{2n-1}} - \dfrac{1}{a_{2n+1}} \right)$의 값은?

① $\dfrac{1}{3}$ ② $\dfrac{1}{2}$ ③ 1

④ 2 ⑤ 3

04
• 8442-0048 •

첫째항이 8이고 공비가 2인 등비수열 $\{a_n\}$에 대하여

$\displaystyle\sum_{n=1}^{\infty} \left(\dfrac{1}{\sqrt{a_{2n}}} - \dfrac{1}{\sqrt{a_{2n+2}}} \right)$의 값은?

① $\dfrac{1}{4}$ ② $\dfrac{1}{2}$ ③ 1

④ 2 ⑤ 4

05
• 8442-0049 •

자연수 n에 대하여 직선 $2nx+(n+1)y=n^2+n$과 x축 및 y축으로 둘러싸인 도형의 넓이를 S_n이라 할 때,

$\displaystyle\sum_{n=1}^{\infty} \dfrac{1}{S_n}$의 값은?

① 2 ② $\dfrac{5}{2}$ ③ 3

④ $\dfrac{7}{2}$ ⑤ 4

06
• 8442-0050 •

두 수열 $\{a_n\}$, $\{b_n\}$이 다음을 만족한다.

모든 자연수 n에 대하여 이차함수 $y=x^2-a_n x+b_n$의 그래프는 두 점 $(n(n+1),\ 0)$, $((n+1)(n+2),\ 0)$을 지난다.

$\displaystyle\sum_{n=1}^{\infty} \dfrac{a_n}{b_n}$의 값은?

① $\dfrac{1}{2}$ ② 1 ③ $\dfrac{3}{2}$

④ 2 ⑤ $\dfrac{5}{2}$

유형 ③ 급수와 수열의 극한 사이의 관계

07
● 8442-0051 ●

수열 $\{a_n\}$에 대하여 $\sum\limits_{n=1}^{\infty}\left(a_n+\dfrac{4n}{3n-1}\right)$이 수렴할 때,
$\lim\limits_{n\to\infty}a_n$의 값은?

① $-\dfrac{5}{3}$ ② $-\dfrac{4}{3}$ ③ -1

④ $-\dfrac{2}{3}$ ⑤ $-\dfrac{1}{3}$

08
● 8442-0052 ●

수열 $\{a_n\}$에 대하여 $\sum\limits_{n=1}^{\infty}\left(\dfrac{a_n}{2^{n+1}+3}-\dfrac{1}{4}\right)$이 수렴할 때,
$\lim\limits_{n\to\infty}\dfrac{a_n}{2^{n-1}+1}$의 값은?

① $\dfrac{1}{4}$ ② $\dfrac{1}{2}$ ③ $\dfrac{3}{4}$

④ 1 ⑤ $\dfrac{5}{4}$

09
● 8442-0053 ●

수열 $\{a_n\}$에 대하여 $\sum\limits_{n=1}^{\infty}\left(\dfrac{a_n}{n}-3\right)=1$일 때,
$\lim\limits_{n\to\infty}\dfrac{a_n}{\sqrt{9n^2+n}-2n}$의 값은?

① $\dfrac{9}{5}$ ② 2 ③ $\dfrac{7}{3}$

④ 3 ⑤ 5

10
● 8442-0054 ●

〈보기〉의 급수 중 수렴하는 것만을 있는 대로 고른 것은?

| 보기 |

ㄱ. $\sum\limits_{n=1}^{\infty}\dfrac{n}{2n-1}$ ㄴ. $\sum\limits_{n=1}^{\infty}\left(\dfrac{1}{2^n}-\dfrac{1}{2^{n+1}}\right)$

ㄷ. $\sum\limits_{n=1}^{\infty}\dfrac{1}{\sqrt{n+1}+\sqrt{n}}$

① ㄱ   ② ㄴ   ③ ㄷ

④ ㄴ, ㄷ   ⑤ ㄱ, ㄴ, ㄷ

유형 ④ 급수의 성질

11
● 8442-0055 ●

두 수열 $\{a_n\}$, $\{b_n\}$에 대하여
$$\sum\limits_{n=1}^{\infty}a_n=2,\ \sum\limits_{n=1}^{\infty}(b_n+2)=3$$
일 때, $\sum\limits_{n=1}^{\infty}\{4(a_n+1)+2b_n\}$의 값은?

① 10 ② 12 ③ 14

④ 16 ⑤ 18

12
● 8442-0056 ●

두 수열 $\{a_n\}$, $\{b_n\}$에 대하여 두 급수 $\sum\limits_{n=1}^{\infty}a_n$, $\sum\limits_{n=1}^{\infty}b_n$이
모두 수렴하고 다음 조건을 만족시킬 때, $\sum\limits_{n=1}^{\infty}(a_n+b_n)$의
값을 구하시오.

(가) $\left(\sum\limits_{n=1}^{\infty}\dfrac{a_n}{2}\right)^2=\sum\limits_{n=1}^{\infty}b_n$

(나) $\sum\limits_{n=1}^{\infty}(8a_n-b_n)=64$

유형 5 등비급수와 수렴, 발산

13
● 8442-0057 ●

등비수열 $\{a_n\}$에 대하여 $a_1 = 12$, $a_3 = \dfrac{4}{3}$일 때,

$\displaystyle\sum_{n=1}^{\infty} \left(\dfrac{a_{n+2}}{a_n} \right)^n$의 값은?

① $\dfrac{1}{8}$ ② $\dfrac{1}{4}$ ③ $\dfrac{3}{8}$

④ $\dfrac{1}{2}$ ⑤ $\dfrac{5}{8}$

14
● 8442-0058 ●

등비수열 $\{a_n\}$에 대하여

$$\sum_{n=1}^{\infty} a_n = 4, \quad \sum_{n=1}^{\infty} (a_n)^2 = \dfrac{16}{7}$$

일 때, $2^{10} \times a_5$의 값을 구하시오.

15
● 8442-0059 ●

자연수 n에 대하여 좌표평면 위의 세 점 A$(0, 0)$, B$(2^n, 3^{n-1})$, C$(2^{n+1}, 3^n)$을 꼭짓점으로 하는 삼각형 ABC의 무게중심의 좌표를 (a_n, b_n)이라 할 때, $\displaystyle\sum_{n=1}^{\infty} \dfrac{a_n}{b_n}$의 값은?

① $\dfrac{5}{2}$ ② 3 ③ $\dfrac{7}{2}$

④ 4 ⑤ $\dfrac{9}{2}$

16
● 8442-0060 ●

자연수 n에 대하여 3^n을 4로 나누었을 때의 나머지를 a_n이라 할 때, $\displaystyle\sum_{n=1}^{\infty} \dfrac{(a_{2n-1})^n - (a_{2n})^n}{4^n}$의 값은?

① 2 ② $\dfrac{7}{3}$ ③ $\dfrac{8}{3}$

④ 3 ⑤ $\dfrac{10}{3}$

유형 6 등비급수의 수렴 조건

17
● 8442-0061 ●

자연수 a에 대하여 등비급수 $\displaystyle\sum_{n=1}^{\infty} \left(\dfrac{x}{a} - 2 \right)^{n-1}$이 수렴하도록 하는 모든 정수 x의 개수가 21이 되도록 하는 a의 값을 구하시오.

18
● 8442-0062 ●

다음 조건을 만족시키는 모든 정수 x의 값의 합을 구하시오.

(가) $x^2 - 8x + 7 < 0$

(나) 급수 $\displaystyle\sum_{n=1}^{\infty} \left(\dfrac{4}{x} \right)^n$은 수렴한다.

19

• 8442-0063 •

그림과 같이 $\overline{AB}=6$, $\overline{BC_1}=3$이고 $\angle AC_1B=90°$인 직각삼각형 ABC_1에서 선분 AB를 $2:1$로 내분하는 점을 B_1, 선분 BC_1의 중점을 P_1이라 하자.

선분 AC_1 위에 삼각형 AB_1C_2가 $\angle AC_2B_1=90°$인 직각삼각형이 되도록 점 C_2를 정하고, 선분 AB_1을 $2:1$로 내분하는 점을 B_2, 선분 B_1C_2의 중점을 P_2라 하자.

선분 AC_2 위에 삼각형 AB_2C_3이 $\angle AC_3B_2=90°$인 직각삼각형이 되도록 점 C_3을 정하고, 선분 AB_2를 $2:1$로 내분하는 점을 B_3, 선분 B_2C_3의 중점을 P_3이라 하자.

이와 같은 과정을 계속 반복할 때, 삼각형 B_1BP_1의 넓이를 S_1이라 하고, 삼각형 $B_{n+1}B_nP_{n+1}$의 넓이를 S_{n+1}이라 하자. $\sum\limits_{n=1}^{\infty} S_n$의 값은?

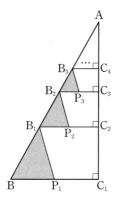

① $\dfrac{6\sqrt{3}}{5}$ ② $\dfrac{13\sqrt{3}}{10}$ ③ $\dfrac{27\sqrt{3}}{20}$

④ $\dfrac{7\sqrt{3}}{5}$ ⑤ $\dfrac{8\sqrt{3}}{5}$

20

• 8442-0064 •

그림과 같이 한 변의 길이가 3인 정사각형 $A_1B_1C_1D_1$에서 두 선분 A_1B_1, A_1D_1을 $2:1$로 내분하는 점을 각각 P_1, Q_1이라 하자.

선분 P_1Q_1의 중점 A_2에 대하여 선분 A_2C_1을 대각선으로 하는 정사각형 $A_2B_2C_1D_2$를 그리고 두 선분 A_2B_2, A_2D_2를 $2:1$로 내분하는 점을 각각 P_2, Q_2라 하자. 선분 P_2Q_2의 중점 A_3에 대하여 선분 A_3C_1을 대각선으로 하는 정사각형 $A_3B_3C_1D_3$을 그리고 두 선분 A_3B_3, A_3D_3을 $2:1$로 내분하는 점을 각각 P_3, Q_3이라 하자.

이와 같은 과정을 계속 반복할 때, 선분 P_nQ_n의 길이를 L_n이라 하자. $\sum\limits_{n=1}^{\infty} L_n$의 값은?

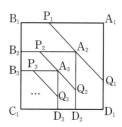

① $\dfrac{11}{2}\sqrt{2}$ ② $6\sqrt{2}$ ③ $\dfrac{13}{2}\sqrt{2}$

④ $7\sqrt{2}$ ⑤ $\dfrac{15}{2}\sqrt{2}$

서술형 연습장

수열 $\{a_n\}$에 대하여 급수 $\sum\limits_{n=1}^{\infty}\left(\dfrac{a_n}{2n+1}-1\right)$이 수렴할 때, $\lim\limits_{n\to\infty}\dfrac{a_n}{3n-1}$의 값을 구하시오.

풀이

급수 $\sum\limits_{n=1}^{\infty}\left(\dfrac{a_n}{2n+1}-1\right)$이 수렴하므로

$\lim\limits_{n\to\infty}\left(\dfrac{a_n}{2n+1}-1\right)=0$ ◀ ❶

$\lim\limits_{n\to\infty}\dfrac{a_n}{2n+1}=\lim\limits_{n\to\infty}\left\{\left(\dfrac{a_n}{2n+1}-1\right)+1\right\}$

$=\lim\limits_{n\to\infty}\left(\dfrac{a_n}{2n+1}-1\right)+\lim\limits_{n\to\infty}1$

$=0+1=1$ ◀ ❷

→ 수열의 극한에 대한 기본 성질을 이용하여 극한값을 구한다.

$\lim\limits_{n\to\infty}\dfrac{a_n}{3n-1}=\lim\limits_{n\to\infty}\left(\dfrac{a_n}{2n+1}\times\dfrac{2n+1}{3n-1}\right)$

$=\lim\limits_{n\to\infty}\dfrac{a_n}{2n+1}\times\lim\limits_{n\to\infty}\dfrac{2n+1}{3n-1}$

$=1\times\lim\limits_{n\to\infty}\dfrac{2+\dfrac{1}{n}}{3-\dfrac{1}{n}}$

→ 수열의 극한에 대한 기본 성질을 이용하여 극한값을 구한다.

$=1\times\dfrac{2}{3}=\dfrac{2}{3}$ ◀ ❸

답 $\dfrac{2}{3}$

단계	채점 기준	비율
❶	$\lim\limits_{n\to\infty}\left(\dfrac{a_n}{2n+1}-1\right)$의 값을 구한 경우	20 %
❷	$\lim\limits_{n\to\infty}\dfrac{a_n}{2n+1}$의 값을 구한 경우	30 %
❸	$\lim\limits_{n\to\infty}\dfrac{a_n}{3n-1}$의 값을 구한 경우	50 %

01

수열 $\{a_n\}$의 첫째항부터 제n항까지의 합을 S_n이라 하자. $S_n=n^2$일 때, $\sum\limits_{n=1}^{\infty}\dfrac{1}{a_n a_{n+1}}$의 값을 구하시오.

02

두 등비수열 $\{a_n\}$, $\{b_n\}$이 각각

$$a_n=\left(\dfrac{x+1}{3}\right)^{n-1},\ b_n=(2-x)^{n-1}$$

이다. $\lim\limits_{n\to\infty}a_n$과 $\sum\limits_{n=1}^{\infty}b_n$이 모두 수렴하도록 하는 실수 x의 값의 범위를 구하시오.

03

수열 $\{a_n\}$이 $a_1=\dfrac{1}{4}$이고, $a_{n+1}=3a_n\ (n\geq 1)$을 만족시킬 때, $\sum\limits_{n=1}^{\infty}\dfrac{1}{a_{2n}}$의 값을 구하시오.

01

• 8442-0068 •

수열 $\{a_n\}$에 대하여 $a_n = n^2 - n + 1$일 때, $\sum\limits_{n=1}^{\infty} \dfrac{n}{a_n a_{n+1}}$의 값은?

① $\dfrac{1}{2}$ ② 1 ③ $\dfrac{3}{2}$ ④ 2 ⑤ $\dfrac{5}{2}$

02

• 8442-0069 •

자연수 n에 대하여 두 직선 l, m을 각각

$$l : y = 3x, \quad m : y = -6^n(x-1)$$

이라 하자. 두 직선 l, m이 만나는 점을 P, 직선 m이 x축과 만나는 점을 Q라 하고, 삼각형 OPQ의 넓이를 S_n이라 할 때, $\sum\limits_{n=1}^{\infty} \dfrac{1}{2^n S_n}$의 값은? (단, O는 원점이다.)

① $\dfrac{25}{33}$ ② $\dfrac{26}{33}$ ③ $\dfrac{9}{11}$ ④ $\dfrac{28}{33}$ ⑤ $\dfrac{29}{33}$

03

• 8442-0070 •

오른쪽 그림과 같이 한 변의 길이가 3인 정삼각형 $A_1B_1C_1$에서 두 선분 A_1B_1, A_1C_1을 $1:2$로 내분하는 점을 각각 P_1, Q_1이라 하자.

점 A_1이 중심이고 두 점 P_1, Q_1을 지나는 원을 그리고, 원 위의 점 A_2와 원의 내부의 두 점 B_2, C_2를 꼭짓점으로 하는 정삼각형 $A_2B_2C_2$를 그린다. 이때 선분 B_2C_2의 중점이 점 A_1이고, 두 선분 B_1C_1, B_2C_2는 서로 평행하며 정삼각형 $A_1B_1C_1$의 내부와 겹치지 않도록 한다. 정삼각형 $A_2B_2C_2$에서 두 선분 A_2B_2, A_2C_2를 $1:2$로 내분하는 점을 각각 P_2, Q_2라 하자.

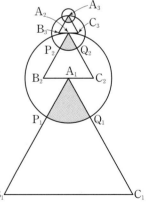

점 A_2가 중심이고 두 점 P_2, Q_2를 지나는 원을 그리고, 원 위의 점 A_3과 원의 내부의 두 점 B_3, C_3를 꼭짓점으로 하는 정삼각형 $A_3B_3C_3$을 그린다. 이때 선분 B_3C_3의 중점이 점 A_2이고, 두 선분 B_2C_2, B_3C_3은 서로 평행하며 정삼각형 $A_2B_2C_2$의 내부와 겹치지 않도록 한다. 이와 같은 과정을 계속 반복할 때, 부채꼴 $A_nP_nQ_n$의 넓이를 S_n이라 하자. $\sum\limits_{n=1}^{\infty} S_n$의 값은?

① $\dfrac{9}{46}\pi$ ② $\dfrac{5}{23}\pi$ ③ $\dfrac{11}{46}\pi$ ④ $\dfrac{6}{23}\pi$ ⑤ $\dfrac{13}{46}\pi$

01

• 8442-0071 •

$\lim\limits_{n \to \infty} \left\{ \dfrac{(n+3)^2}{n+1} - \dfrac{(n-2)(n-1)}{n+1} \right\}$의 값은?

① 1   ② 2   ③ 3

④ 4   ⑤ 9

02

• 8442-0072 •

$\lim\limits_{n \to \infty} (\sqrt{4n^2+3n} - 2n)$의 값은?

① $\dfrac{1}{4}$ ② $\dfrac{1}{2}$ ③ $\dfrac{3}{4}$

④ 1   ⑤ $\dfrac{5}{4}$

03

• 8442-0073 •

$\lim\limits_{n \to \infty} \dfrac{(2^n+3^n)^2}{1+3^{2n-1}}$의 값은?

① $\dfrac{1}{3}$ ② $\dfrac{1}{2}$ ③ 1

④ 2   ⑤ 3

04

• 8442-0074 •

$\sum\limits_{n=1}^{\infty} \dfrac{1}{(n+3)(n+5)}$의 값은?

① $\dfrac{1}{5}$ ② $\dfrac{9}{40}$ ③ $\dfrac{1}{4}$

④ $\dfrac{11}{40}$ ⑤ $\dfrac{3}{10}$

05

• 8442-0075 •

두 수열 $\{a_n\}$, $\{b_n\}$에 대하여

$$\lim_{n \to \infty} (a_n - 3) = 1, \quad \sum_{n=1}^{\infty} (b_n - 2) = 3$$

일 때, $\lim\limits_{n \to \infty} (2a_n - b_n)$의 값은?

① 2   ② 4   ③ 6

④ 8   ⑤ 10

06

• 8442-0076 •

등차수열 $\{a_n\}$에 대하여

$$a_1 = 1, \quad a_4 - a_2 = 6$$

일 때, $\sum\limits_{n=1}^{\infty} \dfrac{a_{n+1} - a_n}{3^n}$의 값은?

① $\dfrac{1}{3}$ ② $\dfrac{2}{3}$ ③ 1

④ $\dfrac{3}{2}$ ⑤ 3

Level 2

07
• 8442-0077 •

다항함수 $f(x)=x^3+2x+1$에 대하여

$\lim\limits_{n\to\infty}\dfrac{f(n)}{(2n+1)f'(n)}$의 값은?

① $\dfrac{1}{2}$ ② $\dfrac{1}{3}$ ③ $\dfrac{1}{4}$

④ $\dfrac{1}{5}$ ⑤ $\dfrac{1}{6}$

08
• 8442-0078 •

수열 $\{a_n\}$에 대하여 $a_n=n^2-2n+9$일 때,

$\lim\limits_{n\to\infty}\dfrac{1}{\sqrt{a_n+6n}-\sqrt{a_n-2n}}$의 값은?

① $\dfrac{1}{8}$ ② $\dfrac{1}{4}$ ③ $\dfrac{3}{8}$

④ $\dfrac{1}{2}$ ⑤ $\dfrac{5}{8}$

09
• 8442-0079 •

첫째항이 서로 같은 두 등차수열 $\{a_n\}$, $\{b_n\}$이 다음 조건을 만족시킬 때, $a_{21}-b_{21}$의 값은?

(단, 모든 자연수 n에 대하여 $b_n\neq 0$이다.)

> (가) $a_{10}=b_7+3$
>
> (나) $\lim\limits_{n\to\infty}\dfrac{a_n}{b_{2n-1}}=1$

① 1   ② 2   ③ 3

④ 4   ⑤ 5

10
• 8442-0080 •

자연수 n에 대하여 x에 대한 이차방정식 $x^2+2nx-2n=0$의 두 실근을 a_n, b_n $(a_n<b_n)$이라 하자. 수열 $\{c_n\}$이 모든 자연수 n에 대하여 부등식

$$a_n+4n<c_n<b_n+2n$$

을 만족시킬 때, $\lim\limits_{n\to\infty}\dfrac{c_n}{\sqrt{n^2+1}}$의 값은?

① $\dfrac{1}{2}$ ② 1   ③ $\dfrac{3}{2}$

④ 2   ⑤ $\dfrac{5}{2}$

11
• 8442-0081 •

자연수 n에 대하여 좌표평면 위에 두 점 $A(2^n,\ 4^n)$, $B(4^{n-1},\ 2^{n+1})$이 있다. 선분 AB를 $3:2$로 내분하는 점의 좌표를 $(a_n,\ b_n)$이라 할 때, $\lim\limits_{n\to\infty}\dfrac{b_n}{a_n}$의 값은?

① $\dfrac{5}{3}$ ② 2   ③ $\dfrac{7}{3}$

④ $\dfrac{8}{3}$ ⑤ 3

12
• 8442-0082 •

수열 $\{a_n\}$이 모든 자연수 n에 대하여 부등식

$$2+\dfrac{n}{n+1}<a_1+a_2+a_3+\cdots+a_n<3+\dfrac{1}{3^n}$$

을 만족시킬 때, $\sum\limits_{n=1}^{\infty}a_n$의 값을 구하시오.

13

• 8442-0083 •

3으로 나누었을 때의 나머지가 2인 자연수를 작은 수부터 크기순으로 나열한 수열을 $\{a_n\}$이라 할 때, $\sum\limits_{n=1}^{\infty} \dfrac{1}{a_n a_{n+1}}$의 값은?

① $\dfrac{1}{6}$ ② $\dfrac{1}{3}$ ③ $\dfrac{1}{2}$

④ 2 ⑤ 3

14

• 8442-0084 •

자연수 n에 대하여 다항식 $(2^n x + 3^n)^3$의 전개식에서 x^2의 계수를 a_n, x의 계수를 b_n이라 할 때, $\sum\limits_{n=1}^{\infty} \dfrac{a_n}{b_n}$의 값은?

① $\dfrac{1}{3}$ ② $\dfrac{1}{2}$ ③ 1

④ 2 ⑤ 3

15

• 8442-0085 •

급수 $\sum\limits_{n=1}^{\infty} (x-3)\left(\dfrac{x}{2}-4\right)^{n-1}$이 수렴하도록 하는 모든 실수 x의 집합을 A라 하자. 집합 $B=\{x \mid a \leq x \leq b\}$에 대하여 $A \subset B$를 만족하도록 하는 20 이하의 두 자연수 a, b의 순서쌍 (a, b)의 개수를 구하시오.

Level 3

16

• 8442-0086 •

$\lim\limits_{n \to \infty} \dfrac{(an+b)(bn+c)}{3n-1} = -2$를 만족시키는 세 정수 a, b, c의 순서쌍 (a, b, c)의 개수를 구하시오.

17

• 8442-0087 •

오른쪽 그림은 자연수 n에 대하여 이차항의 계수가 2이고, 두 점 $\mathrm{A}(n, 0)$, $\mathrm{B}(5n, 0)$을 지나는 이차함수 $y=f(x)$의 그래프이다. 이차함수 $y=f(x)$의 그래프의 꼭짓점 C에 대하여 삼각형 ABC의 넓이를 $S(n)$이라 할 때,

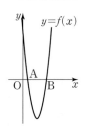

$\lim\limits_{n \to \infty} \dfrac{S(n)}{(n+1)f(0)} = k$이다. $20k$의 값을 구하시오.

18

• 8442-0088 •

양의 실수 x에서 정의된 함수

$$f(x) = \lim_{n \to \infty} \frac{3x^{3n}-2}{(x^n+1)(x^{2n}-x^n+1)}$$

에 대하여 〈보기〉에서 옳은 것만을 있는 대로 고른 것은? (단, n은 자연수)

┤ 보기 ├

ㄱ. $f(1) = \dfrac{1}{2}$ ㄴ. $\sum\limits_{k=2}^{10} f\left(\dfrac{1}{k}\right) = -18$

ㄷ. $\sum\limits_{k=2}^{10} f(k) = 27$

① ㄱ ② ㄴ ③ ㄱ, ㄴ

④ ㄴ, ㄷ ⑤ ㄱ, ㄴ, ㄷ

19

● 8442-0089 ●

그림과 같이 $\overline{A_1B_1}=2$인 정사각형 $A_1B_1C_1D_1$에서 선분 A_1B_1의 중점을 M_1이라 하고, 점 B_1을 중심으로 하고 선분 B_1M_1을 반지름으로 하는 사분원을 정사각형 $A_1B_1C_1D_1$의 내부에 그려서 얻은 그림을 R_1이라 하자.

그림 R_1에서 두 선분 A_1D_1, C_1D_1 위의 점 A_2, C_2와 사분원 위의 점 B_2를 꼭짓점으로 하는 정사각형 $A_2B_2C_2D_1$을 그리고 이 정사각형 안에 그림 R_1을 얻은 것과 같은 방법으로 사분원을 그려서 얻은 그림을 R_2라 하자.

이와 같은 과정을 계속하여 n번째 얻은 그림 R_n에서 사분원의 넓이의 합을 S_n이라 할 때, $\lim\limits_{n\to\infty} S_n$의 값은?

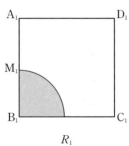

R_1

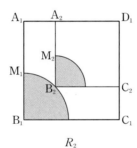

R_2

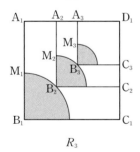

R_3

$\cdots$

① $\dfrac{1+4\sqrt{2}}{31}\pi$

② $\dfrac{2(1+2\sqrt{2})}{31}\pi$

③ $\dfrac{2(1+4\sqrt{2})}{31}\pi$

④ $\dfrac{3(1+2\sqrt{2})}{31}\pi$

⑤ $\dfrac{3(1+4\sqrt{2})}{31}\pi$

20

● 8442-0090 ●

두 수열 $\{a_n\}$, $\{b_n\}$에 대하여

$$\sum_{n=1}^{\infty}(2a_n+b_n)=7,\ \sum_{n=1}^{\infty}(a_n-2b_n)=-4$$

일 때, $\sum\limits_{n=1}^{\infty}(a_n+b_n)$의 값을 구하시오.

21

● 8442-0091 ●

수열 $\{a_n\}$의 첫째항부터 제n항까지의 합 S_n에 대하여 $S_n=\dfrac{3n}{n+1}$일 때, $\sum\limits_{n=1}^{\infty}\{na_n-(n+1)a_{n+1}\}$의 값을 구하시오.

03 여러 가지 함수의 미분

1 지수함수 $y=a^x\,(a>0,\ a\neq1)$의 극한

(1) $a>1$일 때,

① $\displaystyle\lim_{x\to0}a^x=1$　　　② $\displaystyle\lim_{x\to1}a^x=a$

③ $\displaystyle\lim_{x\to\infty}a^x=\infty$　　　④ $\displaystyle\lim_{x\to-\infty}a^x=0$

(2) $0<a<1$일 때,

① $\displaystyle\lim_{x\to0}a^x=1$　　　② $\displaystyle\lim_{x\to1}a^x=a$

③ $\displaystyle\lim_{x\to\infty}a^x=0$　　　④ $\displaystyle\lim_{x\to-\infty}a^x=\infty$

참고 지수함수 $y=a^x\,(a>0,\ a\neq1)$은 실수 전체의 집합에서 연속
이므로 b가 실수일 때, $\displaystyle\lim_{x\to b}a^x=a^b$이다.

보기
① $\displaystyle\lim_{x\to\infty}2^x=\infty$
② $\displaystyle\lim_{x\to-\infty}2^x=0$
③ $\displaystyle\lim_{x\to\infty}\left(\frac{1}{2}\right)^x=0$
④ $\displaystyle\lim_{x\to-\infty}\left(\frac{1}{2}\right)^x=\infty$

2 로그함수 $y=\log_a x\,(a>0,\ a\neq1)$의 극한

(1) $a>1$일 때,

① $\displaystyle\lim_{x\to0+}\log_a x=-\infty$　② $\displaystyle\lim_{x\to1}\log_a x=0$

③ $\displaystyle\lim_{x\to\infty}\log_a x=\infty$

(2) $0<a<1$일 때,

① $\displaystyle\lim_{x\to0+}\log_a x=\infty$　② $\displaystyle\lim_{x\to1}\log_a x=0$

③ $\displaystyle\lim_{x\to\infty}\log_a x=-\infty$

참고 로그함수 $y=\log_a x\,(a>0,\ a\neq1)$는 실수 전체의 집합에서
연속이므로 b가 양수일 때, $\displaystyle\lim_{x\to b}\log_a x=\log_a b$이다.

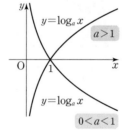

보기
① $\displaystyle\lim_{x\to\infty}\log_2 x=\infty$
② $\displaystyle\lim_{x\to0+}\log_2 x=-\infty$
③ $\displaystyle\lim_{x\to\infty}\log_{\frac{1}{2}} x=-\infty$
④ $\displaystyle\lim_{x\to0+}\log_{\frac{1}{2}} x=\infty$

3 무리수 e의 정의와 자연로그

(1) 무리수 e의 정의

$$\lim_{x\to0}(1+x)^{\frac{1}{x}}=e,\ \lim_{x\to\infty}\left(1+\frac{1}{x}\right)^x=e$$

(단, $e=2.718281828459045\cdots$이고, e는 무리수)

(2) 자연로그

무리수 e를 밑으로 하는 로그함수를 자연로그라 하고,
$\log_e x$를 $\ln x$로 나타낸다. 이때 지수함수 $y=e^x$과 로
그함수 $y=\ln x$는 서로 역함수이고, 직선 $y=x$에 대
하여 대칭이다.

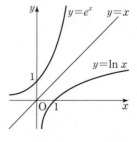

보기
① $\ln 1=0$
② $\ln e=1$
③ $\ln e^2=2\ln e=2$
④ $\ln 2+\ln 3=\ln(2\times3)$
　　　　$=\ln 6$

참고

함수 $y=(1+x)^{\frac{1}{x}}$에서 x의 값이
0에 한없이 가까워질 때, y의
값은 $2.718281828459045\cdots$
인 무리수로 수렴함이 알려져
있다. 이 수를 e로 나타낸다.

4 무리수 e의 정의를 이용한 지수함수와 로그함수의 극한

(1) $\lim\limits_{x \to 0} \dfrac{\ln(1+x)}{x} = 1$　　　　　(2) $\lim\limits_{x \to 0} \dfrac{e^x - 1}{x} = 1$

설명 (1) $\lim\limits_{x \to 0} \dfrac{\ln(1+x)}{x} = \lim\limits_{x \to 0} \left\{ \dfrac{1}{x} \ln(1+x) \right\} = \lim\limits_{x \to 0} \ln(1+x)^{\frac{1}{x}} = \ln e = 1$

(2) $\lim\limits_{x \to 0} \dfrac{e^x - 1}{x}$ 에서 $e^x - 1 = t$ 라 하면 $x \to 0$일 때 $t \to 0$이고, $x = \ln(1+t)$이므로

$\lim\limits_{x \to 0} \dfrac{e^x - 1}{x} = \lim\limits_{t \to 0} \dfrac{t}{\ln(1+t)} = \lim\limits_{t \to 0} \dfrac{1}{\dfrac{\ln(1+t)}{t}} = \dfrac{1}{1} = 1$

보기

① $\lim\limits_{x \to 0} \dfrac{\ln(1+2x)}{x}$

$= \lim\limits_{x \to 0} \left\{ \dfrac{\ln(1+2x)}{2x} \times 2 \right\}$

$= 1 \times 2 = 2$

② $\lim\limits_{x \to 0} \dfrac{e^{2x} - 1}{x}$

$= \lim\limits_{x \to 0} \left\{ \dfrac{e^x - 1}{x} \times (e^x + 1) \right\}$

$= 1 \times 2 = 2$

5 지수함수의 도함수

(1) 지수함수 $y = e^x$에 대하여 $y' = e^x$

(2) 지수함수 $y = a^x$ $(a > 0,\ a \neq 1)$에 대하여 $y' = a^x \ln a$

설명 지수함수 $y = a^x$에서 $y' = \lim\limits_{h \to 0} \dfrac{a^{x+h} - a^x}{h} = \lim\limits_{h \to 0} \dfrac{a^x(a^h - 1)}{h} = a^x \lim\limits_{h \to 0} \dfrac{a^h - 1}{h}$　　⋯⋯ ㉠

이때 $a^h - 1 = t$라 하면 $h \to 0$일 때 $t \to 0$이고, $h = \log_a(1+t) = \dfrac{\ln(1+t)}{\ln a}$이므로 ㉠에서

$\lim\limits_{h \to 0} \dfrac{a^h - 1}{h} = \lim\limits_{t \to 0} \dfrac{t}{\dfrac{\ln(1+t)}{\ln a}} = (\ln a) \times \lim\limits_{t \to 0} \dfrac{1}{\dfrac{\ln(1+t)}{t}} = (\ln a) \times 1 = \ln a$

따라서 $y' = (a^x)' = a^x \ln a$

한편 $(a^x)' = a^x \ln a$에서 $a = e$이면 $\ln a = \ln e = 1$이므로

$(e^x)' = e^x \ln e = e^x$이다.

보기

① $y = 2^x$에서 $y' = 2^x \ln 2$

② $y = e^{x+1}$에서

$y' = (e^{x+1})' = (e \times e^x)'$

$= e \times (e^x)'$

$= e \times e^x = e^{x+1}$

6 로그함수의 도함수

(1) 로그함수 $y = \ln x$에 대하여 $y' = \dfrac{1}{x}$

(2) 로그함수 $y = \log_a x$ $(a > 0,\ a \neq 1)$에 대하여 $y' = \dfrac{1}{x \ln a}$

설명 로그함수 $y = \ln x$에서

$y' = \lim\limits_{h \to 0} \dfrac{\ln(x+h) - \ln x}{h} = \lim\limits_{h \to 0} \left(\dfrac{1}{h} \times \ln \dfrac{x+h}{x} \right) = \lim\limits_{h \to 0} \left\{ \dfrac{1}{x} \times \dfrac{x}{h} \ln \left(1 + \dfrac{h}{x} \right) \right\}$　⋯⋯ ㉠

이때 $\dfrac{h}{x} = t$라 하면 $h \to 0$일 때 $t \to 0$이므로 ㉠에서

$\lim\limits_{h \to 0} \left\{ \dfrac{1}{x} \times \dfrac{x}{h} \ln\left(1 + \dfrac{h}{x}\right) \right\} = \lim\limits_{t \to 0} \left\{ \dfrac{1}{x} \times \dfrac{1}{t} \ln(1+t) \right\} = \dfrac{1}{x} \lim\limits_{t \to 0} \ln(1+t)^{\frac{1}{t}} = \dfrac{1}{x} \times 1 = \dfrac{1}{x}$

따라서 $y' = (\ln x)' = \dfrac{1}{x}$이다.

한편 $(\log_a x)' = \left(\dfrac{\ln x}{\ln a} \right)' = \dfrac{1}{\ln a} \times (\ln x)' = \dfrac{1}{x \ln a}$이다.

보기

① $y = \ln 2x$에서

$y' = (\ln 2x)'$

$= (\ln 2 + \ln x)'$

$= (\ln 2)' + (\ln x)'$

$= \dfrac{1}{x}$

② $y = \log_2 x$에서

$y' = (\log_2 x)'$

$= \left(\dfrac{\ln x}{\ln 2} \right)'$

$= \dfrac{1}{\ln 2} (\ln x)'$

$= \dfrac{1}{x \ln 2}$

---

7 함수 $\csc x$, $\sec x$, $\cot x$와 삼각함수의 덧셈정리 🔍

(1) $\csc x$, $\sec x$, $\cot x$의 정의

점 $P(x, y)$에 대한 동경 OP가 나타내는 각 θ에 대하여 $r=\sqrt{x^2+y^2}$일 때,

① 코시컨트함수 $\csc \theta = \dfrac{r}{y}\,(y \neq 0)$

② 시컨트함수 $\sec \theta = \dfrac{r}{x}\,(x \neq 0)$

③ 코탄젠트함수 $\cot \theta = \dfrac{x}{y}\,(y \neq 0)$

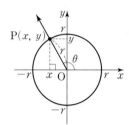

(2) 삼각함수의 덧셈정리

① $\sin(\alpha+\beta)=\sin\alpha\cos\beta+\cos\alpha\sin\beta$

  $\sin(\alpha-\beta)=\sin\alpha\cos\beta-\cos\alpha\sin\beta$

② $\cos(\alpha+\beta)=\cos\alpha\cos\beta-\sin\alpha\sin\beta$

  $\cos(\alpha-\beta)=\cos\alpha\cos\beta+\sin\alpha\sin\beta$

③ $\tan(\alpha+\beta)=\dfrac{\tan\alpha+\tan\beta}{1-\tan\alpha\tan\beta}$, $\tan(\alpha-\beta)=\dfrac{\tan\alpha-\tan\beta}{1+\tan\alpha\tan\beta}$

> **보기**
>
> ① $\sin 75°$
> $=\sin(45°+30°)$
> $=\sin 45° \cos 30°$
> $\qquad +\cos 45° \sin 30°$
> $=\dfrac{\sqrt{2}}{2} \times \dfrac{\sqrt{3}}{2} + \dfrac{\sqrt{2}}{2} \times \dfrac{1}{2}$
> $=\dfrac{\sqrt{6}+\sqrt{2}}{4}$
>
> ② $\cos 75°$
> $=\cos(45°+30°)$
> $=\cos 45° \cos 30°$
> $\qquad -\sin 45° \sin 30°$
> $=\dfrac{\sqrt{2}}{2} \times \dfrac{\sqrt{3}}{2} - \dfrac{\sqrt{2}}{2} \times \dfrac{1}{2}$
> $=\dfrac{\sqrt{6}-\sqrt{2}}{4}$

---

8 삼각함수의 극한 🔍

(1) $\lim\limits_{x \to 0} \sin x = 0$, $\lim\limits_{x \to \frac{\pi}{2}} \sin x = 1$

(2) $\lim\limits_{x \to 0} \cos x = 1$, $\lim\limits_{x \to \frac{\pi}{2}} \cos x = 0$

(3) $\lim\limits_{x \to 0} \tan x = 0$, $\lim\limits_{x \to \frac{\pi}{4}} \tan x = 1$

(4) $\lim\limits_{x \to 0} \dfrac{\sin x}{x} = 1$ (단, x의 단위는 라디안)

> **보기**
>
> $\lim\limits_{x \to 0} \dfrac{\sin 2x}{x}$
> $=\lim\limits_{x \to 0}\left(\dfrac{\sin 2x}{2x} \times 2 \right)$
> $=1 \times 2 = 2$

---

9 사인함수와 코사인함수의 미분 🔍

(1) 삼각함수 $y=\sin x$에 대하여 $y'=\cos x$

(2) 삼각함수 $y=\cos x$에 대하여 $y'=-\sin x$

설명 삼각함수 $y=\sin x$에서

$$y'=\lim_{h \to 0} \frac{\sin(x+h)-\sin x}{h}=\lim_{h \to 0}\frac{\sin x \cos h+\cos x \sin h-\sin x}{h}$$

$$=\sin x \times \lim_{h \to 0}\frac{\cos h-1}{h}+\cos x \times \lim_{h \to 0}\frac{\sin h}{h} \qquad \cdots\cdots ㉠$$

이때 $\lim\limits_{h \to 0}\dfrac{\cos h-1}{h}=\lim\limits_{h \to 0}\dfrac{-(1-\cos h)(1+\cos h)}{h(1+\cos h)}=\lim\limits_{h \to 0}\dfrac{-(1-\cos^2 h)}{h(1+\cos h)}$

$\qquad\qquad\qquad =\lim\limits_{h \to 0}\dfrac{-\sin^2 h}{h(1+\cos h)}=-\lim\limits_{h \to 0}\dfrac{\sin h}{h} \times \lim\limits_{h \to 0}\dfrac{\sin h}{1+\cos h}$

$\qquad\qquad\qquad =-1 \times \dfrac{0}{2}=0$

이므로 ㉠에서 $y'=\sin x \times 0+\cos x \times 1=\cos x$

> **보기**
>
> $y=\sin x+\cos x$에서
> $y'=(\sin x+\cos x)'$
> $\quad =(\sin x)'+(\cos x)'$
> $\quad =\cos x-\sin x$

기본 유형 익히기

● 정답과 풀이 29쪽

유형 1

지수함수 $y=a^x$ $(a>0, a\neq1)$ 의 극한

$\lim\limits_{x\to\infty} \dfrac{3^{x+1}+2^x}{3^{x-1}-2^x}$ 의 값은?

① 1   ② 2   ③ 3   ④ 4   ⑤ 9

풀이

$$\lim_{x\to\infty} \frac{3^{x+1}+2^x}{3^{x-1}-2^x} = \lim_{x\to\infty} \frac{3\times3^x+2^x}{\frac{1}{3}\times3^x-2^x} = \lim_{x\to\infty} \frac{3+\left(\frac{2}{3}\right)^x}{\frac{1}{3}-\left(\frac{2}{3}\right)^x}$$ ❶

$$= \frac{3+0}{\frac{1}{3}-0} = 9$$

답 ⑤

POINT

❶ $x\to\infty$일 때,
$2^x\to\infty$, $3^x\to\infty$이고, $2<3$이
므로 분모와 분자를 각각 3^x으
로 나눈다.

유제 1
● 8442-0092 ●

$\lim\limits_{x\to\infty} \dfrac{2^{2x+1}+3^x}{2^{2x-1}+2^x}$ 의 값은?

① 1   ② 2   ③ 3   ④ 4   ⑤ 5

유형 2

로그함수 $y=\log_a x$ $(a>0, a\neq1)$ 의 극한

$\lim\limits_{x\to\infty} \{\log_2(8x-1)-\log_2 x\}$ 의 값을 구하시오.

풀이

$$\lim_{x\to\infty} \{\log_2(8x-1)-\log_2 x\} = \lim_{x\to\infty} \log_2 \frac{8x-1}{x}$$ ❶
$$= \lim_{x\to\infty} \log_2 \left(8-\frac{1}{x}\right)$$
$$= \log_2 8 = \log_2 2^3$$
$$= 3\log_2 2$$
$$= 3\times1 = 3$$

답 3

POINT

❶ $M>0$, $N>0$이고,
$a>0$, $a\neq1$일 때,
$\log_a M-\log_a N=\log_a \dfrac{M}{N}$

유제 2
● 8442-0093 ●

$\lim\limits_{x\to\infty} \left\{\log_2\left(\dfrac{1}{2}x+1\right)-\log_2\left(\dfrac{1}{8}x+2\right)\right\}$ 의 값은?

① 1   ② 2   ③ 4   ④ 8   ⑤ 16

유형 ③ $\lim\limits_{x \to 0} (1+2x)^{\frac{1}{x}}$의 값은?

무리수 e의
정의와
자연로그

① $\dfrac{1}{e}$　　　② $\dfrac{1}{\sqrt{e}}$　　　③ $\sqrt{e}$　　　④ e　　　⑤ e^2

풀이

$\lim\limits_{x \to 0} (1+2x)^{\frac{1}{x}}$에서 $2x=t$로 놓으면 $x \to 0$일 때 $t \to 0$이므로

$$\underset{\text{❶}}{\lim\limits_{x \to 0} (1+2x)^{\frac{1}{x}}}=\lim\limits_{x \to 0} \left\{ (1+2x)^{\frac{1}{2x}} \right\}^2$$

$$=\lim\limits_{t \to 0} \left\{ (1+t)^{\frac{1}{t}} \right\}^2 = e^2$$

답 ⑤

POINT

❶ $a \neq 0$일 때,

$$\lim\limits_{x \to 0} (1+ax)^{\frac{1}{x}}$$
$$=\lim\limits_{x \to 0} \left\{ (1+ax)^{\frac{1}{ax}} \right\}^a$$
$$=e^a$$

유제 ③
● 8442-0094 ●

$\lim\limits_{x \to \infty} \left(1+\dfrac{3}{x} \right)^x$의 값은?

① $\dfrac{1}{e^3}$　　　② $\dfrac{1}{e}$　　　③ 1　　　④ e　　　⑤ e^3

유형 ④ $a>0$, $a \neq 1$일 때, $\lim\limits_{x \to 0} \dfrac{\log_a (1+x)}{x} = \dfrac{1}{\ln a}$임을 보이시오.

무리수 e의
정의를 이용한
지수함수와
로그함수의
극한

풀이

$$\lim\limits_{x \to 0} \dfrac{\log_a (1+x)}{x} = \lim\limits_{x \to 0} \left\{ \dfrac{1}{x} \times \log_a (1+x) \right\} \quad \text{❶}$$

$$= \lim\limits_{x \to 0} \left\{ \dfrac{1}{x} \times \dfrac{\ln (1+x)}{\ln a} \right\}$$

$$= \lim\limits_{x \to 0} \left\{ \dfrac{1}{\ln a} \times \dfrac{\ln (1+x)}{x} \right\}$$

$$= \lim\limits_{x \to 0} \left\{ \dfrac{1}{\ln a} \times \ln (1+x)^{\frac{1}{x}} \right\}$$

$$= \dfrac{1}{\ln a} \times \ln e = \dfrac{1}{\ln a}$$

답 풀이 참조

POINT

❶ $a>0$, $a \neq 1$, $b>0$, $b \neq 1$이고 $M>0$일 때,

$$\log_a M = \dfrac{\log_b M}{\log_b a}$$

유제 ④
● 8442-0095 ●

$a>0$, $a \neq 1$일 때, $\lim\limits_{x \to 0} \dfrac{a^x-1}{x} = \ln a$임을 보이시오.

유형 ⑤

지수함수의 미분

함수 $f(x)=(2x+1)e^x$에 대하여 $f'(-1)f'(1)$의 값은?

① 1　　　　② 2　　　　③ 3　　　　④ 4　　　　⑤ 5

풀이

$f(x)=(2x+1)e^x$에서

$f'(x)=(2x+1)'e^x+(2x+1)(e^x)'$ ❶
$\quad=2e^x+(2x+1)e^x$
$\quad=\{2+(2x+1)\}e^x$
$\quad=(2x+3)e^x$

이므로

$f'(-1)f'(1)=e^{-1}\times 5e^1=\dfrac{1}{e}\times 5e=5$

답 ⑤

POINT

❶ 미분가능한 두 함수 $f(x)$, $g(x)$에 대하여
$\{f(x)g(x)\}'$
$=f'(x)g(x)+f(x)g'(x)$
이다.

유제 ⑤
• 8442-0096 •

함수 $f(x)=(3x-1)\times 2^x$에 대하여 $f'(0)$의 값은?

① $1-\ln 2$　② $2-\ln 2$　③ $3-\ln 2$　④ $4-\ln 2$　⑤ $5-\ln 2$

유형 ⑥

로그함수의 미분

함수 $f(x)=(2x-1)\ln x$에 대하여 $f'(1)$의 값은?

① 0　　　　② 1　　　　③ 2　　　　④ 3　　　　⑤ 4

풀이

$f(x)=(2x-1)\ln x$에서

$f'(x)=(2x-1)'\ln x+(2x-1)(\ln x)'$
$\quad=2\ln x+(2x-1)\times\dfrac{1}{x}$
$\quad=2\ln x+\dfrac{2x-1}{x}$

이므로

$f'(1)=2\ln 1+1=2\times 0+1=1$ ❶

답 ②

POINT

❶ 자연로그 $\ln x$는 밑이 무리수 e인 로그, 즉 $\log_e x$이다. 따라서 $\ln 1=\log_e 1=0$이다.

유제 ⑥
• 8442-0097 •

함수 $f(x)=(3x+2)\log_2 x$에 대하여 $f'(1)$의 값은?

① $\dfrac{1}{\ln 2}$　② $\dfrac{3}{\ln 2}$　③ $\dfrac{5}{\ln 2}$　④ $\ln 2$　⑤ $3\ln 2$

유형 ⑦

함수 csc x, sec x, cot x 와 삼각함수의 덧셈정리

제2사분면의 두 각 α, β에 대하여 $\sin \alpha = \dfrac{3}{5}$, $\cos \beta = -\dfrac{4}{5}$일 때, $\sin(\alpha+\beta)$의 값은?

① $-\dfrac{24}{25}$ ② $-\dfrac{7}{25}$ ③ 0 ④ $\dfrac{7}{25}$ ⑤ $\dfrac{24}{25}$

풀이

두 각 α, β가 제2사분면의 각이므로

❶ $\begin{cases} \cos \alpha = -\sqrt{1-\sin^2 \alpha} = -\sqrt{1-\left(\dfrac{3}{5}\right)^2} = -\dfrac{4}{5} \\ \sin \beta = \sqrt{1-\cos^2 \beta} = \sqrt{1-\left(-\dfrac{4}{5}\right)^2} = \dfrac{3}{5} \end{cases}$

이므로

$\sin(\alpha+\beta) = \sin \alpha \cos \beta + \cos \alpha \sin \beta$

$= \dfrac{3}{5} \times \left(-\dfrac{4}{5}\right) + \left(-\dfrac{4}{5}\right) \times \dfrac{3}{5}$

$= -\dfrac{12}{25} - \dfrac{12}{25} = -\dfrac{24}{25}$

답 ①

POINT

❶ $\sin^2 x + \cos^2 x = 1$임을 이용하여 $\cos \alpha$, $\sin \beta$의 값을 구하고, 각 사분면에서 삼각함수의 부호는 아래 표와 같다.

사분면	1	2	3	4
$\sin x$	$+$	$+$	$-$	$-$
$\cos x$	$+$	$-$	$-$	$+$
$\tan x$	$+$	$-$	$+$	$-$

유제 ⑦

• 8442-0098 •

제2사분면의 두 각 α, β에 대하여 $\sin \alpha = \dfrac{1}{3}$, $\cos \beta = -\dfrac{2\sqrt{2}}{3}$일 때, $\cos(\alpha+\beta)$의 값은?

① $\dfrac{1}{9}$ ② $\dfrac{1}{3}$ ③ $\dfrac{5}{9}$ ④ $\dfrac{7}{9}$ ⑤ 1

유형 ⑧

삼각함수의 극한 (1)

$\displaystyle\lim_{x \to 0} \dfrac{\tan 2x}{x}$의 값은?

① $\dfrac{1}{2}$ ② 1 ③ $\dfrac{3}{2}$ ④ 2 ⑤ $\dfrac{5}{2}$

풀이

$\displaystyle\lim_{x \to 0} \dfrac{\tan 2x}{x} = \lim_{x \to 0} \left(\dfrac{1}{x} \times \tan 2x\right) = \lim_{x \to 0} \left(\dfrac{1}{x} \times \dfrac{\sin 2x}{\cos 2x}\right)$ ❶

$= \displaystyle\lim_{x \to 0} \left(\dfrac{\sin 2x}{2x} \times \dfrac{2}{\cos 2x}\right) = \lim_{x \to 0} \dfrac{\sin 2x}{2x} \times \lim_{x \to 0} \dfrac{2}{\cos 2x}$ ❷

$= 1 \times \dfrac{2}{1} = 2$

답 ④

POINT

❶ $\tan x = \dfrac{\sin x}{\cos x}$

❷ $\displaystyle\lim_{x \to a} f(x) = \alpha$,
$\displaystyle\lim_{x \to a} g(x) = \beta$이면
$\displaystyle\lim_{x \to a} f(x)g(x)$
$= \displaystyle\lim_{x \to a} f(x) \times \lim_{x \to a} g(x)$
$= \alpha\beta$ (단, α, β는 실수)

유제 ⑧

• 8442-0099 •

$\displaystyle\lim_{x \to 0} \dfrac{\sin(2x^2+6x)}{3x}$의 값을 구하시오.

유형 9

삼각함수의 극한 (2)

$\displaystyle\lim_{x \to 0} \frac{x \sin x}{1-\cos x}$의 값을 구하시오.

풀이

$$\lim_{x \to 0} \frac{x \sin x}{1-\cos x} = \lim_{x \to 0} \frac{x \sin x (1+\cos x)}{(1-\cos x)(1+\cos x)}$$
$$= \lim_{x \to 0} \frac{x \sin x (1+\cos x)}{1-\cos^2 x}$$
$$= \lim_{x \to 0} \frac{x \sin x (1+\cos x)}{\sin^2 x} \text{ ❶}$$
$$= \lim_{x \to 0} \frac{1+\cos x}{\dfrac{\sin x}{x}} = \frac{2}{1} = 2$$

답 2

POINT

❶ $\sin^2 x + \cos^2 x = 1$에서
$1 - \cos^2 x = \sin^2 x$
$1 - \sin^2 x = \cos^2 x$

유제 9

• 8442-0100 •

$\displaystyle\lim_{x \to 0} \frac{\sec x - 1}{x \sin x}$의 값을 구하시오.

유형 10

사인함수와 코사인함수의 미분

함수 $f(x) = 2x + \sin x$에 대하여 $f'(\pi) + f'(2\pi)$의 값은?

① 1   ② 2   ③ 3   ④ 4   ⑤ 5

풀이

$f(x) = 2x + \sin x$에서 $f'(x) = 2 + \cos x$이므로 ❶
$f'(\pi) = 2 + \cos \pi = 2 + (-1) = 1$ ┐
$f'(2\pi) = 2 + \cos 2\pi = 2 + 1 = 3$ ┘ ❷
따라서 $f'(\pi) + f'(2\pi) = 1 + 3 = 4$

답 ④

POINT

❶ $(\sin x)' = \cos x$
❷ $y = \cos x$의 그래프는 다음 그림과 같으므로
$\cos \pi = -1, \cos 2\pi = 1$

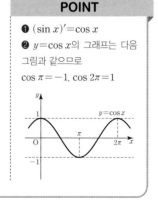

유제 10

• 8442-0101 •

함수 $f(x) = \sin x \cos x$에 대하여 $f'\left(\dfrac{\pi}{3}\right)$의 값은?

① -1 ② $-\dfrac{1}{2}$ ③ 0   ④ $\dfrac{1}{2}$ ⑤ 1

유형 ① 지수함수 $y=a^x\ (a>0,\ a\neq1)$의 극한

01
• 8442-0102 •

$\lim\limits_{x\to0}\dfrac{8^x-1}{4^x-1}$의 값은?

① $\dfrac{1}{2}$ 　　② 1 　　③ $\dfrac{3}{2}$

④ 2 　　⑤ $\dfrac{5}{2}$

02
• 8442-0103 •

$\lim\limits_{x\to\infty}\dfrac{a\times3^x}{2^x+3^{x-1}}=2$일 때, 상수 a의 값은?

① $\dfrac{1}{3}$ 　　② $\dfrac{2}{3}$ 　　③ 1

④ $\dfrac{4}{3}$ 　　⑤ $\dfrac{5}{3}$

03
• 8442-0104 •

$\lim\limits_{x\to\infty}\dfrac{a^x}{2^{2x}-2^{2x-1}+3^x}=b$를 만족시키는 두 양수 a, b에 대하여 $a+b$의 값을 구하시오.

유형 ② 로그함수 $y=\log_a x\ (a>0,\ a\neq1)$의 극한

04
• 8442-0105 •

$\lim\limits_{x\to\infty}\left\{\log_2\left(\dfrac{1}{4}x+1\right)+\log_{\frac{1}{2}}(8x-1)\right\}$의 값은?

① -5 　　② -2 　　③ 1

④ 2 　　⑤ 5

05
• 8442-0106 •

$\lim\limits_{x\to\infty}\{\log_3(ax+1)-\log_3(2x+3)\}=2$를 만족시키는 상수 a의 값은?

① 6 　　② 9 　　③ 12

④ 15 　　⑤ 18

06
• 8442-0107 •

$\lim\limits_{x\to\infty}\{2\log_2(2^{x+1}+1)-\log_2(4^{x-1}+1)\}$의 값을 구하시오.

유형 3 무리수 e의 정의와 자연로그

07
● 8442-0108 ●

$\lim_{x \to \infty} \left(1 + \dfrac{2}{x} + \dfrac{1}{x^2}\right)^{-x}$의 값은?

① $\dfrac{1}{e^2}$　　② $\dfrac{1}{e}$　　③ 1

④ e　　⑤ e^2

08
● 8442-0109 ●

$\lim_{x \to 1} x^{\frac{1}{2(1-x)}}$의 값은?

① $\dfrac{2}{e}$　　② $\dfrac{1}{\sqrt{e}}$　　③ $\sqrt{e}$

④ e　　⑤ e^2

09
● 8442-0110 ●

$\lim_{x \to \infty} \left(\dfrac{3x}{3x-1}\right)^x$의 값은?

① $\sqrt[3]{e}$　　② $\sqrt{e}$　　③ e

④ $\dfrac{1}{\sqrt{e}}$　　⑤ $\dfrac{1}{\sqrt[3]{e}}$

유형 4 무리수 e의 정의를 이용한 지수함수 와 로그함수의 극한

10
● 8442-0111 ●

$\lim_{x \to 0} \dfrac{(e^{2x}-1)(e^{4x}-1)(e^{6x}-1)}{x^3}$의 값을 구하시오.

11
● 8442-0112 ●

$\lim_{x \to 0} \dfrac{e^{3x}-1}{3^{2x}-1}$의 값은?

① $\dfrac{1}{2\ln 3}$　　② $\dfrac{1}{\ln 3}$　　③ $\dfrac{3}{2\ln 3}$

④ $\dfrac{2}{\ln 3}$　　⑤ $\dfrac{5}{2\ln 3}$

12
● 8442-0113 ●

지수함수 $f(x) = 3^x$에 대하여 $\lim_{x \to 0} \dfrac{f(x) - f(-2x)}{3x^2 + 4x}$의 값은?

① $\dfrac{\ln 3}{4}$　　② $\dfrac{\ln 3}{2}$　　③ $\dfrac{3\ln 3}{4}$

④ $\ln 3$　　⑤ $\dfrac{5\ln 3}{4}$

13

• 8442-0114 •

$\lim\limits_{x \to 0} \dfrac{\ln(1+4x)}{3x}$의 값은?

① $\dfrac{1}{3}$　　　② $\dfrac{2}{3}$　　　③ 1

④ $\dfrac{4}{3}$　　　⑤ $\dfrac{5}{3}$

14

• 8442-0115 •

$\lim\limits_{x \to \infty} \dfrac{e^{\frac{3}{x}}-1}{\ln\left(1+\dfrac{1}{2x}\right)}$의 값은?

① 2　　　② 3　　　③ 4

④ 5　　　⑤ 6

15

• 8442-0116 •

$\lim\limits_{x \to a} \dfrac{\ln(3x+2a+b)}{x-a}=a$를 만족시키는 두 상수 a, b에 대하여 $a-b$의 값은?

① 15　　　② 16　　　③ 17

④ 18　　　⑤ 19

유형 5 지수함수의 미분

16

• 8442-0117 •

함수 $f(x)=e^x+6e^{-x}$에 대하여 $f'(a)=1$을 만족시키는 상수 a의 값은?

① $\ln 2$　　　② $\ln 3$　　　③ $2\ln 2$

④ $\ln 5$　　　⑤ $\ln 6$

17

• 8442-0118 •

함수 $f(x)=x^2+xe^x$에 대하여 $\lim\limits_{h \to 0} \dfrac{f(1+2h)-f(1-h)}{h}$의 값은?

① $3(1+e)$　　　② $3(2+e)$　　　③ $3(1+2e)$

④ $6(1+e)$　　　⑤ $3(3+2e)$

18

• 8442-0119 •

함수 $f(x)=(x^2+2x+3)e^{x-1}$에 대하여 $\lim\limits_{x \to 1} \dfrac{f(x)-6}{x-1}$의 값은?

① 8　　　② 10　　　③ 12

④ 14　　　⑤ 16

19
• 8442-0120 •

함수 $f(x)=\begin{cases} e^{2x}+1 & (x\le 0) \\ -x^2+ax+b & (x>0) \end{cases}$ 이 실수 전체의 집

합에서 미분가능할 때, $f(2)$의 값은?

(단, a, b는 상수이다.)

① -1　　　　② 0　　　　③ 1

④ 2　　　　⑤ 3

20
• 8442-0121 •

실수 전체의 집합에서 미분가능한 함수 $f(x)$에 대하여
함수 $g(x)$를 $g(x)=(2^x+1)f(x)$라 하자.

$\lim\limits_{x\to 1}\dfrac{2f(x)+3}{x-1}=\ln(2e)^2$일 때, $g'(1)$의 값은?

① 1　　　　② 2　　　　③ 3

④ 4　　　　⑤ 5

유형 6　로그함수의 미분

21
• 8442-0122 •

함수 $f(x)=x^2+x\ln ax$에 대하여 $f'(1)=5$를 만족시
키는 상수 a의 값은?

① 1　　　　② e　　　　③ e^2

④ e^3　　　　⑤ e^4

22
• 8442-0123 •

곡선 $y=e^x\log_2 x$ 위의 점 $(1,\,0)$에서의 접선의 기울기
는?

① $\dfrac{e}{\ln 2}$　　　② $\dfrac{2e}{\ln 2}$　　　③ $\dfrac{3e}{\ln 2}$

④ $e\ln 2$　　　⑤ $2e\ln 2$

23
• 8442-0124 •

함수 $f(x)=(x^2+x)\ln x$에 대하여

$\lim\limits_{h\to 0}\dfrac{f\left(e+\dfrac{h}{e}\right)-e^2-e}{h}$의 값은?

① $2+\dfrac{1}{e}$　　　② $2+\dfrac{2}{e}$　　　③ $3+\dfrac{1}{e}$

④ $3+\dfrac{2}{e}$　　　⑤ $3+\dfrac{3}{e}$

24
• 8442-0125 •

$\lim\limits_{x\to 1}\dfrac{e^{2(x-1)}+x+a}{\ln x}=b$를 만족시키는 두 상수 a, b에
대하여 $a+b$의 값은?

① 1　　　　② 2　　　　③ 3

④ 4　　　　⑤ 5

유형 **7** 함수 csc x, sec x, cot x와
삼각함수의 덧셈정리

25

• 8442-0126 •

$\sin\theta = \dfrac{\sqrt{2}}{3}$ 일 때, $2\sin\left(\theta + \dfrac{\pi}{3}\right) - \sin\theta$의 값은?

$\left(\text{단, } 0 < \theta < \dfrac{\pi}{2}\right)$

① $\sqrt{2}$ ② $\dfrac{\sqrt{19}}{3}$ ③ $\dfrac{2\sqrt{5}}{3}$

④ $\dfrac{\sqrt{21}}{3}$ ⑤ $\dfrac{\sqrt{22}}{3}$

26

• 8442-0127 •

두 직선 $y = 2x$, $y = -3x + 1$이 이루는 예각의 크기를 θ라 할 때, $\cos\theta$의 값은?

① $\dfrac{1}{3}$ ② $\dfrac{1}{2}$ ③ $\dfrac{\sqrt{2}}{2}$

④ $\dfrac{\sqrt{3}}{2}$ ⑤ $\dfrac{2}{3}$

27

• 8442-0128 •

그림과 같이 정삼각형 ABC가 있다. 변 AC 위의 점 P에 대하여 $\tan(\angle\text{PBC}) = \dfrac{\sqrt{3}}{5}$일 때, $\tan(\angle\text{ABP})$의 값은?

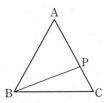

① $\dfrac{\sqrt{3}}{4}$ ② $\dfrac{3\sqrt{3}}{8}$ ③ $\dfrac{\sqrt{3}}{2}$

④ $\dfrac{5\sqrt{3}}{8}$ ⑤ $\dfrac{3\sqrt{3}}{4}$

유형 **8** 삼각함수의 극한(1)

28

• 8442-0129 •

$\lim\limits_{x\to 0} \dfrac{\sin 2x}{x + \sin x}$의 값은?

① $\dfrac{1}{4}$ ② $\dfrac{1}{2}$ ③ $\dfrac{3}{4}$

④ 1   ⑤ $\dfrac{5}{4}$

29

• 8442-0130 •

$\lim\limits_{x\to 0} \dfrac{\sin 3x}{\ln(1 + 6x)}$의 값은?

① $\dfrac{1}{4}$ ② $\dfrac{1}{2}$ ③ 1

④ 2   ⑤ 4

30

• 8442-0131 •

$\lim\limits_{x\to 0} \dfrac{(3x - x^2)(e^{2x} - 1)}{\sin 2x \tan x}$의 값은?

① 1   ② 2   ③ 3

④ 4   ⑤ 5

31

• 8442-0132 •

$\lim\limits_{x \to \frac{\pi}{2}} \left(\dfrac{2}{\cos^2 x} - \dfrac{1}{1 - \sin x} \right)$의 값은?

① -1　　　　② $-\dfrac{1}{2}$　　　　③ 0

④ $\dfrac{1}{2}$　　　　⑤ 1

32

• 8442-0133 •

$\lim\limits_{x \to \frac{\pi}{2}} \dfrac{\cos x}{(1 - \sin x) \tan x}$의 값은?

① $\dfrac{1}{2}$　　　　② 1　　　　③ $\dfrac{3}{2}$

④ 2　　　　⑤ $\dfrac{5}{2}$

33

• 8442-0134 •

$\lim\limits_{x \to \frac{\pi}{4}} \dfrac{1 - \tan x}{\sin x - \cos x}$의 값은?

① $-\dfrac{1}{2}$　　　　② $-\dfrac{\sqrt{2}}{2}$　　　　③ -1

④ $-\sqrt{2}$　　　　⑤ -2

34

• 8442-0135 •

함수 $f(x) = a \sin x + b \cos x$에 대하여
$\lim\limits_{x \to \frac{\pi}{2}} \dfrac{f(x) - 4}{x - \frac{\pi}{2}} = 3$일 때, $a + b$의 값은?

(단, a, b는 상수이다.)

① 1　　　　② 2　　　　③ 3

④ 4　　　　⑤ 5

35

• 8442-0136 •

함수 $f(x) = 2 \sin x + 1$에 대하여 곡선 $y = f(x)$ 위의 점 $(m,\ f(m))$에서의 접선의 기울기가 1이 되도록 하는 모든 실수 m의 값의 합은? (단, $0 < m < 2\pi$)

① π　　　　② $\dfrac{3}{2}\pi$　　　　③ 2π

④ $\dfrac{5}{2}\pi$　　　　⑤ 3π

36

• 8442-0137 •

정의역이 $\{x \mid -\pi < x < \pi\}$인 함수 $f(x)$가

$$f(x) = \begin{cases} \dfrac{x^2 \sin x}{1 - \cos x} & (x \neq 0) \\ 0 & (x = 0) \end{cases}$$

일 때, $f'(0)$의 값은?

① 1　　　　② 2　　　　③ 3

④ 4　　　　⑤ 5

• 정답과 풀이 37쪽

$\displaystyle\lim_{x \to 0} \frac{\ln(ax+1)}{x^2+bx}=3$을 만족시키는 100 이하의 두 자연수 a, b의 순서쌍 (a, b)의 개수를 구하시오.

풀이

무리수 e의 정의를 이용한 로그함수의 극한을 구하는 기본꼴로 식을 변형한다.

$$\lim_{x \to 0} \frac{\ln(ax+1)}{x^2+bx} = \lim_{x \to 0} \frac{\ln(ax+1)}{x(x+b)}$$
$$= \lim_{x \to 0} \left\{ \frac{\ln(1+ax)}{x} \times \frac{1}{x+b} \right\}$$
$$= \lim_{x \to 0} \frac{\ln(1+ax)}{x} \times \lim_{x \to 0} \frac{1}{x+b}$$
$$= \lim_{x \to 0} \left\{ \frac{\ln(1+ax)}{ax} \times a \right\} \times \frac{1}{b}$$
$$= a \times \frac{1}{b}$$
$$= \frac{a}{b} \qquad \blacktriangleleft \ ❶$$

$\dfrac{a}{b}=3$에서 $a=3b$ $\qquad \blacktriangleleft \ ❷$

$a=3b$를 만족시키는 100 이하의 두 자연수 a, b의 순서쌍 (a, b)는 $(3, 1)$, $(6, 2)$, $(9, 3)$, $\cdots$, $(99, 33)$이고, 그 개수는 33이다. $\qquad \blacktriangleleft \ ❸$

답 33

단계	채점 기준	비율
❶	$\displaystyle\lim_{x \to 0} \frac{\ln(ax+1)}{x^2+bx}$의 값을 a, b로 나타낸 경우	70 %
❷	a와 b 사이의 관계식을 구한 경우	10 %
❸	순서쌍 (a, b)의 개수를 구한 경우	20 %

01
• 8442-0138 •

$\displaystyle\lim_{x \to 0} \frac{a^{2x}+2a^x-3}{2^{2x}-1}=10$일 때, 양수 a의 값을 구하시오. (단, $a \neq 1$)

02
• 8442-0139 •

함수 $f(x)=\begin{cases} \dfrac{1-\cos ax}{x \sin x} & (x<0) \\ x^2-x+8 & (x \geq 0) \end{cases}$ 이 $x=0$에서 연속일 때, 양수 a의 값을 구하시오.

03
• 8442-0140 •

함수 $f(x)=e^x \sin x$에 대하여 함수 $g(x)$를
$$g(x)=f'(x)-f(x)$$
라 할 때, $\displaystyle\lim_{h \to 0} \frac{g(h)-1}{h}$의 값을 구하시오.

01

● 8442-0141 ●

양의 실수 t에 대하여 두 곡선 $y=2^{x+t}$, $y=\left(\dfrac{1}{2}\right)^{x+t}$이 y축과 만나는 점을 각각 A, B라 하고

두 곡선의 교점을 C라 하자. 선분 AB의 길이를 $f(t)$, 점 C의 x좌표를 $g(t)$라 할 때,

$\displaystyle\lim_{t\to 0+}\dfrac{f(t)}{g(t)}$의 값은?

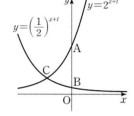

① $-\dfrac{5\ln 2}{2}$

② $-2\ln 2$

③ $-\dfrac{3\ln 2}{2}$

④ $-\ln 2$

⑤ $-\dfrac{\ln 2}{2}$

02

● 8442-0142 ●

그림과 같이 $\overline{AB}=\overline{AC}=4$이고 $\angle CAB=\theta$인 이등변삼각형 ABC와 이 삼각형에 외접하는 원이

있다. 원의 중심 O에 대하여 삼각형 OBC의 넓이를 $S(\theta)$라 할 때, $\displaystyle\lim_{\theta\to 0+}\dfrac{S(\theta)}{\theta}$의 값을 구하시오.

$\left(\text{단, } 0<\theta<\dfrac{\pi}{2}\right)$

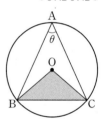

03

● 8442-0143 ●

어느 호수의 수면 위에 세기가 k인 빛을 비추었을 때, 호수의 수면을 기준으로 깊이가 x인 지점에서의 빛의 세기

를 $f(x)$라 하면 $f(x)=k\left(\dfrac{4}{5}\right)^x$(단, k는 양의 상수)가 성립한다고 한다. 세기가 10인 빛을 이 호수의 수면 위에 비추었

을 때, 호수의 수면을 기준으로 깊이가 2인 지점에서의 깊이에 대한 빛의 세기의 순간변화율은?

① $\dfrac{16}{5}\ln\dfrac{4}{5}$

② $4\ln\dfrac{4}{5}$

③ $\dfrac{24}{5}\ln\dfrac{4}{5}$

④ $\dfrac{28}{5}\ln\dfrac{4}{5}$

⑤ $\dfrac{32}{5}\ln\dfrac{4}{5}$

04 여러 가지 미분법

1 함수의 몫의 미분법

(1) 두 함수 $f(x)$, $g(x)$가 미분가능하고 $g(x) \neq 0$일 때,

   ① $y = \dfrac{1}{g(x)}$이면 $y' = -\dfrac{g'(x)}{\{g(x)\}^2}$

   ② $y = \dfrac{f(x)}{g(x)}$이면 $y' = \dfrac{f'(x)g(x) - f(x)g'(x)}{\{g(x)\}^2}$

설명 $\left\{\dfrac{f(x)}{g(x)}\right\}' = \left\{f(x) \times \dfrac{1}{g(x)}\right\}' = f'(x) \times \dfrac{1}{g(x)} + f(x) \times \left\{\dfrac{1}{g(x)}\right\}'$

$\qquad = \dfrac{f'(x)}{g(x)} - f(x) \times \dfrac{g'(x)}{\{g(x)\}^2}$

$\qquad = \dfrac{f'(x)g(x) - f(x)g'(x)}{\{g(x)\}^2}$

(2) 함수 $y = x^n$ (n은 정수)의 도함수

   n이 정수일 때, $y = x^n$이면 $y' = nx^{n-1}$

(3) 삼각함수의 도함수

   ① $y = \tan x$이면 $y' = \sec^2 x$ ② $y = \sec x$이면 $y' = \sec x \tan x$

   ③ $y = \csc x$이면 $y' = -\csc x \cot x$ ④ $y = \cot x$이면 $y' = -\csc^2 x$

설명 $(\tan x)' = \left(\dfrac{\sin x}{\cos x}\right)' = \dfrac{(\sin x)' \cos x - \sin x (\cos x)'}{\cos^2 x}$

$\qquad = \dfrac{\cos^2 x + \sin^2 x}{\cos^2 x} = \dfrac{1}{\cos^2 x} = \sec^2 x$

보기

① $y = \dfrac{1}{x+1}$이면

$y' = -\dfrac{(x+1)'}{(x+1)^2}$

$\quad = -\dfrac{1}{(x+1)^2}$

② $y = \dfrac{x}{x+1}$이면

y'

$= \dfrac{x' \times (x+1) - x \times (x+1)'}{(x+1)^2}$

$= \dfrac{x+1-x}{(x+1)^2}$

$= \dfrac{1}{(x+1)^2}$

③ $y = x^{-5}$이면

$y' = -5x^{-5-1}$

$\quad = -5x^{-6}$

④ $y = x \tan x$이면

$y' = (x)' \tan x + x (\tan x)'$

$\quad = \tan x + x \sec^2 x$

2 합성함수의 미분법

두 함수 $y = f(u)$, $u = g(x)$가 미분가능할 때, 합성함수 $y = f(g(x))$의 도함수는

$$\dfrac{dy}{dx} = \dfrac{dy}{du} \times \dfrac{du}{dx} \text{ 또는 } \{f(g(x))\}' = f'(g(x))g'(x)$$

설명 $u = g(x)$에서 x의 증분 Δx에 대한 u의 증분을 Δu라 하고 $y = f(u)$에서 u의 증분 Δu에 대한 y의 증분을 Δy라 하면

$\dfrac{\Delta y}{\Delta x} = \dfrac{\Delta y}{\Delta u} \times \dfrac{\Delta u}{\Delta x}$ (단, $\Delta u \neq 0$)

이때 두 함수 $y = f(u)$, $u = g(x)$가 미분가능하므로

$\dfrac{dy}{dx} = \lim\limits_{\Delta x \to 0} \dfrac{\Delta y}{\Delta x} = \lim\limits_{\Delta x \to 0} \left(\dfrac{\Delta y}{\Delta u} \times \dfrac{\Delta u}{\Delta x}\right) = \lim\limits_{\Delta u \to 0} \dfrac{\Delta y}{\Delta u} \times \lim\limits_{\Delta x \to 0} \dfrac{\Delta u}{\Delta x} = \dfrac{dy}{du} \times \dfrac{du}{dx}$

참고 n이 정수일 때, 미분가능한 함수 $f(x)$에 대하여

$y = \{f(x)\}^n$이면 $y' = n\{f(x)\}^{n-1}f'(x)$

보기

① $y = (2x-1)^4$이면

$y' = 4(2x-1)^3(2x-1)'$

$\quad = 8(2x-1)^3$

② $y = \sin(2x-1)$이면

$y' = \cos(2x-1) \times (2x-1)'$

$\quad = 2\cos(2x-1)$

3 **로그함수, 지수함수와 $y=x^a$ (a는 실수)의 도함수** 🔍

(1) 절댓값을 갖는 로그함수의 도함수

   ① $y=\ln|x|$이면 $y'=\dfrac{1}{x}$

   ② $y=\log_a|x|$이면 $y'=\dfrac{1}{x\ln a}$ (단, $a>0$, $a\neq1$)

   ③ $y=\ln|f(x)|$이면 $y'=\dfrac{f'(x)}{f(x)}$

   (단, $f(x)$는 미분가능한 함수이고, $f(x)\neq0$이다.)

(2) 지수함수의 도함수

   ① $y=e^{f(x)}$이면 $y'=e^{f(x)}f'(x)$

   ② $y=a^{f(x)}$이면 $y'=a^{f(x)}f'(x)\ln a$

   (단, $a>0$, $a\neq1$이고, $f(x)$는 미분가능한 함수이다.)

(3) 함수 $y=x^a$ (a는 실수, $x>0$)의 도함수

   $y'=ax^{a-1}$

보기

① $y=\ln|2x+1|$이면
$y'=\dfrac{(2x+1)'}{2x+1}=\dfrac{2}{2x+1}$

② $y=e^{2x-1}$이면
$y'=e^{2x-1}\times(2x-1)'$
$\quad=2e^{2x-1}$

③ $y=\sqrt[3]{x}$이면 $y=x^{\frac{1}{3}}$이므로
$y'=\dfrac{1}{3}x^{\frac{1}{3}-1}=\dfrac{1}{3}x^{-\frac{2}{3}}$
$\quad=\dfrac{1}{3}\times\dfrac{1}{x^{\frac{2}{3}}}=\dfrac{1}{3\sqrt[3]{x^2}}$

---

4 **매개변수로 나타낸 함수의 미분법** 🔍

(1) 매개변수로 나타낸 함수

   두 변수 x, y 사이의 관계가 변수 t를 매개로 하여

   $\qquad x=f(t)$, $y=g(t)$

   와 같이 나타낼 때, 변수 t를 매개변수라 하고, $x=f(t)$, $y=g(t)$를 매개변수로 나타낸 함수라고 한다.

(2) 매개변수로 나타낸 함수의 미분법

   두 함수 $x=f(t)$, $y=g(t)$가 미분가능하고 $f'(t)\neq0$이면

   $$\frac{dy}{dx}=\frac{\dfrac{dy}{dt}}{\dfrac{dx}{dt}}=\frac{g'(t)}{f'(t)}$$

설명 매개변수 t의 증분 Δt에 대한 x의 증분을 Δx, y의 증분을 Δy라 하면

   $x=f(t)$, $y=g(t)$가 미분가능하므로

   $\displaystyle\lim_{\Delta t\to0}\frac{\Delta x}{\Delta t}=\frac{dx}{dt}=f'(t)$, $\displaystyle\lim_{\Delta t\to0}\frac{\Delta y}{\Delta t}=\frac{dy}{dt}=g'(t)$

   함수 $x=f(t)$는 미분가능하고 $f'(t)\neq0$이므로 $\Delta x\to0$일 때 $\Delta t\to0$이다.

   따라서 $\dfrac{dy}{dx}=\displaystyle\lim_{\Delta x\to0}\frac{\Delta y}{\Delta x}=\lim_{\Delta t\to0}\dfrac{\dfrac{\Delta y}{\Delta t}}{\dfrac{\Delta x}{\Delta t}}=\dfrac{\dfrac{dy}{dt}}{\dfrac{dx}{dt}}=\dfrac{g'(t)}{f'(t)}$

보기

매개변수 t로 나타낸 함수
$x=2t-1$, $y=t^2+t$에 대하여
$\dfrac{dx}{dt}=2$, $\dfrac{dy}{dt}=2t+1$이므로

$\dfrac{dy}{dx}=\dfrac{\dfrac{dy}{dt}}{\dfrac{dx}{dt}}=\dfrac{2t+1}{2}$

5 음함수의 미분법

(1) 음함수

방정식 $f(x,\,y)=0$이 주어졌을 때, x와 y의 값의 범위를 적당히 정하면 y는 x에 대한 함수가 된다. 이와 같이 x에 대한 함수 y가 방정식

$$f(x,\,y)=0$$

의 꼴로 주어졌을 때, 이 방정식을 y의 x에 대한 음함수 표현이라고 한다.

(2) 음함수의 미분법

음함수 $f(x,\,y)=0$에서 y를 x에 대한 함수로 보고 양변의 각 항을 x에 대하여 미분한 후에 $\dfrac{dy}{dx}$를 구한다.

6 역함수의 미분법

미분가능한 함수 $f(x)$의 역함수 $g(x)$가 존재하고 이 역함수가 미분가능할 때,

$$g'(x)=\frac{1}{f'(g(x))} \text{ (단, } f'(g(x))\neq0)$$

설명 함수 $f(x)$의 역함수가 $g(x)$이므로

$$f(g(x))=x$$

이 식의 양변을 x에 대하여 미분하면

$$f'(g(x))g'(x)=1$$

따라서 $g'(x)=\dfrac{1}{f'(g(x))}$ (단, $f'(g(x))\neq0$)

7 이계도함수

함수 $y=f(x)$의 도함수 $f'(x)$가 미분가능할 때, 함수 $f'(x)$의 도함수

$$\lim_{\varDelta x\to0}\frac{f'(x+\varDelta x)-f'(x)}{\varDelta x}$$

를 함수 $f(x)$의 이계도함수라 하고, 이것을 기호로 $f''(x)$, y'', $\dfrac{d^2y}{dx^2}$, $\dfrac{d^2}{dx^2}f(x)$와 같이 나타낸다.

기본 유형 익히기

유형 ①

함수의 몫의 미분법

함수 $f(x)=\dfrac{x+1}{2x+1}$에 대하여 $f'(1)$의 값은?

① -9　　　② -4　　　③ -1　　　④ $-\dfrac{1}{4}$　　　⑤ $-\dfrac{1}{9}$

풀이

$f(x)=\dfrac{x+1}{2x+1}$에서

$f'(x)=\dfrac{(x+1)'(2x+1)-(x+1)(2x+1)'}{(2x+1)^2}$ ❶

$\quad\quad=\dfrac{(2x+1)-2(x+1)}{(2x+1)^2}=-\dfrac{1}{(2x+1)^2}$

따라서 $f'(1)=-\dfrac{1}{9}$

답 ⑤

POINT

❶ 미분가능한 두 함수
$f(x)$, $g(x)$에 대하여
$\left\{\dfrac{f(x)}{g(x)}\right\}'$
$=\dfrac{f'(x)g(x)-f(x)g'(x)}{\{g(x)\}^2}$
　　　　　　(단, $g(x)\neq0$)

유제 ①
● 8442-0144 ●

함수 $f(x)=\dfrac{x+b}{x+a}$에 대하여 $f'(x)=-\dfrac{2}{(x+3)^2}$일 때, $f(-2)$의 값을 구하시오.

(단, a, b는 상수이다.)

유형 ②

합성함수의 미분법

미분가능한 두 함수 $f(x)$, $g(x)$에 대하여 두 함수 $y=f(x)$, $y=g(x)$의 그래프가 점 $(1, 3)$에서 만나고, $f'(1)=g'(1)=2$이다. 함수 $h(x)=f(2x-1)g(3x-2)$에 대하여 $h'(1)$의 값을 구하시오.

풀이

두 함수 $y=f(x)$, $y=g(x)$의 그래프가 점 $(1, 3)$에서 만나므로

$f(1)=3$, $g(1)=3$

$h(x)=f(2x-1)g(3x-2)$에서

$h'(x)=f'(2x-1)(2x-1)'g(3x-2)+f(2x-1)g'(3x-2)(3x-2)'$ ❶

$\quad\quad=2f'(2x-1)g(3x-2)+3f(2x-1)g'(3x-2)$

이므로

$h'(1)=2f'(1)g(1)+3f(1)g'(1)$

$\quad\quad=2\times2\times3+3\times3\times2=30$

답 30

POINT

❶ 미분가능한 두 함수
$y=f(x)$, $y=g(x)$에 대하여
① $y=f(x)g(x)$의 도함수는
$y'=f'(x)g(x)+f(x)g'(x)$
② 합성함수
$y=f(g(x))$의 도함수는
$y'=f'(g(x))g'(x)$

유제 ②
● 8442-0145 ●

미분가능한 함수 $f(x)$가 $\displaystyle\lim_{x\to3}\dfrac{f(x)-1}{x-3}=2$를 만족시킨다. 함수 $g(x)=xf(2x+1)$에 대하여 $g'(1)$의 값을 구하시오.

유형 3 삼각함수의 미분

$-\dfrac{\pi}{2}<x<\dfrac{\pi}{2}$에서 정의된 함수 $f(x)=\tan x-\sec x$에 대하여 $f'\!\left(\dfrac{\pi}{6}\right)$의 값은?

① $\dfrac{1}{6}$ ② $\dfrac{1}{3}$ ③ $\dfrac{1}{2}$ ④ $\dfrac{2}{3}$ ⑤ $\dfrac{5}{6}$

풀이

$f(x)=\tan x-\sec x$에서

$f'(x)=\sec^2 x-\sec x\tan x$ ❶

$\quad=\left(\dfrac{1}{\cos x}\right)^2-\dfrac{1}{\cos x}\times\tan x$ ❷

이므로

$f'\!\left(\dfrac{\pi}{6}\right)=\left(\dfrac{1}{\cos\dfrac{\pi}{6}}\right)^2-\dfrac{1}{\cos\dfrac{\pi}{6}}\times\tan\dfrac{\pi}{6}$

$\quad=\left(\dfrac{1}{\dfrac{\sqrt{3}}{2}}\right)^2-\dfrac{1}{\dfrac{\sqrt{3}}{2}}\times\dfrac{1}{\sqrt{3}}$

$\quad=\dfrac{4}{3}-\dfrac{2}{3}=\dfrac{2}{3}$

답 ④

> **POINT**
>
> ❶ $(\tan x)'=\sec^2 x$
> $\quad(\sec x)'=\sec x\tan x$
> $\quad(\cot x)'=-\csc^2 x$
> $\quad(\csc x)'=-\csc x\cot x$
>
> ❷ $\csc x=\dfrac{1}{\sin x}$
> $\quad\sec x=\dfrac{1}{\cos x}$
> $\quad\cot x=\dfrac{1}{\tan x}$

유제 3
• 8442-0146 •

함수 $f(x)=\dfrac{\sin x}{1-\sin^2 x}$에 대하여 $f'\!\left(\dfrac{\pi}{3}\right)$의 값을 구하시오.

유형 4 로그함수, 지수함수의 미분

함수 $f(x)=xe^{3x+a}$에 대하여 $f'(1)=8$일 때, 상수 a의 값은?

① $\ln 2-3$ ② $\ln 2-2$ ③ $\ln 3-2$ ④ $\ln 2-1$ ⑤ $\ln 3-1$

풀이

$f(x)=xe^{3x+a}$에서

$f'(x)=(x)'e^{3x+a}+x(e^{3x+a})'$ ❶

$\quad=e^{3x+a}+3xe^{3x+a}$

$\quad=(1+3x)e^{3x+a}$

이때 $f'(1)=8$이므로 $4e^{3+a}=8$, $e^{3+a}=2$에서 $3+a=\ln 2$

따라서 $a=\ln 2-3$

답 ①

> **POINT**
>
> ❶ 미분가능한 함수 $f(x)$에 대하여
> $y=e^{f(x)}$이면
> $y'=e^{f(x)}f'(x)$

유제 4
• 8442-0147 •

일차함수 $f(x)$와 함수 $g(x)=\ln|f(x)|$에 대하여 $f(1)=2$, $g'(1)=-2$일 때, $f(-2)$의 값은?

① 8   ② 10   ③ 12   ④ 14   ⑤ 16

유형 5

매개변수로 나타낸 함수의 미분법

매개변수 t로 나타낸 함수 $x=2t-\dfrac{1}{t}$, $y=t^2+\dfrac{1}{t^2}$에 대하여 $t=2$일 때, $\dfrac{dy}{dx}$의 값은?

① $\dfrac{1}{3}$ ② $\dfrac{2}{3}$ ③ 1 ④ $\dfrac{4}{3}$ ⑤ $\dfrac{5}{3}$

풀이

$x=2t-\dfrac{1}{t}=2t-t^{-1}$에서 $\dfrac{dx}{dt}=2-(-t^{-2})=2+\dfrac{1}{t^2}$ ❶

$y=t^2+\dfrac{1}{t^2}=t^2+t^{-2}$에서 $\dfrac{dy}{dt}=2t+(-2t^{-3})=2t-\dfrac{2}{t^3}$ ❶

$\dfrac{dy}{dx}=\dfrac{\dfrac{dy}{dt}}{\dfrac{dx}{dt}}=\dfrac{2t-\dfrac{2}{t^3}}{2+\dfrac{1}{t^2}}=\dfrac{2t^4-2}{2t^3+t}$이므로 ❷

$t=2$일 때, $\dfrac{dy}{dx}=\dfrac{2\times 2^4-2}{2\times 2^3+2}=\dfrac{5}{3}$

답 ⑤

POINT

❶ 정수 n에 대하여
$y=x^n$이면 $y'=nx^{n-1}$

❷ 미분가능한 두 함수
$x=f(t)$, $y=g(t)$에 대하여

$\dfrac{dy}{dx}=\dfrac{\dfrac{dy}{dt}}{\dfrac{dx}{dt}}=\dfrac{g'(t)}{f'(t)}$

(단, $f'(t)\neq 0$)

유제 5
• 8442-0148 •

매개변수 t로 나타낸 함수 $x=2\cos t+1$, $y=3\sin t+2$ $\left(-\dfrac{\pi}{2}<t<\dfrac{\pi}{2}\right)$에 대하여 $\dfrac{dy}{dx}$의 값이 $\dfrac{\sqrt{3}}{2}$이 되도록 하는 t의 값을 구하시오.

유형 6

음함수의 미분법

곡선 $x^2+2y^2=3$ 위의 점 $(1, 1)$에서의 $\dfrac{dy}{dx}$의 값은?

① $-\dfrac{5}{2}$ ② -2 ③ $-\dfrac{3}{2}$ ④ -1 ⑤ $-\dfrac{1}{2}$

풀이

음함수 $x^2+2y^2=3$의 양변의 각 항을 x에 대하여 미분하면

$\dfrac{d}{dx}(x^2)+\dfrac{d}{dx}(2y^2)=\dfrac{d}{dx}(3)$ ❶

$2x+\dfrac{d}{dy}(2y^2)\dfrac{dy}{dx}=0$, $2x+4y\dfrac{dy}{dx}=0$

$\dfrac{dy}{dx}=-\dfrac{x}{2y}$ (단, $y\neq 0$) ...... ㉠

따라서 ㉠에 $x=1$, $y=1$을 대입하면 $\dfrac{dy}{dx}=-\dfrac{1}{2}$

답 ⑤

POINT

❶ 음함수 $f(x, y)=0$에서 y를 x에 대한 함수로 생각하고 각 항을 x에 대하여 미분하여 $\dfrac{dy}{dx}$를 구한다.

유제 6
• 8442-0149 •

음함수 $x^2+3xy+y^2=2$에 대하여 $\dfrac{dy}{dx}=\dfrac{ax-3y}{bx+2y}$ (단, $bx+2y\neq 0$)이다. 두 상수 a, b에 대하여 a^2+b^2의 값을 구하시오.

유형 7

역함수의 미분법

함수 $f(x)=x^3+x^2+2x$의 역함수를 $g(x)$라 할 때, $g'(4)$의 값은?

① $\dfrac{1}{9}$ ② $\dfrac{1}{7}$ ③ $\dfrac{1}{5}$ ④ $\dfrac{1}{3}$ ⑤ 1

풀이

$g(4)=a$라 하면 $f(a)=4$이므로

$a^3+a^2+2a=4$에서 $a^3+a^2+2a-4=0$, $(a-1)(a^2+2a+4)=0$

$a=1$ 또는 $a^2+2a+4=0$

이때 $a^2+2a+4>0$이므로 $a=1$

즉, $f(1)=4$, $g(4)=1$이고, $f'(x)=3x^2+2x+2$이므로

$g'(4)=\dfrac{1}{f'(g(4))}=\dfrac{1}{f'(1)}=\dfrac{1}{7}$ ❶

답 ②

> **POINT**
>
> ❶ 미분가능한 함수 $f(x)$의 역함수 $g(x)$가 미분가능할 때, $f(a)=b$, $f'(a)\ne0$이면
> $$g'(b)=\dfrac{1}{f'(g(b))}=\dfrac{1}{f'(a)}$$

유제 7

• 8442-0150 •

함수 $f(x)=\dfrac{1}{3}x^3+ax^2+a^2x+12$의 역함수를 $g(x)$라 하자. 곡선 $y=g(x)$ 위의 점 $(-9,\,-3)$에서의 접선의 기울기는? (단, $a<0$)

① $\dfrac{1}{25}$ ② $\dfrac{1}{16}$ ③ $\dfrac{1}{9}$ ④ $\dfrac{1}{4}$ ⑤ 1

유형 8

이계도함수

함수 $f(x)=\ln(x^2+2)$에 대하여 $\dfrac{f'(1)}{f''(1)}$의 값을 구하시오.

풀이

$f(x)=\ln(x^2+2)$에서

$f'(x)=\dfrac{(x^2+2)'}{x^2+2}=\dfrac{2x}{x^2+2}$

$f''(x)=\dfrac{(2x)'(x^2+2)-2x(x^2+2)'}{(x^2+2)^2}$ ❶

$\quad=\dfrac{2(x^2+2)-2x\times(2x)}{(x^2+2)^2}=\dfrac{-2(x^2-2)}{(x^2+2)^2}$

따라서 $f'(1)=\dfrac{2}{3}$, $f''(1)=\dfrac{2}{9}$이므로 $\dfrac{f'(1)}{f''(1)}=\dfrac{\frac{2}{3}}{\frac{2}{9}}=3$

답 3

> **POINT**
>
> ❶ 미분가능한 함수 $f(x)$의 도함수 $f'(x)$가 미분가능할 때, 함수 $f'(x)$의 도함수가 함수 $f(x)$의 이계도함수이다.
> 즉, $g(x)=f'(x)$라 할 때, 함수 $f(x)$의 이계도함수 $f''(x)$는 $g'(x)$이다.

유제 8

• 8442-0151 •

함수 $f(x)=x\cos 2x$에 대하여 $f''\left(\dfrac{\pi}{4}\right)$의 값은?

① -4π ② -2π ③ -4 ④ $-\pi$ ⑤ -2

• 정답과 풀이 42쪽

유형 1 함수의 몫의 미분법

01

• 8442-0152 •

함수 $f(x)=\dfrac{1}{x^2}+\dfrac{2x}{x^2+1}$ 에 대하여 $f'(-1)$의 값은?

① $\dfrac{1}{2}$ ② 1 ③ $\dfrac{3}{2}$

④ 2 ⑤ $\dfrac{5}{2}$

02

• 8442-0153 •

함수 $f(x)=\dfrac{e^x}{x^3}$ 에 대하여 $\displaystyle\lim_{x\to2}\dfrac{f(2)-f(x)}{(x-2)f(2)f(x)}$ 의 값은?

① $\dfrac{2}{e^2}$ ② $\dfrac{3}{e^2}$ ③ $\dfrac{4}{e^2}$

④ $\dfrac{2}{e^4}$ ⑤ $\dfrac{3}{e^4}$

03

• 8442-0154 •

1보다 큰 실수 t에 대하여 직선 $x=t$와 직선 $y=x$, 곡선 $y=\dfrac{1}{x}$이 만나는 점을 각각 P, Q라 하고, 직선 $y=x$와 곡선 $y=\dfrac{1}{x}$이 제1사분면에서 만나는 점을 R라 하자. 삼각형 PRQ의 넓이를 $f(t)$라 할 때, $8f'(2)$의 값을 구하시오.

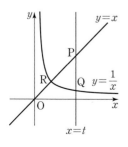

유형 2 합성함수의 미분법

04

• 8442-0155 •

함수 $f(x)=(2\sin x+1)^3$에 대하여 $f'\!\left(\dfrac{\pi}{6}\right)$의 값은?

① $6\sqrt{2}$ ② $6\sqrt{3}$ ③ $12\sqrt{2}$
④ $12\sqrt{3}$ ⑤ $18\sqrt{2}$

05

• 8442-0156 •

두 함수 $f(x)=x^3+2x+1$, $g(x)=\dfrac{x}{x+1}$에 대하여 $\displaystyle\lim_{x\to-1}\dfrac{g(f(x))-2}{x+1}$의 값은?

① 1 ② 2 ③ 3
④ 4 ⑤ 5

06

• 8442-0157 •

미분가능한 함수 $f(x)$에 대하여 곡선 $y=f(x)$ 위의 점 $(2, f(2))$에서의 접선의 방정식이 $y=3x+1$이다. 함수 $g(x)=(x^2+1)f(3x-1)$에 대하여 $g'(1)$의 값을 구하시오.

유형 **3** 삼각함수의 미분

07
• 8442-0158 •

함수 $f(x)=\tan(e^{3x}-1)$에 대하여 $f'(0)$의 값은?

① $\dfrac{1}{3}$ ② $\dfrac{1}{2}$ ③ 1

④ 2   ⑤ 3

08
• 8442-0159 •

함수 $f(x)=3x+\cot 2x$에 대하여 $0<x<\pi$에서 방정식 $f'(x)=-1$의 서로 다른 모든 실근의 합은?

① $\dfrac{\pi}{2}$ ② π ③ $\dfrac{3}{2}\pi$

④ 2π ⑤ $\dfrac{5}{2}\pi$

09
• 8442-0160 •

함수 $f(x)=\begin{cases} a+\sin\pi x & \left(x\le\dfrac{1}{2}\right) \\ bx^2+2x & \left(x>\dfrac{1}{2}\right) \end{cases}$ 가 $x=\dfrac{1}{2}$에서 미분

가능하도록 하는 두 상수 a, b에 대하여 $a+b$의 값은?

① $-\dfrac{5}{2}$ ② -2 ③ $-\dfrac{3}{2}$

④ -1 ⑤ $-\dfrac{1}{2}$

유형 **4** 지수함수의 미분

10
• 8442-0161 •

함수 $f(x)=e^{x-1}+e^{2x-1}+e^{3x-1}$에 대하여 $f'(0)$의 값은?

① $\dfrac{5}{e}$ ② $\dfrac{6}{e}$ ③ $\dfrac{7}{e}$

④ $\dfrac{8}{e}$ ⑤ $\dfrac{9}{e}$

11
• 8442-0162 •

함수 $f(x)=xe^{2x^2-5x+1}$에 대하여 방정식 $f'(x)=0$의 서로 다른 모든 실근의 합은?

① $\dfrac{1}{4}$ ② $\dfrac{1}{2}$ ③ $\dfrac{3}{4}$

④ 1   ⑤ $\dfrac{5}{4}$

12
• 8442-0163 •

미분가능한 함수 $f(x)$에 대하여 곡선 $y=f(x)$ 위의 점 $(2,\ -1)$에서의 접선의 기울기가 3일 때, 함수 $g(x)=e^{f(3x-1)}$에 대하여 $g'(1)$의 값은?

① $\dfrac{1}{e}$ ② $\dfrac{3}{e}$ ③ $\dfrac{5}{e}$

④ $\dfrac{7}{e}$ ⑤ $\dfrac{9}{e}$

13

• 8442-0164 •

그림과 같이 이차함수 $y=f(x)$의 그래프와 직선 $y=1$
이 두 점 $(-1, 1)$, $(3, 1)$에서 만난다.

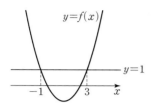

함수 $g(x)=e^{f(x)}$에 대하여 $g'(3)=2e$일 때, $f(5)$의
값을 구하시오.

유형 5 로그함수의 미분

14

• 8442-0165 •

함수 $f(x)=\ln(2x^2+ax+1)$에 대하여 $f'(1)=\dfrac{9}{7}$일
때, 상수 a의 값은?

① $\dfrac{1}{2}$ ② 1 ③ $\dfrac{3}{2}$

④ 2 ⑤ $\dfrac{5}{2}$

15

• 8442-0166 •

함수 $f(x)$가 $f(e^x-1)=\dfrac{x}{e^{2x-1}}$를 만족시킬 때, $f'(1)$의
값은?

① $\dfrac{e(1-\ln 2)}{8}$ ② $\dfrac{e(1-2\ln 2)}{8}$

③ $\dfrac{e(1-\ln 2)}{4}$ ④ $\dfrac{e(1-2\ln 2)}{4}$

⑤ $\dfrac{e(1-\ln 2)}{2}$

16

• 8442-0167 •

함수 $f(x)=x^{\ln x}\,(x>0)$에 대하여 $\displaystyle\lim_{h\to 0}\dfrac{f(e+2h)-e}{h}$
의 값은?

① 2 ② 4 ③ 6

④ 8 ⑤ 10

17

• 8442-0168 •

함수 $f(x)=x^2+2x+\dfrac{1}{e}$에 대하여 함수 $g(x)$를
$g(x)=f(x)\ln|f(x)|$라 하자. 방정식 $g'(x)=0$의 서
로 다른 모든 실근의 합은?

① -5 ② -4 ③ -3

④ -2 ⑤ -1

18

• 8442-0169 •

함수 $f(x)=\ln(2x-3)$에 대하여 곡선 $y=f(x)$를 x축
의 방향으로 -1만큼 평행이동한 곡선을 $y=g(x)$라 하
자. 2보다 큰 실수 t에 대하여 직선 $x=t$와 두 곡선
$y=f(x)$, $y=g(x)$가 만나는 점을 각각 P, Q라 하고,
선분 PQ의 길이를 $h(t)$라 할 때, $\displaystyle\sum_{t=3}^{11} h'(t)$의 값은?

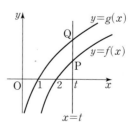

① $-\dfrac{5}{7}$ ② $-\dfrac{4}{7}$ ③ $-\dfrac{3}{7}$

④ $-\dfrac{2}{7}$ ⑤ $-\dfrac{1}{7}$

유형 6 매개변수로 나타낸 함수의 미분법

19
• 8442-0170 •

매개변수 t로 나타낸 함수

$$x = at^2 + 1, \ y = \frac{1}{3}t^3 + 2t + 1$$

에 대하여 $t=1$일 때, $\dfrac{dy}{dx}$의 값이 6이 되도록 하는 상수 a의 값은? (단, $a \neq 0$)

① $\dfrac{1}{4}$ ② $\dfrac{1}{2}$ ③ 1

④ 2   ⑤ 4

20
• 8442-0171 •

매개변수 t로 나타낸 함수

$$x = t - a\sqrt{t}, \ y = a\sqrt{t}$$

에 대하여 $t=4$에 대응하는 점에서의 접선의 기울기가 $\dfrac{3}{5}$일 때 상수 a의 값은? (단, $a \neq 0$)

① $\dfrac{1}{2}$ ② 1   ③ $\dfrac{3}{2}$

④ 2   ⑤ $\dfrac{5}{2}$

21
• 8442-0172 •

매개변수 θ로 나타낸 함수

$$x = \sec\theta + \cos\theta, \ y = \tan\theta \ \left(0 < \theta < \frac{\pi}{2} \right)$$

에 대하여 이 곡선 위의 점 $\left(\dfrac{5}{2}, \sqrt{3} \right)$에서의 접선의 기울기는?

① $\dfrac{4\sqrt{3}}{9}$ ② $\dfrac{5\sqrt{3}}{9}$ ③ $\dfrac{2\sqrt{3}}{3}$

④ $\dfrac{7\sqrt{3}}{9}$ ⑤ $\dfrac{8\sqrt{3}}{9}$

유형 7 음함수의 미분법

22
• 8442-0173 •

곡선 $\dfrac{e^x}{\ln y} = 2$ 위의 점 $(0, \sqrt{e})$에서의 접선의 기울기는?

① $\dfrac{\sqrt{e}}{4}$ ② $\dfrac{\sqrt{e}}{2}$ ③ $\dfrac{e}{4}$

④ $\dfrac{e}{2}$ ⑤ e

23
• 8442-0174 •

곡선 $x^2 + 2xy - ay^2 = b$ 위의 점 $(1, 1)$에서의 접선의 기울기가 $\dfrac{2}{3}$일 때, 두 상수 a, b에 대하여 ab의 값은?

① -10 ② -8 ③ -6

④ -4 ⑤ -2

24
• 8442-0175 •

곡선 $x^3 + y^3 - 7(x+y) = 0$ 위의 점 $(3, 1)$에서의 접선과 수직이고 점 $(10, 1)$을 지나는 직선을 l이라 하자. 직선 l이 x축, y축과 만나는 점을 각각 A, B라 할 때, 원점 O에 대하여 삼각형 OAB의 넓이는?

① 45   ② $\dfrac{45}{2}$ ③ 15

④ $\dfrac{45}{4}$ ⑤ 9

25

• 8442-0176 •

함수 $f(x)=\ln(x^2+a)$ (단, $x>0$)의 역함수를 $g(x)$라 할 때, 함수 $y=g(x)$의 그래프 위의 점 $(\ln 7, 2)$에서의 접선의 기울기는?

① $\dfrac{7}{8}$ ② 1 ③ $\dfrac{7}{6}$

④ $\dfrac{7}{5}$ ⑤ $\dfrac{7}{4}$

26

• 8442-0177 •

미분가능하고 역함수가 존재하는 함수 $f(x)$가

$$\lim_{x \to 3}\frac{f(x)-2}{x-3}=\frac{1}{6}$$

을 만족시킨다. 함수 $f(x)$의 역함수 $g(x)$가 미분가능할 때, $g'(2)$의 값을 구하시오.

27

• 8442-0178 •

함수 $f(x)=\sqrt{3}\sin x-1\left(0\le x\le\dfrac{\pi}{2}\right)$의 역함수를 $g(x)$라 할 때, $g'\left(\dfrac{1}{2}\right)$의 값은?

① $\dfrac{\sqrt{2}}{3}$ ② $\dfrac{\sqrt{3}}{3}$ ③ $\dfrac{2\sqrt{2}}{3}$

④ $\dfrac{2\sqrt{3}}{3}$ ⑤ $\sqrt{3}$

28

• 8442-0179 •

함수 $f(x)=e^x+\dfrac{1}{x^2}$에 대하여 두 곡선 $y=f(x)$, $y=f''(x)$가 점 $(a, f(a))$에서 만날 때, 양수 a의 값은?

① $\sqrt{6}$ ② $\sqrt{5}$ ③ 2

④ $\sqrt{3}$ ⑤ $\sqrt{2}$

29

• 8442-0180 •

함수 $f(x)=2\ln(3-x)+\dfrac{1}{2}x^2$에 대하여 방정식 $f''(x)=0$의 실근은?

① $\dfrac{3-\sqrt{3}}{2}$ ② $\dfrac{3-\sqrt{2}}{2}$ ③ $3-2\sqrt{2}$

④ $3-\sqrt{3}$ ⑤ $3-\sqrt{2}$

30

• 8442-0181 •

함수 $f(x)=\dfrac{\sin x}{e^x}$에 대하여 $f'(\theta)=f''(\theta)$일 때, $\tan\theta$의 값은? $\left(\text{단, } -\dfrac{\pi}{2}<\theta<\dfrac{\pi}{2}\right)$

① -3 ② $-\sqrt{3}$ ③ 1

④ $\sqrt{3}$ ⑤ 3

다항식 $f(x)$를 $x-2$로 나누었을 때의 몫은 $(2x-3)^3$이고 나머지는 3이다. 함수 $g(x)=\dfrac{f(x)}{2x-1}$에 대하여 $g'(2)$의 값을 구하시오.

풀이

다항식 $f(x)$를 $x-2$로 나누었을 때의 몫은 $(2x-3)^3$이고 나머지는 3이므로

$f(x)=(x-2)(2x-3)^3+3$ ······ ㉠

$f(2)=3$ ◀ ❶

㉠의 양변의 각 항을 x에 대하여 미분하면

$f'(x)=(2x-3)^3+(x-2)\times 3(2x-3)^2\times 2$
$\quad\ =(2x-3)^3+6(x-2)(2x-3)^2$

$f'(2)=1$ ◀ ❷

┗➤ 함수가 곱으로 표현되어 있을 때는 곱의 미분법을 이용한다.

$g(x)=\dfrac{f(x)}{2x-1}$에서

$g'(x)=\dfrac{f'(x)(2x-1)-2f(x)}{(2x-1)^2}$

이므로

┗➤ 함수가 분수의 꼴로 표현되어 있을 때는 몫의 미분법을 이용한다.

$g'(2)=\dfrac{3f'(2)-2f(2)}{3^2}$

$\quad\ =\dfrac{3\times 1-2\times 3}{9}$

$\quad\ =-\dfrac{3}{9}=-\dfrac{1}{3}$ ◀ ❸

답 $-\dfrac{1}{3}$

단계	채점 기준	비율
❶	다항함수 $f(x)$를 구하고, $f(2)$의 값을 구한 경우	20 %
❷	$f'(x)$를 구하고, $f'(2)$의 값을 구한 경우	30 %
❸	$g'(x)$를 구하고, $g'(2)$의 값을 구한 경우	50 %

01
• 8442-0182 •

두 함수 $f(x)=x^3-8x+10$, $g(x)=2\sqrt{4x-3}$에 대하여 $\displaystyle\lim_{x\to 1}\dfrac{f(g(x))-2}{x^2-1}$의 값을 구하시오.

02
• 8442-0183 •

매개변수 t로 나타낸 곡선

$\quad x=2-e^{-t},\ y=e^t-e^{-t}$

에 대하여 $t=n$에 대응하는 점에서의 접선의 기울기를 a_n이라 하자. $\displaystyle\sum_{n=1}^{\infty}\dfrac{1}{a_n-1}$의 값을 구하시오.

(단, n은 자연수이다.)

03
• 8442-0184 •

함수 $f(x)=x^3+2x+4$의 역함수를 $g(x)$라 하자. 함수 $h(x)=\dfrac{g(x)}{f(x)}$에 대하여 $h'(1)$의 값을 구하시오.

01

• 8442-0185 •

이차함수 $f(x)$에 대하여 $f(0)=2$이고, 함수 $g(x)$를 $g(x)=\dfrac{e^{f(x)}}{x+1}$이라 하자. 방정식 $g'(x)=0$의 근이 $x=-3$ 또는 $x=1$일 때, $f(4)$의 값을 구하시오.

02

• 8442-0186 •

그림과 같이 곡선 $y=e^x-1$ 위의 점 $\mathrm{P}(t,\ e^t-1)$ $(t>1)$을 직선 $y=x$에 대하여 대칭이동한 점을 P'이라 하고, 점 P'을 지나고 x축에 수직인 직선과 곡선 $y=\ln x$, x축이 만나는 점을 각각 Q, R라 하자. 선분 QR의 길이를 $f(t)$라 하고, 함수 $f(t)$의 역함수를 $g(t)$라 할 때, $g'(2)$의 값은?

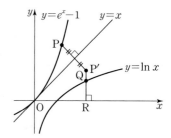

① $\dfrac{e}{e+1}$ ② $\dfrac{e^2}{e+1}$ ③ $\dfrac{1}{e^2+1}$

④ $\dfrac{e}{e^2+1}$ ⑤ $\dfrac{e^2}{e^2+1}$

03 실생활 활용

• 8442-0187 •

100만 원에 구입한 어느 전자 제품의 x개월 후 가치를 y만 원이라 할 때, $y=100\times\sqrt{2^{-x}}$(만 원)이 성립한다고 한다. 이 전자 제품을 구입한 후 t개월이 지나는 순간의 이 전자 제품의 가치 y의 변화율이 $\dfrac{25}{16}\ln\dfrac{1}{2}$일 때, 상수 t의 값을 구하시오.

05 도함수의 활용

1 접선의 방정식

(1) 곡선 위의 한 점에서의 접선의 방정식

함수 $f(x)$가 $x=a$에서 미분가능할 때, $x=a$에서의 미분계수 $f'(a)$는 곡선 $y=f(x)$ 위의 점 $\mathrm{P}(a, f(a))$에서의 접선의 기울기와 같다.

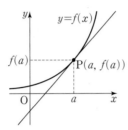

따라서 곡선 $y=f(x)$ 위의 점 $\mathrm{P}(a, f(a))$에서의 접선의 방정식은

$$y-f(a)=f'(a)(x-a)$$

(2) 기울기가 주어진 접선의 방정식

함수 $f(x)$가 미분가능할 때, 곡선 $y=f(x)$에 접하고 기울기가 m인 접선의 방정식은 다음과 같은 순서로 구한다.

① 접점의 좌표를 $(a, f(a))$로 놓는다.

② 방정식 $f'(a)=m$을 만족시키는 실수 a의 값을 구한다.

③ 접선의 방정식 $y-f(a)=m(x-a)$를 구한다.

(3) 곡선 밖의 한 점에서 곡선에 그은 접선의 방정식

함수 $y=f(x)$가 미분가능할 때, 곡선 $y=f(x)$ 밖의 한 점 (x_1, y_1)에서 곡선 $y=f(x)$에 그은 접선의 방정식은 다음과 같은 순서로 구한다.

① 접점의 좌표를 $(a, f(a))$로 놓는다.

② 곡선 위의 점 $(a, f(a))$에서의 접선의 방정식 $y-f(a)=f'(a)(x-a)$를 구한다.

③ 점 (x_1, y_1)은 접선 위의 점이므로 $x=x_1$, $y=y_1$을 ②에서 구한 방정식에 대입한다.

④ a에 대한 방정식 $y_1-f(a)=f'(a)(x_1-a)$에서 실수 a의 값을 구한다.

⑤ ④에서 구한 값을 ②에서 구한 방정식에 대입하여 접선의 방정식을 구한다.

참고 곡선 $y=f(x)$ 위의 점 $(a, f(a))$를 지나고 이 점에서의 접선에 수직인 직선의 기울기를 m이라 하면

$$m \times f'(a)=-1, \quad m=-\frac{1}{f'(a)}$$

따라서 점 $(a, f(a))$를 지나고 이 점에서의 접선에 수직인 직선의 방정식은

$$y-f(a)=-\frac{1}{f'(a)}(x-a) \ (단, \ f'(a) \neq 0)$$

보기

① 곡선 $f(x)=e^x$ 위의 점 $(0, 1)$에서의 접선의 방정식을 구하여 보자.

$f'(x)=e^x$이므로

$f'(0)=e^0=1$

따라서 접선의 기울기가 1이므로 접선의 방정식은

$y-1=1 \times (x-0)$

즉, $y=x+1$

② 곡선 $f(x)=\ln x$에 접하고 기울기가 1인 접선의 방정식을 구하여 보자.

$f'(x)=\dfrac{1}{x}$

접점을 $(a, \ln a)$라 하면 접선의 기울기가 1이므로

$f'(a)=\dfrac{1}{a}=1$

$a=1$

이때 접점은 $(1, 0)$이므로 접선의 방정식은

$y-0=1 \times (x-1)$

즉, $y=x-1$

③ 점 $(-1, 0)$에서 곡선 $f(x)=\sqrt{x}$에 그은 접선의 방정식을 구하여 보자.

$f'(x)=\dfrac{1}{2\sqrt{x}}$이므로 접점의 좌표를 $(a, \sqrt{a})$라 하면 접선의 방정식은

$y-\sqrt{a}=\dfrac{1}{2\sqrt{a}}(x-a)$ ······ ㉠

직선 ㉠이 점 $(-1, 0)$을 지나므로

$-\sqrt{a}=\dfrac{1}{2\sqrt{a}}(-1-a)$

$-2a=-1-a$

$a=1$

따라서 접선의 방정식은

$y-1=\dfrac{1}{2}(x-1)$

즉, $y=\dfrac{1}{2}x+\dfrac{1}{2}$

2 함수의 증가, 감소

(1) **함수의 증가와 감소**

함수 $f(x)$가 어떤 구간에 속하는 임의의 두 실수 x_1, x_2에 대하여

① $x_1 < x_2$일 때 $f(x_1) < f(x_2)$이면 함수 $f(x)$는 이 구간에서 증가한다고 한다.

② $x_1 < x_2$일 때 $f(x_1) > f(x_2)$이면 함수 $f(x)$는 이 구간에서 감소한다고 한다.

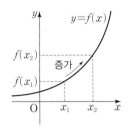 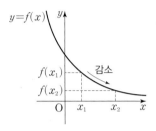

(2) **미분가능한 함수의 증가와 감소의 판정**

함수 $f(x)$가 열린구간 (a, b)에서 미분가능하고, 이 구간의 모든 x에 대하여

① $f'(x) > 0$이면 함수 $f(x)$는 이 구간에서 증가한다.

② $f'(x) < 0$이면 함수 $f(x)$는 이 구간에서 감소한다.

---

3 함수의 극대, 극소

(1) **함수의 극대와 극소**

함수 $f(x)$가 $x=a$를 포함하는 어떤 열린구간에 속하는 모든 x에 대하여

① $f(x) \leq f(a)$이면 함수 $f(x)$는 $x=a$에서 극대라 하고, $f(a)$를 극댓값이라 한다.

② $f(x) \geq f(a)$이면 함수 $f(x)$는 $x=a$에서 극소라 하고, $f(a)$를 극솟값이라 한다.

참고 극댓값과 극솟값을 통틀어 극값이라고 한다.

(2) **도함수를 이용한 함수의 극대와 극소의 판정**

미분가능한 함수 $f(x)$에 대하여 $f'(a)=0$이고 $x=a$의 좌우에서

① $f'(x)$의 부호가 양에서 음으로 바뀌면 함수 $f(x)$는 $x=a$에서 극대이고, 극댓값은 $f(a)$이다.

② $f'(x)$의 부호가 음에서 양으로 바뀌면 함수 $f(x)$는 $x=a$에서 극소이고, 극솟값은 $f(a)$이다.

(3) **이계도함수를 이용한 함수의 극대와 극소의 판정**

이계도함수를 갖는 함수 $f(x)$에 대하여 $f'(a)=0$이고

① $f''(a) < 0$이면 함수 $f(x)$는 $x=a$에서 극대이고, 극댓값은 $f(a)$이다.

② $f''(a) > 0$이면 함수 $f(x)$는 $x=a$에서 극소이고, 극솟값은 $f(a)$이다.

보기

열린구간 $\left(-\dfrac{\pi}{2}, \dfrac{\pi}{2}\right)$에서 정의된 함수 $f(x)=\cos x$에 대하여

$f'(x) = -\sin x$

$f'(x) = 0$에서 $x = 0$

열린구간 $\left(-\dfrac{\pi}{2}, 0\right)$에서 $f'(x) > 0$이므로 함수 $f(x)$는 이 구간에서 증가한다.

또, 열린구간 $\left(0, \dfrac{\pi}{2}\right)$에서 $f'(x) < 0$이므로 함수 $f(x)$는 이 구간에서 감소한다.

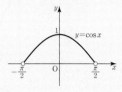

보기

열린구간 $(0, 2\pi)$에서 정의된 함수 $f(x)=\sin x$에 대하여

$f'(x) = \cos x$

$f'(x) = 0$에서

$x = \dfrac{\pi}{2}$ 또는 $x = \dfrac{3}{2}\pi$

한편 $f''(x) = -\sin x$이므로

$f''\left(\dfrac{\pi}{2}\right) = -\sin \dfrac{\pi}{2} = -1 < 0$

$f''\left(\dfrac{3}{2}\pi\right) = -\sin \dfrac{3}{2}\pi = 1 > 0$

따라서 함수 $f(x)$는 $x = \dfrac{\pi}{2}$에서 극대이고, 극댓값은

$f\left(\dfrac{\pi}{2}\right) = \sin \dfrac{\pi}{2} = 1$

또, 함수 $f(x)$는 $x = \dfrac{3}{2}\pi$에서 극소이고, 극솟값은

$f\left(\dfrac{3}{2}\pi\right) = \sin \dfrac{3}{2}\pi = -1$

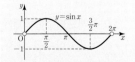

4 곡선의 오목과 볼록, 변곡점

(1) 곡선의 오목과 볼록

닫힌구간 $[a, b]$에서 곡선 $y=f(x)$ 위의 임의의 서로 다른 두 점 P, Q에 대하여 두 점 P, Q를 잇는 곡선 부분이

① 선분 PQ보다 아래쪽에 있으면 곡선 $y=f(x)$는 이 구간에서 아래로 볼록(또는 위로 오목)하다고 한다.

② 선분 PQ보다 위쪽에 있으면 곡선 $y=f(x)$는 이 구간에서 위로 볼록(또는 아래로 오목)하다고 한다.

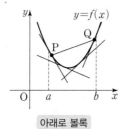

아래로 볼록   위로 볼록

(2) 이계도함수를 이용한 곡선의 오목과 볼록

이계도함수를 가지는 함수 $y=f(x)$가 어떤 구간에서

① $f''(x)>0$이면 곡선 $y=f(x)$는 이 구간에서 아래로 볼록(또는 위로 오목)하다.

② $f''(x)<0$이면 곡선 $y=f(x)$는 이 구간에서 위로 볼록(또는 아래로 오목)하다.

설명 함수 $f(x)$가 어떤 구간에서 $f''(x)>0$이면 $f'(x)$는 증가하므로 곡선 $y=f(x)$의 접선의 기울기는 이 구간에서 증가한다. 따라서 곡선 $y=f(x)$는 이 구간에서 아래로 볼록하다.

또, 어떤 구간에서 $f''(x)<0$이면 $f'(x)$는 감소하므로 곡선 $y=f(x)$의 접선의 기울기는 이 구간에서 감소한다. 따라서 곡선 $y=f(x)$는 이 구간에서 위로 볼록하다.

(3) 곡선의 변곡점

곡선 $y=f(x)$ 위의 점 $P(a, f(a))$에 대하여 $x=a$의 좌우에서 곡선의 모양이 아래로 볼록에서 위로 볼록으로 바뀌거나 위로 볼록에서 아래로 볼록으로 바뀔 때, 이 점 P를 곡선 $y=f(x)$의 변곡점이라 한다.

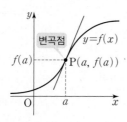 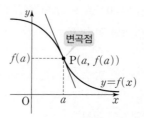

(4) 이계도함수를 이용한 곡선의 변곡점의 판정

이계도함수를 가지는 함수 $f(x)$에 대하여 $f''(a)=0$이고 $x=a$의 좌우에서 $f''(x)$의 부호가 바뀌면 점 $(a, f(a))$는 곡선 $y=f(x)$의 변곡점이다.

보기

① 함수 $f(x)=x^3-3x^2$에서

$f'(x)=3x^2-6x$

$f''(x)=6x-6=6(x-1)$

$f''(x)=0$에서 $x=1$

구간 $(-\infty, 1)$에서 $f''(x)<0$이므로 이 구간에서 곡선 $y=f(x)$는 위로 볼록하다.

또, 구간 $(1, \infty)$에서 $f''(x)>0$이므로 이 구간에서 곡선 $y=f(x)$는 아래로 볼록하다.

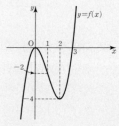

② 함수 $f(x)=x^4-4x^3+10$에서

$f'(x)=4x^3-12x^2$

$f''(x)=12x^2-24x$
$\quad\quad\;\; =12x(x-2)$

$f''(x)=0$에서

$x=0$ 또는 $x=2$

이때 $x=0$과 $x=2$의 좌우에서 $f''(x)$의 부호가 바뀌므로 두 점 $(0, 10)$, $(2, -6)$은 곡선 $y=f(x)$의 변곡점이다.

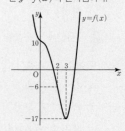

5 함수의 그래프와 최대, 최소

(1) 함수의 그래프

함수 $y=f(x)$의 그래프의 개형은 다음과 같은 사항을 조사하여 그릴 수 있다.

① 함수의 정의역과 치역

② 곡선의 대칭성(x축 대칭, y축 대칭, 원점 대칭)과 주기

③ 곡선과 좌표축과의 교점

④ 함수의 증가와 감소, 극대와 극소

⑤ 곡선의 오목과 볼록, 변곡점

⑥ $\lim\limits_{x \to \infty} f(x)$, $\lim\limits_{x \to -\infty} f(x)$, 점근선

(2) 함수의 최대, 최소

함수 $f(x)$가 닫힌구간 $[a, b]$에서 연속이면 함수 $f(x)$는 이 구간에서 반드시 최댓값과 최솟값을 갖는다. 이때, 함수 $f(x)$의 최댓값과 최솟값은 다음과 같은 순서로 구한다.

① 주어진 구간에서 함수 $f(x)$의 모든 극댓값과 극솟값을 구한다.

② 주어진 구간의 양 끝점에서의 함숫값 $f(a)$, $f(b)$를 구한다.

③ ①, ②에서 구한 극댓값, 극솟값, $f(a)$, $f(b)$ 중에서 가장 큰 값이 최댓값이고, 가장 작은 값이 최솟값이다.

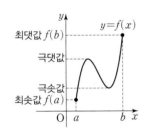 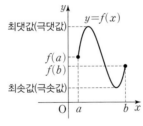 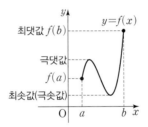

6 방정식에의 활용

(1) 방정식 $f(x)=0$의 서로 다른 실근의 개수

방정식 $f(x)=0$의 실근은 함수 $y=f(x)$의 그래프와 x축이 만나는 점의 x좌표이다. 따라서 방정식 $f(x)=0$의 서로 다른 실근의 개수는 함수 $y=f(x)$의 그래프와 x축의 교점의 개수와 같다.

(2) 방정식 $f(x)=g(x)$의 서로 다른 실근의 개수

방정식 $f(x)=g(x)$의 실근은 두 함수 $y=f(x)$, $y=g(x)$의 그래프의 교점의 x좌표이다. 따라서 방정식 $f(x)=g(x)$의 서로 다른 실근의 개수는 두 함수 $y=f(x)$, $y=g(x)$의 그래프의 교점의 개수와 같다.

보기

닫힌구간 $\left[0, \dfrac{\pi}{2}\right]$에서 함수 $f(x)=x+2\cos x$의 최댓값과 최솟값을 구하여 보자.

$f'(x)=1-2\sin x$

$f''(x)=-2\cos x$

$f'(x)=0$에서

$\sin x=\dfrac{1}{2}$이므로 $x=\dfrac{\pi}{6}$

이때 $f''\left(\dfrac{\pi}{6}\right)=-\sqrt{3}<0$이므로

함수 $y=f(x)$는 $x=\dfrac{\pi}{6}$에서 극대이고, 극댓값은

$f\left(\dfrac{\pi}{6}\right)=\dfrac{\pi}{6}+\sqrt{3}$이다.

한편 열린구간 $\left(0, \dfrac{\pi}{2}\right)$에서 $f''(x)<0$이므로 함수 $y=f(x)$의 그래프는 이 구간에서 위로 볼록하다.

이때 $f(0)=2$, $f\left(\dfrac{\pi}{2}\right)=\dfrac{\pi}{2}$이므로 닫힌구간 $\left[0, \dfrac{\pi}{2}\right]$에서 함수 $y=f(x)$는 $x=\dfrac{\pi}{6}$에서 최댓값 $\dfrac{\pi}{6}+\sqrt{3}$을 가지고, $x=\dfrac{\pi}{2}$에서 최솟값 $\dfrac{\pi}{2}$를 갖는다.

보기

두 함수

$f(x)=e^x$, $g(x)=-x^2+3$

의 그래프는 다음 그림과 같이 서로 다른 두 점에서 만난다.

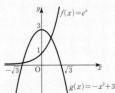

따라서 방정식 $e^x=-x^2+3$은 서로 다른 두 실근을 갖는다.

7 부등식에의 활용

(1) 모든 실수 x에 대하여 부등식 $f(x) \geq 0$이 성립함을 보이려면
$$(f(x)의 최솟값) \geq 0$$
임을 보인다.

(2) 어떤 구간에서 부등식 $f(x) \geq 0$이 성립함을 보이려면 주어진 구간에서
$$(f(x)의 최솟값) \geq 0$$
임을 보인다.

(3) 두 함수 $f(x)$, $g(x)$에 대하여 어떤 구간에서 부등식 $f(x) \geq g(x)$가 성립함을 보이려면 $h(x) = f(x) - g(x)$로 놓고, 주어진 구간에서 $h(x) \geq 0$임을 보인다.

> **증명**
>
> $x > 0$에서 부등식 $2x > 1 - \cos x$가 성립함을 증명하여 보자.
> $f(x) = 2x - 1 + \cos x$로 놓으면
> $f'(x) = 2 - \sin x$
> 이때 $f'(x) > 0$이므로 함수 $f(x)$는 증가한다.
> $f(0) = 0$이므로 $x > 0$일 때 $f(x) > 0$이다. 따라서 $x > 0$일 때 부등식 $2x > 1 - \cos x$가 성립한다.

8 속도와 가속도(1)

수직선 위를 움직이는 점 P의 시각 t에서의 위치 x가 $x = f(t)$일 때,

(1) 점 P의 시각 t에서의 속도 v는
$$v = \frac{dx}{dt} = f'(t)$$

(2) 점 P의 시각 t에서의 가속도 a는
$$a = \frac{dv}{dt} = f''(t)$$

> **보기**
>
> 수직선 위를 움직이는 점 P의 시각 t에서의 위치 x가 $x = \sin^2 t$일 때,
> ① 점 P의 시각 t에서의 속도 v는 $v = \frac{dx}{dt} = 2\sin t \cos t$
> ② 점 P의 시각 t에서의 가속도 a는
> $a = \frac{dv}{dt} = 2\cos^2 t - 2\sin^2 t$
> $= 4\cos^2 t - 2$

9 속도와 가속도(2)

좌표평면 위를 움직이는 점 P의 시각 t에서의 위치 (x, y)가 $x = f(t)$, $y = g(t)$일 때,

(1) 점 P의 시각 t에서의 속도는
$$\left(\frac{dx}{dt}, \frac{dy}{dt}\right) = (f'(t), g'(t))$$

(2) 점 P의 시각 t에서의 속력은
$$\sqrt{\left(\frac{dx}{dt}\right)^2 + \left(\frac{dy}{dt}\right)^2} = \sqrt{\{f'(t)\}^2 + \{g'(t)\}^2}$$

(3) 점 P의 시각 t에서의 가속도는
$$\left(\frac{d^2x}{dt^2}, \frac{d^2y}{dt^2}\right) = (f''(t), g''(t))$$

(4) 점 P의 시각 t에서의 가속도의 크기는
$$\sqrt{\left(\frac{d^2x}{dt^2}\right)^2 + \left(\frac{d^2y}{dt^2}\right)^2} = \sqrt{\{f''(t)\}^2 + \{g''(t)\}^2}$$

> **보기**
>
> 좌표평면 위를 움직이는 점 P의 시각 t에서의 위치 (x, y)가 $x = t^3$, $y = t^4$일 때,
> ① $\frac{dx}{dt} = 3t^2$, $\frac{dy}{dt} = 4t^3$이므로 시각 t에서의 점 P의 속도는 $(3t^2, 4t^3)$이다.
> 이때 $t = 1$에서의 점 P의 속도는 $(3, 4)$이다.
> ② $\frac{d^2x}{dt^2} = 6t$, $\frac{d^2y}{dt^2} = 12t^2$이므로 시각 t에서의 점 P의 가속도는 $(6t, 12t^2)$이다.
> 이때 $t = 1$에서의 점 P의 가속도는 $(6, 12)$이다.

기본 유형 익히기

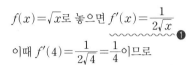

유형 ①
접선의 방정식

곡선 $y=\sqrt{x}$ 위의 점 $(4, 2)$에서의 접선의 방정식이 $y=ax+b$일 때, 두 상수 a, b의 합을 구하시오.

풀이

$f(x)=\sqrt{x}$로 놓으면 $f'(x)=\dfrac{1}{2\sqrt{x}}$ ❶

이때 $f'(4)=\dfrac{1}{2\sqrt{4}}=\dfrac{1}{4}$이므로

접선의 방정식은

$y-2=\dfrac{1}{4}(x-4)$, $y=\dfrac{1}{4}x+1$ ❷

따라서 $a=\dfrac{1}{4}$, $b=1$이므로

$a+b=\dfrac{1}{4}+1=\dfrac{5}{4}$

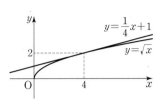

답 $\dfrac{5}{4}$

POINT

❶ $f(x)=x^r$ (단, r는 실수)에 대하여
$f'(x)=rx^{r-1}$
❷ 곡선 $y=f(x)$ 위의 점 $(a, f(a))$에서의 접선의 방정식은
$y-f(a)=f'(a)(x-a)$

유제 ①
• 8442-0188 •

곡선 $y=e^{2x}+3$에 접하고 기울기가 2인 직선의 방정식을 구하시오.

유형 ②
함수의 증가, 감소

실수 전체의 집합에서 함수 $f(x)=kx-\ln(4x^2+1)$이 증가하도록 하는 양수 k의 값의 범위를 구하시오.

풀이

$f(x)=kx-\ln(4x^2+1)$에서

$f'(x)=k-\dfrac{8x}{4x^2+1}=\dfrac{4kx^2-8x+k}{4x^2+1}$

모든 실수 x에 대하여 함수 $f(x)$가 증가하려면 $f'(x)\geq0$이어야 한다. ❶

이때 $4x^2+1>0$이므로 이차방정식 $4kx^2-8x+k=0$의 판별식을 D라 하면

$\dfrac{D}{4}=(-4)^2-4k^2=-4(k+2)(k-2)\leq0$

$4(k+2)(k-2)\geq0$

$k>0$이므로 $k\geq2$

답 $k\geq2$

POINT

❶ 실수 전체의 집합에서 $f'(x)>0$이면 함수 $f(x)$는 이 구간에서 증가한다.

유제 ②
• 8442-0189 •

열린구간 $\left(-\dfrac{\pi}{2}, \dfrac{\pi}{2}\right)$에서 함수 $f(x)=4\sin x+ax$가 감소하도록 하는 실수 a의 최댓값을 구하시오.

유형 ③

함수의 극대, 극소

함수 $f(x)=x\ln x$는 $x=a$에서 극솟값 b를 가질 때, ab의 값을 구하시오.

풀이

함수 $f(x)=x\ln x$에 대하여 $f'(x)=\ln x+1$ ❶

$f'(x)=0$에서

$\ln x+1=0$, $\ln x=-1$이므로 $x=\dfrac{1}{e}$

함수 $f(x)$의 증가와 감소를 표로 나타내면 오른쪽과 같다.

함수 $f(x)=x\ln x$는 $x=\dfrac{1}{e}$에서 극소이고, 극솟값은

$f\left(\dfrac{1}{e}\right)=\dfrac{1}{e}\ln\dfrac{1}{e}=-\dfrac{1}{e}$ ❷

따라서 $a=\dfrac{1}{e}$, $b=-\dfrac{1}{e}$이므로 $ab=-\dfrac{1}{e^2}$

x	(0)	$\cdots$	$\dfrac{1}{e}$	$\cdots$
$f'(x)$		$-$	0	$+$
$f(x)$		$\searrow$	$-\dfrac{1}{e}$	$\nearrow$

답 $-\dfrac{1}{e^2}$

POINT

❶ $(\ln x)'=\dfrac{1}{x}$

❷ 미분가능한 함수 $f(x)$에 대하여 $f'(a)=0$이고 $x=a$의 좌우에서 $f'(x)$의 부호가 음에서 양으로 바뀌면 함수 $f(x)$는 $x=a$에서 극소이고, 극솟값은 $f(a)$이다.

유제 ③

• 8442-0190 •

함수 $f(x)=x+\dfrac{4}{x}$의 극솟값을 m, 극댓값을 M이라 할 때, $10m+M$의 값을 구하시오.

유형 ④

곡선의 오목과 볼록, 변곡점

곡선 $y=x^3-3x^2-9x+6$의 변곡점의 좌표가 (a, b)일 때, $a+b$의 값은?

① -5 ② -4 ③ -3 ④ -2 ⑤ -1

풀이

$f(x)=x^3-3x^2-9x+6$으로 놓으면

$f'(x)=3x^2-6x-9$

$f''(x)=6x-6=6(x-1)$

$f''(x)=0$에서 $x=1$

이때 $x=1$의 좌우에서 $f''(x)$의 부호가 바뀌므로 주어진 곡선의 변곡점은 ❶

$(1, f(1))$, 즉 $(1, -5)$이다.

따라서 $a=1$, $b=-5$이므로

$a+b=1+(-5)=-4$

답 ②

POINT

❶ 이계도함수를 가지는 함수 $f(x)$에 대하여 $f''(a)=0$이고 $x=a$의 좌우에서 $f''(x)$의 부호가 바뀌면 점 $(a, f(a))$는 곡선 $y=f(x)$의 변곡점이다.

유제 ④

• 8442-0191 •

구간 (a, ∞)에서 곡선 $y=xe^{2x}$이 아래로 볼록하도록 하는 실수 a의 최솟값을 구하시오.

유형 5
함수의 그래프와 최대, 최소

$-3 \leq x \leq 3$에서 함수 $f(x) = \dfrac{x}{x^2+4}$의 최댓값을 M, 최솟값을 m이라 할 때, Mm의 값은?

① $-\dfrac{1}{16}$ ② $-\dfrac{1}{9}$ ③ $-\dfrac{1}{4}$ ④ $-\dfrac{4}{9}$ ⑤ $-\dfrac{9}{16}$

풀이

$f(x) = \dfrac{x}{x^2+4}$에서 $f'(x) = \dfrac{(x^2+4) - x \times 2x}{(x^2+4)^2} = -\dfrac{(x+2)(x-2)}{(x^2+4)^2}$

$f'(x) = 0$에서 $x = -2$ 또는 $x = 2$

$-3 \leq x \leq 3$에서 함수 $f(x)$의 증가와 감소를 표로 나타내면 다음과 같다.

x	-3	$\cdots$	-2	$\cdots$	2	$\cdots$	3
$f'(x)$		$-$	0	$+$	0	$-$	
$f(x)$	$f(-3)$	$\searrow$	극소	$\nearrow$	극대	$\searrow$	$f(3)$

함수 $f(x)$는 $x = -2$에서 극소이고, $x = 2$에서 극대이다.

$f(-3) = -\dfrac{3}{13}$, $f(3) = \dfrac{3}{13}$, $f(-2) = -\dfrac{1}{4}$, $f(2) = \dfrac{1}{4}$이므로

함수 $y = f(x)$의 그래프는 다음 그림과 같다.

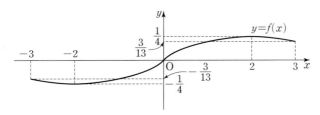

$-3 \leq x \leq 3$에서 함수 $f(x)$의 최댓값은 $\dfrac{1}{4}$이고 최솟값은 $-\dfrac{1}{4}$이므로 **①**

$M = \dfrac{1}{4}$, $m = -\dfrac{1}{4}$이다.

따라서 $Mm = \dfrac{1}{4} \times \left(-\dfrac{1}{4} \right) = -\dfrac{1}{16}$

답 ①

POINT

❶ 주어진 구간의 양 끝점에서의 함숫값 $f(a)$, $f(b)$와 주어진 구간에 속하는 극댓값, 극솟값 중에서 가장 큰 값이 최댓값이고, 가장 작은 값이 최솟값이다.

유제 5

● 8442-0192 ●

$0 < x < \pi$에서 함수 $f(x) = \dfrac{e^x}{\sqrt{2} \sin x}$의 최솟값은?

① $\dfrac{1}{2} e^{\frac{\pi}{6}}$ ② $\dfrac{1}{2} e^{\frac{\pi}{4}}$ ③ $\dfrac{1}{2} e^{\frac{\pi}{3}}$ ④ $e^{\frac{\pi}{4}}$ ⑤ $e^{\frac{\pi}{3}}$

유제 6

● 8442-0193 ●

닫힌구간 $[1, e^3]$에서 함수 $f(x) = x \ln x - 2x$의 최댓값을 M, 최솟값을 m이라 할 때, $\dfrac{M}{m}$의 값을 구하시오.

유형 6
방정식에의 활용

x에 대한 방정식 $x^2+k=2\ln x$가 서로 다른 두 실근을 갖도록 하는 실수 k의 값의 범위를 구하시오.

풀이

방정식 $x^2+k=2\ln x$, 즉 $-x^2+2\ln x=k$에서

$f(x)=-x^2+2\ln x$로 놓으면

$f'(x)=-2x+\dfrac{2}{x}=-\dfrac{2(x+1)(x-1)}{x}$

$f'(x)=0$에서 $x>0$이므로 $x=1$

함수 $f(x)$의 증가와 감소를 표로 나타내면 다음과 같다.

x	(0)	$\cdots$	1	$\cdots$
$f'(x)$		$+$	0	$-$
$f(x)$		$\nearrow$	극대	$\searrow$

이때 $f(1)=-1$이므로 함수 $y=f(x)$의 그래프는 다음 그림과 같다.

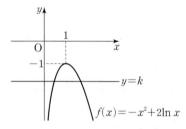

주어진 방정식이 서로 다른 두 실근을 가져야 하므로 함수 $y=f(x)$의 그래프와 직선 $y=k$가 서로 다른 두 점에서 만나야 한다. ❶

따라서 $k<-1$

🖹 $k<-1$

POINT

❶ 방정식 $f(x)=g(x)$의 서로 다른 실근의 개수는 두 함수 $y=f(x)$, $y=g(x)$의 그래프의 서로 다른 교점의 개수와 같다.

유제 7
• 8442-0194 •

닫힌구간 $[0,\ \pi]$에서 방정식 $\cos x+x\sin x=k$가 서로 다른 두 실근을 갖도록 하는 실수 k의 값의 범위를 구하시오.

유제 8
• 8442-0195 •

방정식 $x^2-ae^{x^2}=0$이 서로 다른 네 실근을 갖기 위한 상수 a의 값의 범위를 구하시오.

$\left(\text{단, } \lim\limits_{x\to\infty}\dfrac{x^2}{e^{x^2}}=0\right)$

유형 7 $x>0$에서 부등식 $e^x>x+1$이 성립함을 보이시오.

부등식에의 활용

풀이

부등식 $e^x>x+1$, 즉 $e^x-x-1>0$에서 $f(x)=e^x-x-1$로 놓으면

$f'(x)=e^x-1$

$f'(x)=0$에서

$e^x-1=0$, $x=0$

함수 $f(x)$의 증가와 감소를 표로 나타내면 다음과 같다.

x	$\cdots$	0	$\cdots$
$f'(x)$	$-$	0	$+$
$f(x)$	$\searrow$	극소	$\nearrow$

$x>0$일 때, $f'(x)>0$이므로 함수 $y=f(x)$는 이 구간에서 증가한다.
이때 $f(0)=e^0-0-1=0$이므로 주어진 부등식이 성립한다. ❶

참고 함수 $y=f(x)$의 그래프는 다음 그림과 같다.

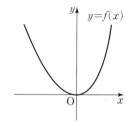

📋 풀이 참조

POINT

❶ $x>a$에서 $f'(x)>0$이고 $f(a)\geq0$이면 주어진 구간에서 부등식 $f(x)>0$은 성립한다.

유제 9 $x>0$에서 부등식 $x>\ln(1+x)$가 성립함을 보이시오.

● 8442-0196 ●

유제 10 $x>0$에서 부등식 $e^{2x}+2\cos x+k>0$이 성립하도록 하는 실수 k의 최솟값은?

● 8442-0197 ●

① -5 ② -4 ③ -3 ④ -2 ⑤ -1

유형 8

속도와 가속도(1)

수직선 위를 움직이는 점 P의 시각 t에서의 위치 x가 $x=t\sin t$일 때, 시각 $t=\dfrac{\pi}{2}$에서의 점 P의 속도와 가속도를 구하시오.

풀이

점 P의 시각 t에서의 속도를 v, 가속도를 a라 하면

$v=\dfrac{dx}{dt}=\sin t+t\cos t$ ❶

$a=\dfrac{dv}{dt}=\cos t+(\cos t-t\sin t)=2\cos t-t\sin t$ ❷

따라서 $t=\dfrac{\pi}{2}$에서의 점 P의 속도와 가속도는

$(속도)=\sin\dfrac{\pi}{2}+\dfrac{\pi}{2}\cos\dfrac{\pi}{2}=1$

$(가속도)=2\cos\dfrac{\pi}{2}-\dfrac{\pi}{2}\sin\dfrac{\pi}{2}=-\dfrac{\pi}{2}$

답 속도: 1, 가속도: $-\dfrac{\pi}{2}$

> **POINT**
>
> 수직선 위를 움직이는 점 P의 시각 t에서의 위치 x가 $x=f(t)$일 때, 점 P의 시각 t에서의 속도 v와 가속도 a는
>
> ❶ $v=\dfrac{dx}{dt}=f'(t)$
>
> ❷ $a=\dfrac{dv}{dt}=f''(t)$

유제 11
• 8442-0198 •

수직선 위를 움직이는 점 P의 시각 t에서의 위치 x가 $x=t^2-\dfrac{4}{t+1}$일 때, 시각 $t=1$에서의 점 P의 속도와 가속도를 구하시오.

유형 9

속도와 가속도(2)

좌표평면 위를 움직이는 점 P의 시각 t에서의 위치 (x, y)가

$$x=6t,\ y=t^3-4t$$

일 때, 시각 $t=2$에서의 점 P의 속력을 구하시오.

풀이

점 P의 시각 t에서의 위치가 $x=6t$, $y=t^3-4t$이므로

$\dfrac{dx}{dt}=6,\ \dfrac{dy}{dt}=3t^2-4$

시각 $t=2$에서의 점 P의 속도는 $(6, 8)$ ❶

따라서 시각 $t=2$에서의 점 P의 속력은 $\sqrt{6^2+8^2}=10$ ❷

답 10

> **POINT**
>
> ❶ 점 P의 시각 t에서의 속도는 $\left(\dfrac{dx}{dt}, \dfrac{dy}{dt}\right)=(f'(t), g'(t))$
>
> ❷ 점 P의 시각 t에서의 속력은 $\sqrt{\left(\dfrac{dx}{dt}\right)^2+\left(\dfrac{dy}{dt}\right)^2}$ $=\sqrt{\{f'(t)\}^2+\{g'(t)\}^2}$

유제 12
• 8442-0199 •

좌표평면 위를 움직이는 점 P의 시각 t에서의 위치 (x, y)가

$$x=e^{2t}-1,\ y=\ln(1+2t^3)$$

일 때, 시각 $t=1$에서의 점 P의 속도와 가속도를 구하시오.

유형 1 접선의 방정식

01
• 8442-0200 •

곡선 $y=e^{-4x}$ 위의 점 $(0, 1)$에서의 접선이 점 $(1, a)$를 지날 때, a의 값은?

① -5 ② -4 ③ -3

④ -2 ⑤ -1

02
• 8442-0201 •

곡선 $y=\ln(x^2+4)$에 접하고 기울기가 $\dfrac{1}{2}$인 직선의 방정식이 $y=\dfrac{1}{2}x+k$일 때, e^{k+1}의 값은?

(단, k는 상수이다.)

① 2 ② 4 ③ 6

④ 8 ⑤ 10

03
• 8442-0202 •

곡선 $y=\sin 2x$ 위의 점 $A(\pi, 0)$에서의 접선에 수직이고 점 A를 지나는 직선의 y절편은?

① $\dfrac{\pi}{6}$ ② $\dfrac{\pi}{3}$ ③ $\dfrac{\pi}{2}$

④ $\dfrac{3}{4}\pi$ ⑤ π

04
• 8442-0203 •

매개변수 t로 나타낸 곡선
$$x=t^3+1,\ y=t^2+4t$$
위의 점 $(2, a)$에서의 접선의 방정식을 $y=f(x)$라 할 때, $f(a)$의 값을 구하시오.

05
• 8442-0204 •

곡선 $x^3-x^2+y^2=1$ 위의 점 $(1, 1)$에서의 접선이 x축, y축과 만나는 점을 각각 P, Q라 할 때, 삼각형 OPQ의 넓이는? (단, O는 원점이다.)

① $\dfrac{5}{4}$ ② $\dfrac{7}{4}$ ③ $\dfrac{9}{4}$

④ $\dfrac{11}{4}$ ⑤ $\dfrac{13}{4}$

06
• 8442-0205 •

직선 l이 곡선 $y=\dfrac{1}{x}$(단, $x>0$)에 접하고, 원 $x^2-2x+y^2=0$의 넓이를 이등분할 때, 원점과 직선 l 사이의 거리는?

① $\dfrac{\sqrt{17}}{17}$ ② $\dfrac{2\sqrt{17}}{17}$ ③ $\dfrac{3\sqrt{17}}{17}$

④ $\dfrac{4\sqrt{17}}{17}$ ⑤ $\dfrac{5\sqrt{17}}{17}$

유형 **2** 함수의 증가, 감소

07
• 8442-0206 •

구간 (a, ∞)에서 함수 $f(x) = e^{2x} - 8x$가 증가하도록 하는 실수 a의 최솟값은?

① 0   ② $\ln 2$ ③ $\ln 3$

④ $2\ln 2$ ⑤ $\ln 5$

08
• 8442-0207 •

구간 $(0, \infty)$에서 함수
$$f(x) = -x^2 + 4x + (a-6)\ln x$$
가 감소하도록 하는 자연수 a의 개수는?

① 3   ② 4   ③ 5

④ 6   ⑤ 7

09
• 8442-0208 •

구간 (a, b)에서 함수 $f(x) = \dfrac{2x}{x^2+1}$가 증가할 때, $b-a$의 최댓값은? (단, a, b는 실수이다.)

① 2   ② 4   ③ 6

④ 8   ⑤ 10

유형 **3** 함수의 극대, 극소

10
• 8442-0209 •

함수 $f(x) = -2x^2 + a^2 \ln x$의 극댓값이 $\dfrac{a^2}{2}$일 때, 양수 a의 값은?

① $\dfrac{e}{4}$ ② $\dfrac{e}{2}$ ③ e

④ $2e$ ⑤ $4e$

11
• 8442-0210 •

$x > 1$에서 정의된 함수 $f(x) = x + \dfrac{1}{x-1}$은 $x=a$에서 극솟값 b를 가질 때, ab의 값을 구하시오.

12
• 8442-0211 •

$0 < x < \pi$에서 정의된 함수 $f(x) = 4\sin x \cos x + a$의 극댓값이 7일 때, 극솟값을 구하시오.
(단, a는 상수이다.)

13

• 8442-0212 •

함수 $f(x)=x^2 e^{-x}$의 그래프에서 극소, 극대가 되는 점을 각각 A, B라 하자. 직선 AB와 x축이 이루는 예각의 크기를 θ라 할 때, $\tan\theta$의 값은?

① $4e^{-2}$ ② $2e^{-2}$ ③ e^{-2}

④ e ⑤ $3e$

유형 **4**   **곡선의 오목과 볼록, 변곡점**

14

• 8442-0213 •

구간 $(-\infty, \infty)$에서 곡선
$$y=x^4+ax^3+6x^2-2x-8$$
이 아래로 볼록하도록 하는 정수 a의 개수는?

① 7   ② 8   ③ 9

④ 10   ⑤ 11

15

• 8442-0214 •

곡선 $y=x^4-6x^2+8x+10$의 두 변곡점을 A, B라 할 때, 선분 AB의 길이를 구하시오.

16

• 8442-0215 •

열린구간 $(0, \pi)$에서 함수 $f(x)=e^{-x}\sin x$의 그래프의 변곡점이 (a, b)일 때, $\cos(a+\ln b)$의 값을 구하시오.

17

• 8442-0216 •

열린구간 $(0, 2\pi)$에서 곡선 $y=ax^2+5x+6\sin x$가 변곡점을 갖도록 하는 정수 a의 개수는?

① 4   ② 5   ③ 6

④ 7   ⑤ 8

18

• 8442-0217 •

상수 a에 대하여 함수 $f(x)=\dfrac{a}{x}+\ln x$가 다음 조건을 만족시킨다.

> (가) 함수 $y=f(x)$는 $x=2$에서 극소이다.
> (나) 함수 $y=f(x)$의 그래프의 변곡점의 x좌표는 b이다.

$a+b$의 값은?

① 3   ② 4   ③ 5

④ 6   ⑤ 7

19
• 8442-0218 •

함수 $f(x) = \dfrac{\ln x}{x^2}$의 최댓값은?

① $\dfrac{1}{2e}$ ② $\dfrac{1}{e}$ ③ 1

④ e ⑤ $2e$

20
• 8442-0219 •

닫힌구간 $[-2, 2]$에서 함수 $f(x) = x^2\sqrt{2x+5}+1$은 $x=a$에서 최솟값 b를 가진다. $a+b$의 값을 구하시오.

21
• 8442-0220 •

$-1 \le x \le 3$에서 정의된 함수 $f(x) = \dfrac{x^2-x-1}{e^x}$의 최댓값을 M, 최솟값을 m이라 하자. $M-m$의 값은?

① e ② $e+1$ ③ $2e$

④ e^2 ⑤ e^2+1

22
• 8442-0221 •

x에 대한 방정식 $e^x - ex + n - 9 = 0$이 서로 다른 두 실근을 갖도록 하는 자연수 n의 개수는?

① 6 ② 7 ③ 8

④ 9 ⑤ 10

23
• 8442-0222 •

x에 대한 방정식 $x^2\ln x = k$가 실근을 갖도록 하는 실수 k의 최솟값은? (단, $\displaystyle\lim_{x \to 0+}(x^2\ln x) = 0$이다.)

① $-\dfrac{1}{e}$ ② $-\dfrac{1}{2e}$ ③ $-\dfrac{1}{3e}$

④ $-\dfrac{1}{4e}$ ⑤ $-\dfrac{1}{5e}$

24
• 8442-0223 •

$0 < x < \dfrac{\pi}{2}$에서 x에 대한 방정식 $\tan x - 4x = k$가 서로 다른 두 실근을 갖도록 하는 실수 k의 값의 범위를 구하시오.

유형 **7** 부등식에의 활용

25
• 8442-0224 •

$x > 0$일 때, 부등식 $e^{2x} \geq k\sqrt{x}$가 성립하도록 하는 실수 k의 최댓값은?

① $\sqrt{e}$ ② $2\sqrt{e}$ ③ e
④ $2e$ ⑤ e^2

26
• 8442-0225 •

$x > 0$일 때, 부등식 $2\ln kx - x^2 \leq 0$이 성립하도록 하는 양수 k의 값의 범위를 구하시오.

유형 **8** 속도와 가속도(1)

27
• 8442-0226 •

수직선 위를 움직이는 두 점 P, Q의 시각 t에서의 위치를 각각 x_1, x_2라 하면

$$x_1 = \sin t, \ x_2 = \cos^2 t$$

이다. $0 < t < 2\pi$에서 점 P의 속도와 점 Q의 속도가 같아지는 순간의 모든 t의 값의 합은?

① 3π ② $\dfrac{7}{2}\pi$ ③ 4π

④ $\dfrac{9}{2}\pi$ ⑤ 5π

28
• 8442-0227 •

수직선 위를 움직이는 점 P의 시각 t $(t > 0)$에서의 위치 x가 $x = \left(t^2 - t - \dfrac{1}{2}\right)e^{2t}$이다. 점 P가 출발 후 처음으로 운동 방향을 바꾸는 순간의 점 P의 가속도를 구하시오.

유형 **9** 속도와 가속도(2)

29
• 8442-0228 •

좌표평면 위를 움직이는 점 P의 시각 t $(t > 0)$에서의 위치 (x, y)가

$$x = 4\ln(t+1), \ y = t^2 + 3t$$

이다. 시각 $t = a$에서의 점 P의 속도가 $(2, b)$일 때, $a + b$의 값은?

① 3   ② 4   ③ 5
④ 6   ⑤ 7

30
• 8442-0229 •

좌표평면 위를 움직이는 점 P의 시각 t에서의 위치 (x, y)가

$$x = e^t \cos t, \ y = e^t \sin t$$

일 때, 시각 $t = \dfrac{\pi}{4}$에서의 점 P의 가속도의 크기를 구하시오.

함수 $f(x)=\dfrac{4x}{x^2+1}$의 극솟값과 극댓값을 각각 m, M이라 할 때, $(mM)^2$의 값을 구하시오.

풀이

$f(x)=\dfrac{4x}{x^2+1}$에서

$f'(x)=\dfrac{4\times(x^2+1)-4x\times2x}{(x^2+1)^2}$

$\qquad=-\dfrac{4(x+1)(x-1)}{(x^2+1)^2}$

$f'(x)=0$에서 ┌→ 극값을 구하려면 $f'(x)=0$을 만족

$x=-1$ 또는 $x=1$ 시키는 x의 값을 구해야 한다. ◀ **❶**

함수 $f(x)$의 증가와 감소를 표로 나타내면 다음과 같다.

x	$\cdots$	-1	$\cdots$	1	$\cdots$
$f'(x)$	$-$	0	$+$	0	$-$
$f(x)$	$\searrow$	극소	$\nearrow$	극대	$\searrow$

함수 $f(x)$는 $x=-1$에서 극소이고, 극솟값은

$m=f(-1)=\dfrac{-4}{(-1)^2+1}=-2$

또, 함수 $f(x)$는 $x=1$에서 극대이고, 극댓값은

$M=f(1)=\dfrac{4}{1^2+1}=2$ ◀ **❷**

따라서 $(mM)^2=\{(-2)\times2\}^2=16$ ◀ **❸**

답 16

참고 함수 $y=f(x)$의 그래프는 다음 그림과 같다.

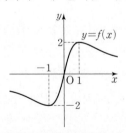

단계	채점 기준	비율
❶	$f'(x)=0$을 만족시키는 x의 값을 구한 경우	40 %
❷	극솟값과 극댓값을 구한 경우	40 %
❸	$(mM)^2$의 값을 구한 경우	20 %

01
• 8442-0230 •

곡선 $y=e\ln x$ 위의 점 $(1,\ 0)$에서의 접선과 평행하고 곡선 $y=e^x$에 접하는 직선의 방정식을 구하시오.

02
• 8442-0231 •

곡선 $y=x^3+3x^2-x+2$의 변곡점 $(a,\ b)$에서의 접선의 기울기가 c일 때, abc의 값을 구하시오.

03
• 8442-0232 •

x에 대한 방정식 $\dfrac{1}{x^2}+2\ln x-k=0$이 서로 다른 두 실근을 갖도록 하는 실수 k의 값의 범위를 구하시오.

01

● 8442-0233 ●

곡선 $y=-\ln x$ 위의 점 P에서의 접선이 x축, y축과 만나는 점을 각각 Q, R라 하자. 원점 O 에 대하여 삼각형 OQR의 넓이의 최댓값은? (단, 점 P는 제1사분면에 있다.)

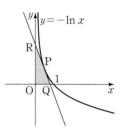

① $\dfrac{1}{e}$　　　　② $\dfrac{2}{e}$　　　　③ $\dfrac{3}{e}$

④ $\dfrac{4}{e}$　　　　⑤ $\dfrac{5}{e}$

02

● 8442-0234 ●

함수 $f(x)=xe^x$의 그래프 위의 점 $(t, f(t))$에서의 접선의 방정식을 $y=g(x)$라 하자. 함수 $|f(x)-g(x)|$의 미분가 능하지 않은 점의 개수를 $h(t)$라 할 때, 〈보기〉에서 옳은 것만을 있는 대로 고른 것은?

┤ 보기 ├

ㄱ. 함수 $y=f(x)$의 그래프는 구간 $(-2, \infty)$에서 아래로 볼록하다.
ㄴ. $h(-2)=1$
ㄷ. 함수 $y=h(t)$의 불연속인 점의 개수는 2이다.

① ㄱ　　　　② ㄴ　　　　③ ㄱ, ㄷ　　　　④ ㄴ, ㄷ　　　　⑤ ㄱ, ㄴ, ㄷ

03

● 8442-0235 ●

최고차항의 계수가 1인 이차함수 $y=f(x)$에 대하여 함수 $g(x)=f(x)e^{-x}$이 다음 조건을 만족시킨다.

(가) 함수 $y=g(x)$는 $x=0$에서 극값을 갖는다.
(나) 함수 $y=g(x)$의 그래프는 $x=2-\sqrt{2}$와 $x=2+\sqrt{2}$에서 변곡점을 갖는다.

방정식 $g(x)=k$가 서로 다른 세 실근을 갖도록 하는 실수 k의 값의 범위는 $\alpha<k<\beta$이다. $\alpha+\beta=pe^{-q}$일 때, $p+q$의 값을 구하시오. (단, p와 q는 자연수이고, $\lim\limits_{x\to\infty} x^2e^{-x}=0$이다.)

Level Ⅰ

01
• 8442-0236 •

$\lim\limits_{x \to 0} \dfrac{x + \ln(1+2x)}{x}$의 값은?

① 1 ② 2 ③ 3
④ 4 ⑤ 5

02
• 8442-0237 •

$0 \le \alpha \le \dfrac{\pi}{2}$이고 $\cos \alpha = \dfrac{\sqrt{3}}{3}$일 때,

$\sin\left(\alpha - \dfrac{\pi}{6}\right) + \sin\left(\alpha + \dfrac{\pi}{6}\right)$의 값은?

① $\dfrac{1}{4}$ ② $\dfrac{1}{2}$ ③ 1
④ $\sqrt{2}$ ⑤ $\sqrt{3}$

03
• 8442-0238 •

함수 $f(x) = e^x - 2x + 3$에 대하여 $\lim\limits_{h \to 0} \dfrac{f(h) - 4}{h}$의 값은?

① -1 ② -2 ③ -3
④ -4 ⑤ -5

04
• 8442-0239 •

곡선 $x^3 - 3xy^2 = 2$ 위의 점 $(2, 1)$에서의 접선의 기울기는?

① $\dfrac{1}{2}$ ② $\dfrac{2}{3}$ ③ $\dfrac{3}{4}$
④ $\dfrac{4}{5}$ ⑤ $\dfrac{5}{6}$

05
• 8442-0240 •

함수 $f(x) = \dfrac{5\ln x}{x}$는 $x = a$에서 극댓값 b를 가질 때, ab의 값은?

① 1 ② 2 ③ 3
④ 4 ⑤ 5

06
• 8442-0241 •

수직선 위를 움직이는 점 P의 시각 $t(t > 0)$에서의 위치 x가 $x = \dfrac{2t}{t+1}$이다. 점 P의 속도가 $\dfrac{1}{8}$인 순간의 점 P의 가속도는?

① $-\dfrac{1}{32}$ ② $-\dfrac{1}{16}$ ③ $-\dfrac{3}{32}$
④ $-\dfrac{1}{8}$ ⑤ $-\dfrac{5}{32}$

Level 2

07
● 8442-0242 ●

그림과 같이 선분 AB를 지름으로 하는 반원의 호 AB 위의 두 점 C, D에 대하여
$$\overline{AB}=4, \ \overline{AC}=3, \ \sqrt{3}\times\overline{AD}=\overline{BD}$$
이다. ∠CAD=θ라 할 때, $\cos\theta$의 값을 구하시오.

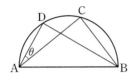

08
● 8442-0243 ●

함수 $f(x)=x^3+2x-1$의 역함수를 $g(x)$라 할 때, $\lim\limits_{x\to-1}\dfrac{g(x)}{x^2-1}$의 값은?

① $-\dfrac{1}{4}$ ② $-\dfrac{3}{4}$ ③ $-\dfrac{5}{4}$

④ $\dfrac{1}{2}$ ⑤ $\dfrac{3}{2}$

09
● 8442-0244 ●

매개변수 t로 나타낸 곡선
$$x=\frac{1-e^t}{1+e^t}, \ y=\frac{e^{2t}}{1+e^t}$$
에 대하여 $t=\ln 2$에 대응하는 점에서의 접선이 점 $(2, a)$를 지날 때, a의 값은?

① -2 ② -4 ③ -6

④ -8 ⑤ -10

10
● 8442-0245 ●

미분가능한 함수 $f(x)$와 함수 $g(x)=x^3+1$에 대하여 $(f \circ g)(x)=3x+e^{3x}$일 때, $f'(2)$의 값은?

① $1+e$ ② $1+e^2$ ③ $1+e^3$

④ $2+e^2$ ⑤ $2+e^3$

11
● 8442-0246 ●

곡선 $y=e^x$에 접하고 기울기가 1인 직선을 l_1이라 하고, 곡선 $y=\sqrt{2x-3}$에 접하고 기울기가 1인 직선을 l_2라 하자. 두 직선 l_1, l_2 사이의 거리는?

① 1 ② $\sqrt{2}$ ③ $\sqrt{3}$

④ 2 ⑤ $\sqrt{5}$

12
● 8442-0247 ●

함수 $f(x)=\dfrac{x^2-8}{8x}-\dfrac{3}{4}\ln x$의 극댓값을 M, 극솟값을 m이라 할 때, $M+m$의 값을 구하시오.

13

• 8442-0248 •

함수 $f(x)=\ln(2x^2+8)$의 그래프가 열린구간 $(a, a+1)$에서 아래로 볼록하도록 하는 정수 a에 대하여 $f'(a)$의 최댓값과 최솟값의 합은?

① $-\dfrac{1}{10}$ ② $-\dfrac{1}{5}$ ③ $-\dfrac{3}{10}$

④ $-\dfrac{2}{5}$ ⑤ $-\dfrac{1}{2}$

14

• 8442-0249 •

x에 대한 방정식 $x^2(1-\ln x)=k$가 서로 다른 두 실근을 갖도록 하는 실수 k의 값의 범위를 구하시오.

(단, $\displaystyle\lim_{x\to 0+} x^2(1-\ln x)=0$)

15

• 8442-0250 •

좌표평면 위를 움직이는 점 P의 시각 $t(t>0)$에서의 위치 (x, y)가

$$x=t+\sin t, \quad y=1+\cos t$$

이다. 점 P의 속력이 최대가 되는 순간의 점 P의 가속도는 (a, b)이다. $a+b$의 값을 구하시오.

Level 3

16

• 8442-0251 •

그림과 같이 원 $x^2+y^2=16$ 위의 점 P에서 직선 $x=4$에 내린 수선의 발을 H라 하자. 원점 O와 점 Q(4, 0)에 대하여 $\angle POQ=\theta$, 삼각형 PQH의 넓이를 $S(\theta)$라 할 때, $\displaystyle\lim_{\theta\to 0+} \dfrac{S(\theta)}{\theta^3}$의 값을 구하시오.

(단, 점 P는 제1사분면 위의 점이다.)

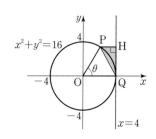

17

• 8442-0252 •

최고차항의 계수가 1인 이차함수 $f(x)$에 대하여 함수 $g(x)=f(x)e^x$이다. $g''(-\sqrt{2})=0$, $g''(\sqrt{2})=0$일 때, 함수 $g(x)$의 극댓값과 극솟값의 합을 구하시오.

18

● 8442-0253 ●

삼차함수 $y=f(x)$의 도함수 $y=f'(x)$의 그래프가 다음 그림과 같다.

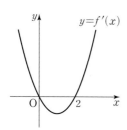

$f(0)=0$이고, 함수 $g(x)=\dfrac{f(x)}{x^2+1}$일 때, 〈보기〉에서 옳은 것만을 있는 대로 고른 것은?

(단, $f'(0)=f'(2)=0$)

—┤ 보기 ├—

ㄱ. 방정식 $f(x)=0$은 서로 다른 두 실근을 갖는다.

ㄴ. 열린구간 $(0, 2)$에서 곡선 $y=f(x)$는 위로 볼록하다.

ㄷ. 함수 $y=g(x)$는 $x=0$에서 극대이다.

① ㄱ   ② ㄴ   ③ ㄱ, ㄷ

④ ㄴ, ㄷ   ⑤ ㄱ, ㄴ, ㄷ

19

● 8442-0254 ●

함수 $f(x)=\sin^2 x$의 그래프 위의 점 $(a, f(a))$에서의 접선을 $y=g(x)$라 할 때, 두 함수 $f(x)$, $g(x)$가 다음 조건을 만족시킨다. (단, $0<a<\pi$)

(가) 실수 전체의 집합에서 함수 $|f(x)-g(x)|$는 미분가능하다.

(나) $g'\left(\dfrac{1}{2}\right)>0$

$g(a)+g'(a)=\dfrac{q}{p}$일 때, $10p+q$의 값을 구하시오.

(단, p와 q는 서로소인 자연수이다.)

20

● 8442-0255 ●

함수 $f(x)=\begin{cases} e^x+a & (x<0) \\ b\ln(2x+1) & (x\geq0) \end{cases}$이 모든 실수 x에서 미분가능하도록 하는 두 상수 a, b에 대하여 $4(a^2+b^2)$의 값을 구하시오.

21

● 8442-0256 ●

상수 a에 대하여 함수 $f(x)=2ax\ln x$가 다음 조건을 만족시킨다.

(가) $\displaystyle\lim_{x\to e}\dfrac{f(x)-f(e)}{x-e}=12$

(나) 함수 $y=f(x)$는 $x=b$에서 극솟값 c를 가진다.

$\left(\dfrac{ac}{b}\right)^2$의 값을 구하시오.

06 여러 가지 적분법

1 함수 $y=x^n$ (n은 실수)의 적분

(1) $n \neq -1$일 때,
$$\int x^n\,dx = \frac{1}{n+1}x^{n+1}+C \text{ (단, } C\text{는 적분상수)}$$

(2) $n=-1$일 때,
$$\int x^{-1}\,dx = \int \frac{1}{x}\,dx = \ln|x|+C \text{ (단, } C\text{는 적분상수)}$$

설명 (1) $n \neq -1$일 때, $\left(\dfrac{1}{n+1}x^{n+1}\right)' = x^n$이므로

$$\int x^n\,dx = \frac{1}{n+1}x^{n+1}+C \text{ (단, } C\text{는 적분상수)}$$

(2) $n=-1$일 때, $(\ln|x|)' = \dfrac{1}{x} = x^{-1}$이므로

$$\int x^{-1}\,dx = \int \frac{1}{x}\,dx = \ln|x|+C \text{ (단, } C\text{는 적분상수)}$$

참고 ① 함수 $F(x)$의 도함수가 $f(x)$일 때, 즉 $F'(x)=f(x)$일 때 $F(x)$를 $f(x)$의 부정적분이라 한다.

② 함수 $f(x)$의 한 부정적분을 $F(x)$라 하면 $f(x)$의 임의의 부정적분은
$$F(x)+C \text{ (단, } C\text{는 상수)}$$
꼴로 나타낼 수 있다. 이것을 기호로
$$\int f(x)\,dx = F(x)+C$$
와 같이 나타내고, 이때 C를 적분상수라 한다.

보기

① $\displaystyle\int x\sqrt{x}\,dx$

$= \displaystyle\int x^{\frac{3}{2}}\,dx$

$= \dfrac{1}{\frac{3}{2}+1}x^{\frac{3}{2}+1}+C$

$= \dfrac{2}{5}x^{\frac{5}{2}}+C$

(단, C는 적분상수)

② $\displaystyle\int \frac{2}{x}\,dx$

$= 2\displaystyle\int \frac{1}{x}\,dx$

$= 2\ln|x|+C$

(단, C는 적분상수)

2 지수함수의 적분

(1) $\displaystyle\int e^x\,dx = e^x+C$ (단, C는 적분상수)

(2) $\displaystyle\int a^x\,dx = \dfrac{a^x}{\ln a}+C$ (단, $a>0$, $a \neq 1$, C는 적분상수)

설명 (1) $(e^x)' = e^x$이므로

$$\int e^x\,dx = e^x+C \text{ (단, } C\text{는 적분상수)}$$

(2) $(a^x)' = a^x \ln a$에서

$$a^x = \frac{(a^x)'}{\ln a} = \left(\frac{a^x}{\ln a}\right)'$$이므로

$$\int a^x\,dx = \frac{a^x}{\ln a}+C \text{ (단, } a>0,\ a \neq 1,\ C\text{는 적분상수)}$$

보기

① $\displaystyle\int e^{x+1}\,dx$

$= e\displaystyle\int e^x\,dx$

$= e^{x+1}+C$

(단, C는 적분상수)

② $\displaystyle\int_0^1 3^x\,dx$

$= \left[\dfrac{3^x}{\ln 3} \right]_0^1$

$= \dfrac{3}{\ln 3} - \dfrac{1}{\ln 3}$

$= \dfrac{2}{\ln 3}$

3 삼각함수의 적분

(1) $\int \sin x\,dx = -\cos x + C$ (단, C는 적분상수)

(2) $\int \cos x\,dx = \sin x + C$ (단, C는 적분상수)

(3) $\int \sec^2 x\,dx = \tan x + C$ (단, C는 적분상수)

설명 $(\cos x)' = -\sin x$, $(\sin x)' = \cos x$, $(\tan x)' = \sec^2 x$이므로 삼각함수의 부정적분은 위와 같다.

참고 ① $\int \operatorname{cosec}^2 x\,dx = -\cot x + C$ (단, C는 적분상수)

② $\int \sec x \tan x\,dx = \sec x + C$ (단, C는 적분상수)

③ $\int \operatorname{cosec} x \cot x\,dx = -\operatorname{cosec} x + C$ (단, C는 적분상수)

보기

① $\int 2\sin x\,dx$

$= 2\int \sin x\,dx$

$= -2\cos x + C$

(단, C는 적분상수)

② $\int_0^{\frac{\pi}{2}} \cos x\,dx$

$= \Big[\sin x\Big]_0^{\frac{\pi}{2}}$

$= \sin\frac{\pi}{2} - \sin 0$

$= 1 - 0 = 1$

4 치환적분법

(1) **부정적분의 치환적분법**

연속함수 $f(x)$와 미분가능한 함수 $g(x)$에 대하여 $g(x) = t$로 놓으면

$$\int f(g(x))g'(x)\,dx = \int f(t)\,dt$$

설명 함수 $f(x)$의 한 부정적분을 $F(x)$라 하면 합성함수의 미분법에 의하여

$\dfrac{d}{dx}F(g(x)) = F'(g(x))\,g'(x) = f(g(x))g'(x)$이다. 이때 $g(x) = t$로 놓으면

$\int f(g(x))g'(x)\,dx = F(g(x)) + C = F(t) + C = \int f(t)\,dt$ (단, C는 적분상수)

참고 $\int \dfrac{f'(x)}{f(x)}\,dx = \ln|f(x)| + C$ (단, C는 적분상수)

(2) **정적분의 치환적분법**

미분가능한 함수 $g(x)$가 닫힌구간 $[a,\ b]$에서 연속이고 일대일 대응이며 $a = g(a)$, $\beta = g(b)$이고, 도함수 $g'(x)$가 닫힌구간 $[a,\ b]$에서 연속이며, 함수 $f(x)$는 닫힌구간 $[\alpha,\ \beta]$에서 연속일 때, $g(x) = t$로 놓으면

$$\int_a^b f(g(x))g'(x)\,dx = \int_\alpha^\beta f(t)\,dt$$

보기

① $\int_1^2 (2x-1)^4\,dx$에서

$2x - 1 = t$로 놓으면

$2 = \dfrac{dt}{dx}$이므로

$\int_1^2 (2x-1)^4\,dx$

$= \int_1^3 t^4 \times \dfrac{1}{2}\,dt$

$= \dfrac{1}{2}\Big[\dfrac{1}{5}t^5\Big]_1^3$

$= \dfrac{1}{10}(3^5 - 1^5)$

$= \dfrac{242}{10} = \dfrac{121}{5}$

② $\int \dfrac{2x}{x^2+1}\,dx$에서

$(x^2+1)' = 2x$이므로

$\int \dfrac{2x}{x^2+1}\,dx$

$= \int \dfrac{(x^2+1)'}{x^2+1}\,dx$

$= \ln(x^2+1) + C$

(단, C는 적분상수)

5 부분적분법

(1) 부정적분의 부분적분법

　두 함수 $f(x)$, $g(x)$가 미분가능할 때,

$$\int f(x)g'(x)\,dx=f(x)g(x)-\int f'(x)g(x)\,dx$$

설명 두 함수 $f(x)$, $g(x)$가 미분가능할 때, 곱의 미분법에 의하여

　$\{f(x)g(x)\}'=f'(x)g(x)+f(x)g'(x)$

　이때 $f(x)g(x)=\int\{f'(x)g(x)+f(x)g'(x)\}dx$이므로

$$\int f(x)g'(x)\,dx=f(x)g(x)-\int f'(x)g(x)\,dx$$

(2) 정적분의 부분적분법

　두 함수 $f(x)$, $g(x)$가 미분가능하고 $f'(x)$, $g'(x)$가 닫힌구간 $[a, b]$에서 연속일 때,

$$\int_a^b f(x)g'(x)\,dx=\Big[f(x)g(x)\Big]_a^b-\int_a^b f'(x)g(x)\,dx$$

보기

$\int x\sin x\,dx$에서

$f(x)=x$, $g'(x)=\sin x$로 놓으면

$f'(x)=1$, $g(x)=-\cos x$

이므로

$\int x\sin x\,dx$

$=x(-\cos x)$

　　$-\int 1\times(-\cos x)dx$

$=-x\cos x+\sin x+C$

　　　(단, C는 적분상수)

6 정적분으로 표시된 함수의 미분과 극한

(1) 정적분으로 표시된 함수의 미분

　연속함수 $f(x)$에 대하여

$$\frac{d}{dx}\int_a^x f(t)\,dt=f(x)\ (단, a는 상수)$$

설명 $f(x)$의 부정적분 중 하나를 $F(x)$라 하면

$$\frac{d}{dx}\int_a^x f(t)\,dt=\frac{d}{dx}\{F(x)-F(a)\}=F'(x)=f(x)$$

(2) 정적분으로 표시된 함수의 극한

　연속함수 $f(x)$에 대하여

① $\displaystyle\lim_{h\to 0}\frac{1}{h}\int_a^{a+h} f(t)\,dt=f(a)$ (단, a는 상수)

② $\displaystyle\lim_{x\to a}\frac{1}{x-a}\int_a^x f(t)\,dt=f(a)$ (단, a는 상수)

설명 $f(x)$의 부정적분 중 하나를 $F(x)$라 하면

$$\lim_{h\to 0}\frac{1}{h}\int_a^{a+h} f(t)\,dt=\lim_{h\to 0}\frac{F(a+h)-F(a)}{h}=F'(a)=f(a)$$

$$\lim_{x\to a}\frac{1}{x-a}\int_a^x f(t)\,dt=\lim_{x\to a}\frac{F(x)-F(a)}{x-a}=F'(a)=f(a)$$

보기

① $\dfrac{d}{dx}\displaystyle\int_1^x (t^2+t)e^t\,dt$에서

$f(t)=(t^2+t)e^t$으로 놓고

$F'(t)=f(t)$라 하면

$\dfrac{d}{dx}\displaystyle\int_1^x (t^2+t)e^t\,dt$

$=\dfrac{d}{dx}\{F(x)-F(1)\}$

$=F'(x)$

$=f(x)$

$=(x^2+x)e^x$

② $\displaystyle\lim_{h\to 0}\frac{1}{h}\int_e^{e+h} t^2\ln t\,dt$에서

$f(t)=t^2\ln t$로 놓고

$F'(t)=f(t)$라 하면

$\displaystyle\lim_{h\to 0}\frac{1}{h}\int_e^{e+h} t^2\ln t\,dt$

$=\displaystyle\lim_{h\to 0}\frac{F(e+h)-F(e)}{h}$

$=F'(e)=f(e)$

$=e^2\ln e=e^2$

기본 유형 익히기

① $\int_1^2 \dfrac{x+2}{x^2}\,dx$의 값은?

함수 $y=x^n$
(n은 실수)의
적분

① $2-\ln 2$　　② $1-\ln 2$　　③ $1+\ln 2$　　④ $2+\ln 2$　　⑤ $1+2\ln 2$

풀이

$$\int_1^2 \frac{x+2}{x^2}\,dx = \int_1^2 \frac{1}{x}\,dx + \int_1^2 \frac{2}{x^2}\,dx$$
$$= \Big[\ln|x|\Big]_1^2 + \Big[-\frac{2}{x}\Big]_1^2 ❶$$
$$= (\ln 2 - \ln 1) + \{-1-(-2)\}$$
$$= 1 + \ln 2$$

답 ③

POINT

❶ $n=-1$일 때,
$$\int x^{-1}\,dx = \int \frac{1}{x}\,dx$$
$$= \ln|x|+C$$
(단, C는 적분상수)
$n \neq -1$일 때,
$$\int x^n\,dx = \frac{1}{n+1}x^{n+1}+C$$
(단, C는 적분상수)

유제 ①
• 8442-0257 •

함수 $f(x) = \displaystyle\int \dfrac{x-1}{\sqrt{x}+1}\,dx$에 대하여 $f(0)=1$일 때, $f(4)$의 값을 구하시오.

② 함수 $f(x)$에 대하여 $f'(x)=e^{2x}+e^{-x}$이고, $f(0)=\dfrac{1}{2}$일 때, $f(\ln 2)$의 값은?

지수함수의
적분

① 1　　② $\dfrac{3}{2}$　　③ 2　　④ $\dfrac{5}{2}$　　⑤ 3

풀이

$f'(x)=e^{2x}+e^{-x}$에서

$f(x)=\displaystyle\int (e^{2x}+e^{-x})\,dx = \dfrac{1}{2}e^{2x}-e^{-x}+C$ (단, C는 적분상수) ❶

$f(0)=\dfrac{1}{2}-1+C=\dfrac{1}{2}$에서

$C=1$

따라서 $f(x)=\dfrac{1}{2}e^{2x}-e^{-x}+1$이므로

$f(\ln 2)=\dfrac{1}{2}e^{2\ln 2}-e^{-\ln 2}+1=\dfrac{1}{2}\times 4-\dfrac{1}{2}+1=\dfrac{5}{2}$

답 ④

POINT

❶ $\displaystyle\int e^x\,dx = e^x+C$
(단, C는 적분상수)

유제 ②
• 8442-0258 •

$\displaystyle\int_0^1 (2^x+2^{-x})\,dx = \dfrac{b}{a\ln 2}$일 때, $a+b$의 값을 구하시오.

(단, a와 b는 서로소인 자연수이다.)

기본 유형 익히기

유형 ③
삼각함수의 적분

다음 부정적분을 구하시오.

(1) $\displaystyle\int \tan^2 x\, dx$　　　　　　　　(2) $\displaystyle\int \frac{\sin^2 x}{1-\cos x}\, dx$

풀이

(1) $\tan^2 x = -1 + \sec^2 x$이므로

$$\int \tan^2 x\, dx = \int (-1+\sec^2 x)\, dx = -x + \tan x + C \text{ (단, } C\text{는 적분상수)}$$

(2) $\displaystyle\int \frac{\sin^2 x}{1-\cos x}\, dx = \int \frac{1-\cos^2 x}{1-\cos x}\, dx = \int \frac{(1+\cos x)(1-\cos x)}{1-\cos x}\, dx$ ❶

$$= \int (1+\cos x)\, dx = x + \sin x + C \text{ (단, } C\text{는 적분상수)}$$

❷

답 (1) $-x + \tan x + C$ (단, C는 적분상수)

(2) $x + \sin x + C$ (단, C는 적분상수)

POINT

❶ $\displaystyle\int \sec^2 x\, dx = \tan x + C$
　(단, C는 적분상수)

❷ $\displaystyle\int \cos x\, dx = \sin x + C$
　(단, C는 적분상수)

유제 ③
• 8442-0259 •

다음 정적분을 구하시오.

(1) $\displaystyle\int_0^\pi \sin x\, dx$　　　　　　　　(2) $\displaystyle\int_0^{\frac{\pi}{3}} \sec^2 x\, dx$

유형 ④
치환적분법

다음 부정적분을 구하시오.

(1) $\displaystyle\int x^2\sqrt{x^3+1}\, dx$　　　　　　　　(2) $\displaystyle\int \tan x\, dx$

풀이

(1) $x^3+1=t$로 놓으면 $3x^2 = \dfrac{dt}{dx}$이므로

$$\int x^2\sqrt{x^3+1}\, dx = \frac{1}{3}\int (\sqrt{x^3+1} \times 3x^2)\, dx = \frac{1}{3}\int \sqrt{t}\, dt$$

❶

$$= \frac{2}{9}t\sqrt{t} + C = \frac{2}{9}(x^3+1)\sqrt{x^3+1} + C \text{ (단, } C\text{는 적분상수)}$$

(2) $\tan x = \dfrac{\sin x}{\cos x} = -\dfrac{(\cos x)'}{\cos x}$이므로

$$\int \tan x\, dx = -\int \frac{(\cos x)'}{\cos x}\, dx = -\ln|\cos x| + C \text{ (단, } C\text{는 적분상수)}$$

❷

답 (1) $\dfrac{2}{9}(x^3+1)\sqrt{x^3+1} + C$ (단, C는 적분상수)

(2) $-\ln|\cos x| + C$ (단, C는 적분상수)

POINT

❶ 미분가능한 함수 $g(x)$에 대하여 $g(x)=t$로 놓으면

$$\int f(g(x))g'(x)\, dx$$

$$= \int f(t)\, dt$$

❷ $\displaystyle\int \frac{f'(x)}{f(x)}\, dx$
　$= \ln|f(x)| + C$
　(단, C는 적분상수)

유제 ④
• 8442-0260 •

다음 정적분을 구하시오.

(1) $\displaystyle\int_1^e \frac{\ln x}{x}\, dx$　　　　　　　　(2) $\displaystyle\int_0^{\frac{\pi}{2}} \sin^3 x \cos x\, dx$

90 올림포스 · 미적분

유형 5

부분적분법

$\displaystyle\int_0^{\ln 2} xe^{2x}\,dx$의 값을 구하시오.

풀이

$f(x)=x$, $g'(x)=e^{2x}$으로 놓으면 $f'(x)=1$, $g(x)=\dfrac{1}{2}e^{2x}$이므로

$$\int_0^{\ln 2} xe^{2x}\,dx=\left[\frac{1}{2}xe^{2x}\right]_0^{\ln 2}-\int_0^{\ln 2}\frac{1}{2}e^{2x}\,dx$$
❶

$$=\frac{1}{2}\times\ln 2\times e^{2\ln 2}-\left[\frac{1}{4}e^{2x}\right]_0^{\ln 2}$$

$$=2\ln 2-\left(1-\frac{1}{4}\right)$$

$$=2\ln 2-\frac{3}{4}$$

답 $2\ln 2-\dfrac{3}{4}$

> **POINT**
>
> ❶ 두 함수 $f(x)$, $g(x)$가 미분 가능할 때,
> $$\int f(x)g'(x)\,dx$$
> $$=f(x)g(x)$$
> $$\qquad-\int f'(x)g(x)\,dx$$

유제 5

• 8442-0261 •

점 $(1,\ 0)$을 지나는 곡선 $y=f(x)$ 위의 점 $(t,\ f(t))$에서의 접선의 기울기가 $\ln t$일 때, $f(e)$의 값을 구하시오.

유형 6

정적분으로 표시된 함수의 미분과 극한

연속함수 $f(x)$가 모든 실수 x에 대하여 $\displaystyle\int_1^x f(t)\,dt=(x+a)e^x$을 만족시킬 때, $f(1)$의 값을 구하시오. (단, a는 상수이다.)

풀이

주어진 등식의 양변에 $x=1$을 대입하면

$$\int_1^1 f(t)\,dt=(1+a)e$$

이때 $\displaystyle\int_1^1 f(t)\,dt=0$이므로
❶

$a=-1$

주어진 등식의 양변을 x에 대하여 미분하면

$$f(x)=e^x+(x-1)e^x=xe^x$$
❷

따라서 $f(1)=e$

답 e

> **POINT**
>
> ❶ 실수 a에 대하여
> $$\int_a^a f(x)\,dx=0$$
> ❷ 연속함수 $f(x)$에 대하여
> $$\frac{d}{dx}\int_a^x f(t)\,dt=f(x)$$
> (단, a는 상수)

유제 6

• 8442-0262 •

$\displaystyle\lim_{x\to 2}\frac{1}{x-2}\int_2^x t^3\cos\frac{\pi}{2}t\,dt$의 값을 구하시오.

01

• 8442-0263 •

$\int_1^4\left(\sqrt{x}+\dfrac{1}{\sqrt{x}}\right)dx$의 값은?

① $\dfrac{16}{3}$ ② 6 ③ $\dfrac{20}{3}$

④ $\dfrac{22}{3}$ ⑤ 8

02

• 8442-0264 •

$x>0$에서 미분가능한 함수 $f(x)$에 대하여

$$f'(x)=\dfrac{2x^3-1}{x^2}$$

이다. 함수 $y=f(x)$의 그래프가 점 $(1,\,1)$을 지날 때, $f(2)$의 값은?

① $\dfrac{1}{2}$ ② $\dfrac{3}{2}$ ③ $\dfrac{5}{2}$

④ $\dfrac{7}{2}$ ⑤ $\dfrac{9}{2}$

03

• 8442-0265 •

$x>0$에서 정의된 미분가능한 함수 $f(x)$의 한 부정적분 $F(x)$에 대하여

$$F(x)=xf(x)-2\sqrt{x}-x^2$$

이 성립할 때, $f(4)-f(1)$의 값은?

① 3 ② 4 ③ 5

④ 6 ⑤ 7

04

• 8442-0266 •

$x>0$에서 미분가능한 함수 $f(x)$가 모든 양의 실수 x에 대하여

$$f(x)+xf'(x)=3\sqrt{x}+\dfrac{1}{x}$$

을 만족시킨다. $f(1)=-2$일 때, $f(4)$의 값을 구하시오.

05

• 8442-0267 •

$\int_{-\ln 3}^{\ln 3}|e^x-1|\,dx$의 값은?

① 1 ② $\dfrac{4}{3}$ ③ $\dfrac{5}{3}$

④ 2 ⑤ $\dfrac{7}{3}$

06

• 8442-0268 •

$\int_0^1\dfrac{4^x}{2^x+1}dx-\int_0^1\dfrac{1}{2^x+1}dx$의 값은?

① $\dfrac{1}{\ln 2}-1$ ② $\dfrac{2}{\ln 2}-1$ ③ $\dfrac{1}{\ln 2}+1$

④ $\dfrac{2}{\ln 2}+1$ ⑤ $\dfrac{4}{\ln 2}+1$

07
• 8442-0269 •

함수

$$f(x)=\begin{cases} e^x & (x\le 0) \\ \sqrt{x}+a & (x>0) \end{cases}$$

가 실수 전체의 집합에서 연속일 때, $\int_{-\ln 4}^{1} f(x)\,dx$의 값은? (단, a는 상수이다.)

① $\dfrac{7}{4}$ ② $\dfrac{23}{12}$ ③ $\dfrac{25}{12}$

④ $\dfrac{9}{4}$ ⑤ $\dfrac{29}{12}$

유형 ③ 삼각함수의 적분

08
• 8442-0270 •

$\int_{0}^{\frac{\pi}{2}} (\cos x+1)^2\,dx+\int_{\frac{\pi}{2}}^{0} (\cos x-1)^2\,dx$의 값은?

① 1 ② 2 ③ 3
④ 4 ⑤ 5

09
• 8442-0271 •

$\int_{-\frac{\pi}{4}}^{\frac{\pi}{4}} \dfrac{\cos^2 x}{1+\sin x}\,dx$의 값은?

① $\dfrac{\pi}{2}$ ② $\dfrac{2}{3}\pi$ ③ $\dfrac{3}{4}\pi$

④ $\dfrac{5}{6}\pi$ ⑤ π

10
• 8442-0272 •

미분가능한 함수 $f(x)$에 대하여

$$f'(x)=\begin{cases} e^x & (x<0) \\ 1+\sin x & (x>0) \end{cases}$$

이다. $f(\pi)=\pi+2$일 때, $f(-\ln 2)$의 값은?

① $-\dfrac{3}{2}$ ② $-\dfrac{1}{2}$ ③ $\dfrac{1}{2}$

④ $\dfrac{3}{2}$ ⑤ $\dfrac{5}{2}$

11
• 8442-0273 •

$0<x<2\pi$에서 정의된 미분가능한 함수 $f(x)$에 대하여

$$f'(x)=\cos x-\sin x$$

이다. $f(x)$의 극댓값을 M, 극솟값을 m이라 할 때, $(M-m)^2$의 값을 구하시오.

유형 ④ 치환적분법

12
• 8442-0274 •

$\int_{1}^{e^2} \dfrac{(\ln x)^2}{x}\,dx$의 값은?

① $\dfrac{5}{3}$ ② 2 ③ $\dfrac{7}{3}$

④ $\dfrac{8}{3}$ ⑤ 3

13

● 8442-0275 ●

$\displaystyle\int_0^{\frac{\pi}{2}} \sqrt{\cos x}\, \sin x\, dx$의 값은?

① $\dfrac{1}{3}$ ② $\dfrac{2}{3}$ ③ 1

④ $\dfrac{4}{3}$ ⑤ $\dfrac{5}{3}$

14

● 8442-0276 ●

$0<x<\pi$에서 정의된 함수 $f(x)=\displaystyle\int \dfrac{\cos x}{1-\cos^2 x}\, dx$에 대하여 $f\left(\dfrac{\pi}{6}\right)-f\left(\dfrac{\pi}{2}\right)$의 값은?

① -2 ② $-\dfrac{3}{2}$ ③ -1

④ $-\dfrac{1}{2}$ ⑤ 2

15

● 8442-0277 ●

함수 $f(x)=\displaystyle\int (ax+1)^3\, dx$에 대하여 $f(0)=\dfrac{1}{8}$, $f''(0)=6$일 때, $f\left(\dfrac{3}{2}\right)$의 값을 구하시오.

(단, a는 상수이다.)

16

● 8442-0278 ●

미분가능한 함수 $f(x)$가 다음 조건을 만족시킨다.

> (가) 모든 실수 x에 대하여 $f(x)>0$이다.
> (나) $f'(x)=(\sin x+\cos x)f(x)$

$f(0)=1$일 때, $\ln f(\pi)$의 값은?

① -2 ② -1 ③ 0

④ 1   ⑤ 2

유형 **5** **부분적분법**

17

● 8442-0279 ●

$\displaystyle\int_1^e x\ln x\, dx$의 값은?

① $\dfrac{e^2-3}{4}$ ② $\dfrac{e^2-2}{4}$ ③ $\dfrac{e^2-1}{4}$

④ $\dfrac{e^2+1}{4}$ ⑤ $\dfrac{e^2+2}{4}$

18

● 8442-0280 ●

미분가능한 함수 $f(x)$에 대하여 $f'(x)=x\sqrt{e^x}$일 때, $f(2)-f(0)$의 값을 구하시오.

19

• 8442-0281 •

$\int_0^\pi e^x \sin x \, dx$의 값은?

① $e^\pi + 1$

② $\dfrac{e^\pi + 1}{2}$

③ $\dfrac{e^\pi - 1}{2}$

④ $\dfrac{e^\pi + 2}{4}$

⑤ $\dfrac{e^\pi - 2}{4}$

20

• 8442-0282 •

미분가능한 함수 $f(x)$에 대하여

$$f'(x) = x \cos x$$

이고, $f(0) = 1$이다. $0 \leq x \leq \pi$에서 함수 $f(x)$의 최댓값을 구하시오.

유형 6 정적분으로 표시된 함수의 미분과 극한

21

• 8442-0283 •

연속함수 $f(x)$가 모든 실수 x에 대하여

$$\int_1^x f(t) \, dt = e^{2x} - ax$$

를 만족시킬 때, $f'(\ln a)$의 값을 구하시오.

(단, a는 상수이다.)

22

• 8442-0284 •

함수 $f(x) = x^4 \cos \pi x$에 대하여 $\displaystyle\lim_{x \to 2} \dfrac{1}{x^2 - 4} \int_2^x f(t) \, dt$

의 값은?

① 1

② 2

③ 3

④ 4

⑤ 5

23

• 8442-0285 •

연속함수 $f(x)$가 모든 실수 x에 대하여

$$f(x) = \sin 2x + \int_0^{\frac{\pi}{2}} f(t) \cos 2x \, dt$$

를 만족시킬 때, $f(\pi)$의 값은?

① -2

② -1

③ 0

④ 1

⑤ 2

24

• 8442-0286 •

양의 실수 전체의 집합에서 정의된 미분가능한 함수 $f(x)$가 모든 양의 실수 x에 대하여

$$xf(x) = x^2 \ln x + \int_e^x f(t) \, dt$$

를 만족시킬 때, $f(e^2)$의 값을 구하시오.

서술형 연습장

● 정답과 풀이 79쪽

미분가능한 함수 $f(x)$의 한 부정적분 $F(x)$에 대하여

$$F(x)=xf(x)-x^2e^x$$

이 성립한다. $f(0)=1$일 때, $f(1)$의 값을 구하시오.

풀이

함수 $f(x)$의 한 부정적분이 $F(x)$이므로

$F'(x)=f(x)$ ⟶ 함수 $f(x)$의 한 부정적분이 $F(x)$

$F(x)=xf(x)-x^2e^x$에서 이면 $F'(x)=f(x)$임을 이용한다.

양변을 x에 대하여 미분하면

$f(x)=f(x)+xf'(x)-2xe^x-x^2e^x$

$xf'(x)=x(x+2)e^x$ ⋯⋯ ㉠

$x \neq 0$일 때

$f'(x)=(x+2)e^x$ ◀ ❶

$f(x)=\int f'(x)\,dx=\int (x+2)e^x\,dx$

이때 $u=x+2$, $v'=e^x$으로 놓으면 ⟶ 부분적분법을 이용하여

$u'=1$, $v=e^x$이므로 부정적분을 구한다.

$\int (x+2)e^x\,dx=(x+2)e^x-\int e^x\,dx$

$\qquad\qquad\qquad =(x+2)e^x-e^x+C$

$\qquad\qquad\qquad =(x+1)e^x+C$ (단, C는 적분상수)

즉, $f(x)=(x+1)e^x+C$ (단, C는 적분상수) ◀ ❷

이때 $f(0)=1$이고 $\lim\limits_{x \to 0} f(x)=f(0)$이므로

$\lim\limits_{x \to 0} \{(x+1)e^x+C\}=1$에서

$e^0+C=1$, $C=0$

따라서 $f(x)=(x+1)e^x$이므로

$f(1)=2e$ ◀ ❸

답 $2e$

단계	채점 기준	비율
❶	$f'(x)$를 구한 경우	40 %
❷	부분적분법을 이용하여 $f(x)$를 구한 경우	40 %
❸	$f(1)$의 값을 구한 경우	20 %

01
● 8442-0287 ●

$\int_0^{\frac{\pi}{2}} |4\cos 2x|\,dx$의 값을 구하시오.

02
● 8442-0288 ●

$\int_1^{e^{\sqrt{3}}} \dfrac{\sqrt{(\ln x)^2+1} \times \ln x}{x}\,dx$의 값을 구하시오.

03
● 8442-0289 ●

미분가능한 함수 $f(x)$가 모든 실수 x에 대하여 다음 조건을 만족시킬 때, $f(1)$의 값을 구하시오.

(가) $f(x)>0$

(나) $f(x)=1+\displaystyle\int_0^x te^t f(t)\,dt$

01

• 8442-0290 •

미분가능한 함수 $f(x)$에 대하여 곡선 $y=f(x)$ 위의 점 $(t, f(t))$에서의 접선의 기울기가 $e^{\sin t}\sin t\cos t$일 때, $f\left(\dfrac{\pi}{2}\right)-f(0)$의 값은?

① $-2e$ ② $-e$ ③ 1 ④ e ⑤ $2e$

02

• 8442-0291 •

$0<x<\pi$에서 정의된 미분가능한 함수 $f(x)$와 그 도함수 $f'(x)$에 대하여

$$f(x)f'(x)=-\frac{4\cos x}{\sin^3 x},\ f(x)>0$$

이 성립한다. $f\left(\dfrac{\pi}{2}\right)=3$일 때, $f\left(\dfrac{\pi}{6}\right)$의 값은?

① $3\sqrt{2}$ ② $\sqrt{19}$ ③ $2\sqrt{5}$ ④ $\sqrt{21}$ ⑤ $\sqrt{22}$

03

• 8442-0292 •

$x>0$에서 정의된 함수

$$f(x)=\int_1^x \frac{(\ln t-1)^3}{t}dt$$

가 $x=a$에서 극솟값 b를 가질 때, $\left(\dfrac{e}{ab}\right)^2$의 값을 구하시오.

07 정적분의 활용

1 정적분과 급수의 합

함수 $f(x)$가 닫힌구간 $[a, b]$에서 연속일 때,

(1) $\displaystyle\lim_{n\to\infty}\sum_{k=1}^{n}f\Big(a+\frac{b-a}{n}k\Big)\frac{b-a}{n}=\int_{a}^{b}f(x)\,dx$

(2) $\displaystyle\lim_{n\to\infty}\sum_{k=1}^{n}f\Big(\frac{p}{n}k\Big)\frac{p}{n}=\int_{0}^{p}f(x)\,dx$

(3) $\displaystyle\lim_{n\to\infty}\sum_{k=1}^{n}f\Big(a+\frac{p}{n}k\Big)\frac{p}{n}=\int_{a}^{a+p}f(x)\,dx$

$\qquad\qquad\qquad\qquad\qquad=\int_{0}^{p}f(a+x)\,dx$

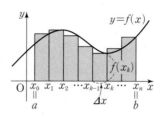

보기

$\displaystyle\lim_{n\to\infty}\sum_{k=1}^{n}\Big(1+\frac{3k}{n}\Big)^{2}\frac{3}{n}$에서

$f(x)=x^{2}, a=1, b=4$로 놓으면

$\varDelta x=\dfrac{b-a}{n}=\dfrac{3}{n}$,

$x_{k}=a+k\varDelta x=1+\dfrac{3k}{n}$이므로

$\displaystyle\lim_{n\to\infty}\sum_{k=1}^{n}\Big(1+\frac{3k}{n}\Big)^{2}\frac{3}{n}$

$=\displaystyle\int_{1}^{4}x^{2}\,dx=\Big[\frac{1}{3}x^{3}\Big]_{1}^{4}$

$=\dfrac{1}{3}\times4^{3}-\dfrac{1}{3}\times1^{3}=21$

2 곡선과 x축 사이의 넓이

함수 $y=f(x)$가 닫힌구간 $[a, b]$에서 연속일 때,
곡선 $y=f(x)$와 x축 및 두 직선 $x=a$, $x=b$로 둘러
싸인 부분의 넓이 S는

$$S=\int_{a}^{b}|f(x)|\,dx$$

설명 닫힌구간 $[a, c]$에서 $f(x)\geq0$, 닫힌구간 $[c, b]$에서

$\quad$ $f(x)\leq0$일 때, 곡선 $y=f(x)$와 x축 및 두 직선 $x=a$, $x=b$로 둘러싸인 부분의 넓이 S는

$$S=\int_{a}^{b}|f(x)|\,dx=\int_{a}^{c}|f(x)|\,dx+\int_{c}^{b}|f(x)|\,dx$$

$$=\int_{a}^{c}f(x)\,dx+\int_{c}^{b}\{-f(x)\}\,dx$$

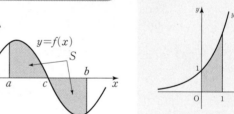

보기

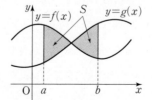

곡선 $y=e^{x}$과 x축 및 두 직선
$x=0$, $x=1$로 둘러싸인 부분
의 넓이는

$\displaystyle\int_{0}^{1}e^{x}\,dx=\Big[e^{x}\Big]_{0}^{1}=e^{1}-e^{0}$

$\qquad\qquad=e-1$

3 두 곡선으로 둘러싸인 부분의 넓이

두 함수 $y=f(x)$, $y=g(x)$가 닫힌구간 $[a, b]$에서 연
속일 때, 두 곡선 $y=f(x)$, $y=g(x)$ 및 두 직선
$x=a$, $x=b$로 둘러싸인 부분의 넓이 S는

$$S=\int_{a}^{b}|f(x)-g(x)|\,dx$$

보기

닫힌구간 $[0, 2\pi]$에서 두 곡선
$y=\sin x$, $y=\cos x$로 둘러싸
인 부분의 넓이는

$\displaystyle\int_{\frac{\pi}{4}}^{\frac{5}{4}\pi}(\sin x-\cos x)\,dx$

$=\Big[-\cos x-\sin x\Big]_{\frac{\pi}{4}}^{\frac{5}{4}\pi}$

$=\sqrt{2}-(-\sqrt{2})=2\sqrt{2}$

4 입체도형의 부피

닫힌구간 $[a, b]$의 임의의 점 x에서 x축에 수직인 평면으로 자른 단면의 넓이가 $S(x)$이고, 함수 $S(x)$가 닫힌구간 $[a, b]$에서 연속일 때, 이 입체도형의 부피 V는

$$V = \int_a^b S(x)\,dx$$

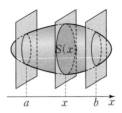

보기

$0 \le x \le 10$이고 단면의 넓이가 $S(x) = 2x+1$인 입체도형의 부피 V는

$$V = \int_0^{10} (2x+1)\,dx$$
$$= \Big[x^2 + x \Big]_0^{10} = 110$$

5 속도와 거리

수직선 위를 움직이는 점 P의 시각 $t\,(a \le t \le b)$에서의 속도를 $v(t)$, 위치를 $x(t)$라 할 때,

(1) 시각 t에서의 점 P의 위치 $x(t)$는 $x(t) = x(a) + \int_a^t v(t)\,dt$

(2) 시각 $t = a$에서 시각 $t = b$까지 점 P의 위치의 변화량은 $\int_a^b v(t)\,dt$

(3) 시각 $t = a$에서 시각 $t = b$까지 점 P가 움직인 거리 s는 $s = \int_a^b |v(t)|\,dt$

보기

원점을 출발하여 수직선 위를 움직이는 점 P의 시각 t에서의 속도가 $v(t) = \cos t$일 때, 시각 $t = 0$에서 $t = \pi$까지 점 P가 움직인 거리는

$$\int_0^\pi |v(t)|\,dt$$
$$= \int_0^{\frac{\pi}{2}} \cos t\,dt$$
$$\qquad + \int_{\frac{\pi}{2}}^\pi (-\cos t)\,dt$$
$$= \Big[\sin t \Big]_0^{\frac{\pi}{2}} + \Big[-\sin t \Big]_{\frac{\pi}{2}}^\pi$$
$$= 1 + 1 = 2$$

6 평면 위에서 점이 움직인 거리 및 곡선의 길이

(1) 평면 위에서 점이 움직인 거리

좌표평면 위를 움직이는 점 $P(x, y)$의 시각 t에서의 위치 (x, y)가 $x = f(t)$, $y = g(t)$일 때, 점 P가 시각 $t = a$에서 시각 $t = b$까지 움직인 거리 s는

$$s = \int_a^b \sqrt{\left(\frac{dx}{dt}\right)^2 + \left(\frac{dy}{dt}\right)^2}\,dt = \int_a^b \sqrt{\{f'(t)\}^2 + \{g'(t)\}^2}\,dt$$

(2) 곡선의 길이

① 곡선 $y = f(x)$의 $x = a$에서 $x = b\,(a \le b)$까지의 길이 l은

$$l = \int_a^b \sqrt{1 + \{f'(x)\}^2}\,dx$$

② 매개변수 t로 나타내어진 곡선 $x = f(t)$, $y = g(t)\,(a \le t \le b)$의 길이 l은

$$l = \int_a^b \sqrt{\left(\frac{dx}{dt}\right)^2 + \left(\frac{dy}{dt}\right)^2}\,dt = \int_a^b \sqrt{\{f'(t)\}^2 + \{g'(t)\}^2}\,dt$$

보기

곡선 $y = \frac{2}{3} x\sqrt{x}$에서

$$y' = \frac{2}{3} \times \frac{3}{2} x^{\frac{1}{2}} = \sqrt{x}$$

이때 $0 \le x \le 3$에서 곡선 $y = \frac{2}{3} x\sqrt{x}$의 길이를 l이라 하면

$$l = \int_0^3 \sqrt{1 + (y')^2}\,dx$$
$$= \int_0^3 \sqrt{1 + x}\,dx$$
$$= \left[\frac{2}{3}(x+1)^{\frac{3}{2}} \right]_0^3$$
$$= \frac{16}{3} - \frac{2}{3} = \frac{14}{3}$$

기본 유형 익히기

유형 1

정적분과 급수의 합

급수 $\lim\limits_{n \to \infty} \sum\limits_{k=1}^{n} \left(1 + \dfrac{2k}{n}\right)^3 \dfrac{2}{n}$의 합은?

① 16　　　② 20　　　③ 24　　　④ 28　　　⑤ 32

풀이

$f(x) = x^3$, $a = 1$, $b = 3$으로 놓으면

$\Delta x = \dfrac{b-a}{n} = \dfrac{2}{n}$, $x_k = a + k\Delta x = 1 + \dfrac{2k}{n}$이므로

정적분과 급수의 합 사이의 관계에 의하여

$\lim\limits_{n \to \infty} \sum\limits_{k=1}^{n} \left(1 + \dfrac{2k}{n}\right)^3 \dfrac{2}{n} = \int_1^3 x^3\, dx$ ❶

$\qquad\qquad = \left[\dfrac{1}{4}x^4\right]_1^3 = \dfrac{81}{4} - \dfrac{1}{4} = 20$

답 ②

> **POINT**
>
> ❶ 함수 $f(x)$가 닫힌구간 $[a, b]$에서 연속일 때,
>
> $\lim\limits_{n \to \infty} \sum\limits_{k=1}^{n} f\left(a + \dfrac{b-a}{n}k\right) \dfrac{b-a}{n}$
>
> $= \int_a^b f(x)\, dx$

유제 1

함수 $f(x) = 3x^2$일 때, 급수 $\lim\limits_{n \to \infty} \sum\limits_{k=1}^{n} f\left(2 + \dfrac{k}{n}\right) \dfrac{1}{n}$의 합을 구하시오.

● 8442-0293 ●

유형 2

곡선과 x축 사이의 넓이

곡선 $y = e^x - e$와 x축 및 y축으로 둘러싸인 부분의 넓이는?

① $\dfrac{1}{2}$　　　② $\dfrac{1}{e}$　　　③ 1　　　④ e　　　⑤ 2

풀이

곡선 $y = e^x - e$는 곡선 $y = e^x$을 y축의 방향으로 $-e$만큼 평행이동한 것이다.

$y = 0$일 때, $0 = e^x - e$, $e^x = e$에서 $x = 1$

$x = 0$일 때, $y = e^0 - e = 1 - e$

곡선 $y = e^x - e$는 오른쪽 그림과 같다.

따라서 구하는 넓이는

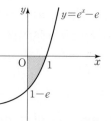

$\int_0^1 |e^x - e|\, dx = \int_0^1 (e - e^x)\, dx = \Big[ex - e^x\Big]_0^1 = (e - e) - (0 - e^0) = 1$ ❶

답 ③

> **POINT**
>
> ❶ 곡선 $y = f(x)$와 x축 및 두 직선 $x = a$, $x = b$로 둘러싸인 부분의 넓이 S는
>
> $S = \int_a^b |f(x)|\, dx$

유제 2

곡선 $y = \sqrt{x+3}$과 x축 및 직선 $x = 1$로 둘러싸인 부분의 넓이를 구하시오.

● 8442-0294 ●

유형 ③ 두 곡선으로 둘러싸인 부분의 넓이

곡선 $y=\ln x$ 위의 점 $(e, 1)$에서의 접선과 이 곡선 및 x축으로 둘러싸인 부분의 넓이를 구하시오.

풀이

$y=\ln x$에서 $y'=\dfrac{1}{x}$

곡선 $y=\ln x$ 위의 점 $(e, 1)$에서의

접선의 기울기는 $\dfrac{1}{e}$이므로 접선의 방

정식은

$y-1=\dfrac{1}{e}(x-e)$, $y=\dfrac{1}{e}x$

따라서 구하는 넓이는

$\displaystyle\int_0^e \dfrac{1}{e}x\,dx - \int_1^e \ln x\,dx = \left[\dfrac{1}{2e}x^2\right]_0^e - \left[x\ln x - x\right]_1^e = \dfrac{e}{2}-1$ ❶

답 $\dfrac{e}{2}-1$

POINT

❶ 두 곡선 $y=f(x)$, $y=g(x)$ 및 두 직선 $x=a$, $x=b$로 둘러싸인 부분의 넓이는

$$\int_a^b |f(x)-g(x)|\,dx$$

유제 ③ · 8442-0295 ·
두 곡선 $y=e^{x+1}$, $y=e^{2x}$ 및 두 직선 $x=0$, $x=2\ln 2$로 둘러싸인 부분의 넓이를 구하시오.

유형 ④ 입체도형의 부피

곡선 $y=\sqrt{x}$와 x축 및 두 직선 $x=1$, $x=4$로 둘러싸인 도형을 밑면으로 하는 입체도형이 있다. 이 입체도형을 x축에 수직인 평면으로 자른 단면이 모두 정삼각형일 때, 이 입체도형의 부피를 구하시오.

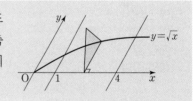

풀이

$x=t$ $(1\leq t\leq 4)$인 x축 위의 점을 지나고 x축에 수직인 평면으로 자른 단면이 한 변의 길이가 $\sqrt{t}$인 정삼각형이므로 단면의 넓이를 $S(t)$라 하면

$S(t)=\dfrac{\sqrt{3}}{4}(\sqrt{t})^2 = \dfrac{\sqrt{3}}{4}t$

따라서 구하는 부피를 V라 하면

$V=\displaystyle\int_1^4 S(t)\,dt = \int_1^4 \dfrac{\sqrt{3}}{4}t\,dt = \left[\dfrac{\sqrt{3}}{8}t^2\right]_1^4 = 2\sqrt{3}-\dfrac{\sqrt{3}}{8}=\dfrac{15\sqrt{3}}{8}$ ❶

답 $\dfrac{15\sqrt{3}}{8}$

POINT

❶ 닫힌구간 $[a, b]$에서 단면의 넓이가 $S(x)$인 입체도형의 부피 V는

$$V=\int_a^b S(x)\,dx$$

유제 ④ · 8442-0296 ·
높이가 $3\ln 2$인 용기의 밑면에서부터의 높이가 x인 지점에서 밑면에 평행하게 자른 단면은 반지름의 길이가 $\sqrt{e^x+e^{-x}}$인 원일 때, 이 용기의 부피를 구하시오.

기본 유형 익히기

유형 5 원점을 출발하여 수직선 위를 움직이는 점 P의 시각 t에서의 속도 $v(t)$가 $v(t)=t\sin t$이다.

속도와 거리 점 P가 출발 후 시각 $t=2\pi$까지 움직인 거리를 구하시오.

풀이

점 P의 시각 t에서의 속도가 $v(t)=t\sin t$이므로 열린구간 $(0,\ \pi)$에서 $v(t)>0$이고, 열린구간 $(\pi,\ 2\pi)$에서 $v(t)<0$이다.

따라서 점 P가 출발 후 시각 $t=2\pi$까지 움직인 거리는 ❶

$$\int_0^{2\pi}|t\sin t|\,dt=\int_0^{\pi}t\sin t\,dt+\int_{\pi}^{2\pi}(-t\sin t)\,dt$$

$$=\Big[-t\cos t+\sin t\Big]_0^{\pi}-\Big[-t\cos t+\sin t\Big]_{\pi}^{2\pi}$$

$$=\pi-(-3\pi)=4\pi$$

답 4π

> **POINT**
>
> ❶ 점 P의 시각 t에서의 속도가 $v(t)$일 때, 시각 $t=a$에서 시각 $t=b$까지 점 P가 움직인 거리는
> $$\int_a^b|v(t)|\,dt$$

유제 5 원점을 출발하여 수직선 위를 움직이는 점 P의 시각 t에서의 속도 $v(t)$가

• 8442-0297 •
$$v(t)=\ln(t+1)$$

이다. 원점을 출발 후 시각 $t=e-1$까지 점 P의 위치의 변화량을 구하시오.

유형 6 $1\le x\le2$에서 곡선 $y=\dfrac{x^3}{3}+\dfrac{1}{4x}$의 길이를 구하시오.

평면 위에서 점이 움직인 거리 및 곡선의 길이

풀이

$y=\dfrac{x^3}{3}+\dfrac{1}{4x}$에서 $y'=x^2-\dfrac{1}{4x^2}$

따라서 구하는 곡선의 길이를 l이라 하면 ❶

$$l=\int_1^2\sqrt{1+(y')^2}\,dx=\int_1^2\sqrt{1+\Big(x^2-\dfrac{1}{4x^2}\Big)^2}\,dx=\int_1^2\sqrt{\Big(x^2+\dfrac{1}{4x^2}\Big)^2}\,dx$$

$$=\int_1^2\Big(x^2+\dfrac{1}{4x^2}\Big)dx=\Big[\dfrac{1}{3}x^3-\dfrac{1}{4x}\Big]_1^2$$

$$=\Big(\dfrac{1}{3}\times2^3-\dfrac{1}{4\times2}\Big)-\Big(\dfrac{1}{3}\times1^3-\dfrac{1}{4\times1}\Big)$$

$$=\dfrac{8}{3}-\dfrac{1}{8}-\dfrac{1}{3}+\dfrac{1}{4}=\dfrac{59}{24}$$

답 $\dfrac{59}{24}$

> **POINT**
>
> ❶ 곡선 $y=f(x)(a\le x\le b)$의 길이 l은
> $$l=\int_a^b\sqrt{1+\{f'(x)\}^2}\,dx$$
> $$=\int_a^b\sqrt{1+\Big(\dfrac{dy}{dx}\Big)^2}\,dx$$

유제 6 좌표평면 위를 움직이는 점 P의 시각 t에서의 위치 $(x,\ y)$가

• 8442-0298 •
$$x=\dfrac{1}{2}t^2,\ y=\dfrac{1}{3}t^3$$

일 때, 시각 $t=0$에서 시각 $t=\sqrt{3}$까지 점 P가 움직인 거리를 구하시오.

유형 1 정적분과 급수

01
• 8442-0299 •

급수 $\lim\limits_{n \to \infty} \sum\limits_{k=1}^{n} \left(\sqrt{1 + \dfrac{3k}{n}} \times \dfrac{1}{n} \right)$의 합은?

① $\dfrac{2}{3}$ ② $\dfrac{8}{9}$ ③ $\dfrac{10}{9}$

④ $\dfrac{4}{3}$ ⑤ $\dfrac{14}{9}$

02
• 8442-0300 •

$\lim\limits_{n \to \infty} \dfrac{1}{n} \left(e^{\frac{2}{n}} + e^{\frac{4}{n}} + e^{\frac{6}{n}} + \cdots + e^{\frac{2n}{n}} \right)$의 값은?

① $\dfrac{e^2-3}{2}$ ② $\dfrac{e^2-2}{2}$ ③ $\dfrac{e^2-1}{2}$

④ $\dfrac{e^2+1}{2}$ ⑤ $\dfrac{e^2+2}{2}$

03
• 8442-0301 •

급수 $\lim\limits_{n \to \infty} \dfrac{\pi}{n} \sum\limits_{k=1}^{n} \cos^2 \dfrac{k\pi}{n} \sin \dfrac{k\pi}{n}$의 합은?

① $\dfrac{1}{6}$ ② $\dfrac{1}{3}$ ③ $\dfrac{1}{2}$

④ $\dfrac{2}{3}$ ⑤ $\dfrac{5}{6}$

유형 2 곡선과 x축으로 둘러싸인 도형의 넓이

04
• 8442-0302 •

닫힌구간 $[0, 1]$에서 정의된 함수 $y = \sin \pi x$의 그래프와 x축으로 둘러싸인 도형의 넓이는?

① $\dfrac{1}{2\pi}$ ② $\dfrac{1}{\pi}$ ③ $\dfrac{3}{2\pi}$

④ $\dfrac{2}{\pi}$ ⑤ $\dfrac{3}{\pi}$

05
• 8442-0303 •

함수 $y = \dfrac{-x+2}{x+1}$의 그래프와 x축 및 y축으로 둘러싸인 부분의 넓이는?

① $2\ln 2 - 1$ ② $3\ln 3 - 2$ ③ $4\ln 2 - 1$
④ $5\ln 2 - 3$ ⑤ $6\ln 2 - 3$

06
• 8442-0304 •

그림과 같이 곡선 $y = \ln x$와 x축 및 두 직선 $x = \dfrac{1}{e}$, $x = e$로 둘러싸인 부분의 넓이를 구하시오.

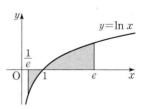

유형 3 두 곡선으로 둘러싸인 부분의 넓이

07
● 8442-0305 ●

두 곡선 $y=e^x$, $y=e^{-x}$ 및 직선 $x=\ln 2$로 둘러싸인 부분의 넓이는?

① $\dfrac{1}{8}$　　② $\dfrac{1}{4}$　　③ $\dfrac{3}{8}$

④ $\dfrac{1}{2}$　　⑤ $\dfrac{5}{8}$

08
● 8442-0306 ●

곡선 $y=2\sqrt{x}$와 이 곡선 위의 점 $(1,\ 2)$에서의 접선 및 x축으로 둘러싸인 부분의 넓이는?

① $\dfrac{2}{3}$　　② $\dfrac{11}{15}$　　③ $\dfrac{4}{5}$

④ $\dfrac{13}{15}$　　⑤ $\dfrac{14}{15}$

09
● 8442-0307 ●

$0\le x\le\pi$에서 두 곡선 $y=\sin x$와 $y=\sin 2x$로 둘러싸인 부분의 넓이를 구하시오.

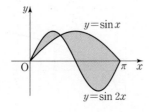

10
● 8442-0308 ●

$x\ge 0$에서 곡선 $y=\dfrac{5x}{x^2+1}$와 직선 $y=x$로 둘러싸인 부분의 넓이는?

① $\dfrac{2\ln 5-1}{2}$　　② $\dfrac{3\ln 5-2}{2}$　　③ $\dfrac{4\ln 5-3}{2}$

④ $\dfrac{5\ln 5-4}{2}$　　⑤ $\dfrac{6\ln 5-5}{2}$

11
● 8442-0309 ●

오른쪽 그림과 같이 구간 $[0,\ \pi]$에서 곡선 $y=\sin x$와 직선 $y=ax$로 둘러싸인 부분의 넓이를 S_1이라 하고, 구간 $\left[\dfrac{\pi}{2},\ \pi\right]$에서 곡선 $y=\sin x$와 직선 $y=ax$ 및 직선 $x=\pi$로 둘러싸인 부분의 넓이를 S_2라 하자. $S_1=S_2$일 때, 상수 a의 값을 구하시오. (단, $0<a<1$)

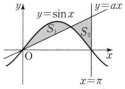

유형 4 입체도형의 부피

12
● 8442-0310 ●

곡선 $y=e^x$과 x축, y축 및 직선 $x=\ln 4$로 둘러싸인 도형을 밑면으로 하는 입체도형이 있다. 이 입체도형을 x축에 수직인 평면으로 자른 단면이 모두 정사각형일 때, 이 입체도형의 부피는?

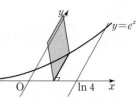

① $\dfrac{11}{2}$　　② $\dfrac{13}{2}$　　③ $\dfrac{15}{2}$

④ $\dfrac{17}{2}$　　⑤ $\dfrac{19}{2}$

13

• 8442-0311 •

곡선 $y=\sqrt{2+\cos 2x}\left(0\leq x\leq\dfrac{\pi}{2}\right)$와 x축, y축 및 직선 $x=\dfrac{\pi}{2}$로 둘러싸인 도형을 밑면으로 하는 입체도형이 있다. 이 입체도형을 x축에 수직인 평면으로 자른 단면이 모두 밑면에 수직인 직각이등변삼각형일 때, 이 입체도형의 부피를 구하시오.

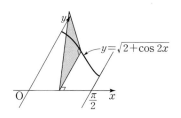

14

• 8442-0312 •

높이가 2인 입체도형의 밑면으로부터 높이가 x인 지점에서 밑면에 평행하게 자른 단면은 반지름의 길이가 $\sqrt{\dfrac{x+1}{x^2+2x+8}}$인 원일 때, 이 입체도형의 부피는?

① $\dfrac{\pi}{4}\ln 2$ ② $\dfrac{\pi}{2}\ln 2$ ③ $\pi\ln 2$

④ $2\pi\ln 2$ ⑤ $4\pi\ln 2$

유형 5   속도와 거리

15

• 8442-0313 •

원점을 출발하여 수직선 위를 움직이는 점 P의 시각 $t(t>0)$에서의 속도가 $v(t)=\sin 2t$이다. 점 P가 출발한 후 처음으로 원점을 지나는 순간의 점 P의 가속도는?

① $\dfrac{1}{2}$ ② 1   ③ $\dfrac{3}{2}$

④ 2   ⑤ $\dfrac{5}{2}$

16

• 8442-0314 •

수직선 위를 움직이는 점 P의 시각 $t(t>0)$에서의 속도가 $v(t)=e^{2t}-2e^t$이다. 점 P가 원점을 출발한 후 운동 방향을 바꾼 지점까지 움직인 거리는?

① $\dfrac{1}{2}$ ② 1   ③ $\dfrac{3}{2}$

④ 2   ⑤ $\dfrac{5}{2}$

유형 6   평면 위에서 점이 움직인 거리 및 곡선의 길이

17

• 8442-0315 •

$-\dfrac{1}{2}\leq x\leq\dfrac{1}{2}$에서 곡선 $y=\ln(1-x^2)$의 길이는?

① $1-\ln 2$ ② $-1+2\ln 3$ ③ $1+\ln 2$
④ $-2+2\ln 3$ ⑤ $1+\ln 3$

18

• 8442-0316 •

좌표평면 위를 움직이는 점 P의 시각 t에서의 위치 (x, y)가

$$x=\sin t+\cos t, \quad y=\dfrac{1}{2}\sin^2 t$$

일 때, 시각 $t=0$에서 시각 $t=\dfrac{\pi}{2}$까지 점 P가 움직인 거리를 구하시오.

• 정답과 풀이 88쪽

곡선 $y=2\sqrt{x}$와 x축 및 직선 $x=4$로 둘러싸인 부분의 넓이가 직선 $y=ax$에 의하여 이등분될 때, 양수 a의 값을 구하시오. (단, $0<a<1$)

풀이

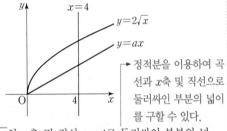

> 정적분을 이용하여 곡선과 x축 및 직선으로 둘러싸인 부분의 넓이를 구할 수 있다.

곡선 $y=2\sqrt{x}$와 x축 및 직선 $x=4$로 둘러싸인 부분의 넓이는

$$\int_0^4 2\sqrt{x}\,dx=\left[\frac{4}{3}x\sqrt{x}\right]_0^4=\frac{32}{3} \qquad ◀ \mathbf{❶}$$

직선 $y=ax$와 x축 및 직선 $x=4$로 둘러싸인 부분의 넓이는

$$\int_0^4 ax\,dx=\left[\frac{a}{2}x^2\right]_0^4=8a \qquad ◀ \mathbf{❷}$$

이때 곡선 $y=2\sqrt{x}$와 x축 및 직선 $x=4$로 둘러싸인 부분의 넓이가 직선 $y=ax$에 의하여 이등분되므로

$$8a=\frac{1}{2}\times\frac{32}{3}$$

따라서 $a=\dfrac{2}{3}$ $\qquad ◀ \mathbf{❸}$

답 $\dfrac{2}{3}$

단계	채점 기준	비율
❶	곡선 $y=2\sqrt{x}$와 x축 및 직선 $x=4$로 둘러싸인 부분의 넓이를 구한 경우	40 %
❷	직선 $y=ax$와 x축 및 직선 $x=4$로 둘러싸인 부분의 넓이를 구한 경우	40 %
❸	a의 값을 구한 경우	20 %

01
• 8442-0317 •

$\displaystyle\lim_{n\to\infty}\frac{\pi}{n}\sum_{k=1}^{n}\left(\sin\frac{k\pi}{n}+\cos\frac{k\pi}{n}\right)$의 값을 구하시오.

02
• 8442-0318 •

곡선 $y=xe^x$과 x축 및 두 직선 $x=-1$, $x=1$로 둘러싸인 부분의 넓이를 구하시오.

03
• 8442-0319 •

$0\le x\le\ln 2$에서 곡선 $y=\dfrac{1}{4}(e^{2x}+e^{-2x})$의 길이를 구하시오.

01

• 8442-0320 •

수직선 위를 움직이는 점 P의 시각 t에서의 속도가 $v(t)=p\cos^3 t$이다. 점 P의 시각 $t=\dfrac{\pi}{6}$에서의 가속도가 $-\dfrac{9}{8}$일 때, 시각 $t=0$에서 시각 $t=\dfrac{p}{2}\pi$까지 점 P가 움직인 거리는? (단, p는 상수이다.)

① $\dfrac{1}{3}$　　　② $\dfrac{2}{3}$　　　③ 1　　　④ $\dfrac{4}{3}$　　　⑤ $\dfrac{5}{3}$

02

• 8442-0321 •

오른쪽 그림과 같이 중심이 O, 반지름의 길이가 1, 중심각의 크기가 $\dfrac{\pi}{2}$인 부채꼴 OAB에서 호 AB를 n등분한 각 분점을 차례로 $P_0(=A)$, P_1, P_2, $\cdots$, P_{n-1}, $P_n(=B)$이라 하고, 점 P_k $(1 \le k \le n)$에서 선분 OA에 내린 수선의 발을 Q_k라 하자. 삼각형 P_kOQ_k의 넓이를 $S(k)$라 할 때, $\displaystyle\lim_{n\to\infty}\dfrac{\pi}{n}\sum_{k=1}^{n-1}S(k)$의 값은?

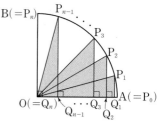

① $\dfrac{1}{4}$　　　② $\dfrac{1}{2}$　　　③ 1

④ 2　　　⑤ 4

03

• 8442-0322 •

실수 전체의 집합에서 미분가능한 함수 $f(x)$가 다음 조건을 만족시킨다.

(가) 모든 실수 x에 대하여 $\displaystyle\int_0^x e^t f(t)\,dt = x^2 + ax + b$ (단, a, b는 상수이다.)

(나) 함수 $f(x)$는 $x=0$에서 극값을 갖는다.

함수 $y=f(x)$의 그래프와 x축 및 직선 $x=1$로 둘러싸인 도형의 넓이는?

① $-\dfrac{4}{e}+e$　　② $-\dfrac{2}{e}+e$　　③ $-\dfrac{1}{e}+e$　　④ $-\dfrac{3}{e}+2e$　　⑤ $-\dfrac{6}{e}+2e$

Level 1

01
• 8442-0323 •

$\int_1^e \left(\dfrac{1}{x}+2x\right)dx$의 값은?

① $e-1$ ② $e+1$ ③ $2e$
④ e^2-1 ⑤ e^2

02
• 8442-0324 •

$\int_0^{\ln 6} e^{2x}\,dx$의 값은?

① $\dfrac{31}{2}$ ② $\dfrac{33}{2}$ ③ $\dfrac{35}{2}$
④ $\dfrac{37}{2}$ ⑤ $\dfrac{39}{2}$

03
• 8442-0325 •

$\int_0^{\frac{\pi}{2}} (2\sin x+1)\cos x\,dx$의 값은?

① $\dfrac{1}{2}$ ② 1 ③ $\dfrac{3}{2}$
④ 2 ⑤ $\dfrac{5}{2}$

04
• 8442-0326 •

연속함수 $f(x)$가 모든 실수 x에 대하여

$$\int_0^x f(t)\,dt=\cos 2x+ax+a$$

를 만족시킬 때, $f\left(\dfrac{\pi}{4}\right)$의 값은? (단, a는 상수이다.)

① -3 ② -2 ③ -1
④ 0 ⑤ 1

05
• 8442-0327 •

곡선 $y=\ln x$와 x축 및 직선 $x=e^2$으로 둘러싸인 부분의 넓이는?

① e^2+1 ② e^2+2 ③ $2e^2$
④ $2e^2+1$ ⑤ $2e^2+2$

06
• 8442-0328 •

높이가 4인 용기를 용기의 밑면에서부터 높이가 x인 지점에서 밑면에 평행하게 자를 때 생기는 단면은 반지름의 길이가 $x\sqrt{x}+1$인 원이다. 이 용기의 부피를 구하시오.

Level 2

07

● 8442-0329 ●

$\lim\limits_{n \to \infty} \dfrac{\pi}{4n} \sum\limits_{k=1}^{n} \left\{ 1 + \tan^2\left(\dfrac{\pi k}{4n}\right) \right\} \sec^2\left(\dfrac{\pi k}{4n}\right) = \dfrac{q}{p}$ 이다.

$10p + q$의 값을 구하시오.

(단, p와 q는 서로소인 자연수이다.)

08

● 8442-0330 ●

함수 $f(x) = x^2 \ln x$에 대하여

$$\lim\limits_{x \to e} \dfrac{1}{x - e} \int_{e}^{x} f'(t) f(t) \, dt$$

의 값은?

① e^3 ② $2e^3$ ③ $3e^3$
④ $4e^3$ ⑤ $5e^3$

09

● 8442-0331 ●

실수 전체의 집합에서 미분가능한 함수 $f(x)$가 모든 실수 x에 대하여

$$xf(x) - e^{x^2} = -1 + \int_{0}^{x} f(t) \, dt$$

를 만족시킬 때, $\displaystyle\int_{\sqrt{\ln 3}}^{\sqrt{\ln 6}} xf'(x) \, dx$의 값은?

① 3 ② 4 ③ 5
④ 6 ⑤ 7

10

● 8442-0332 ●

곡선 $y = \dfrac{2}{x}$와 직선 $y = -x + 3$으로 둘러싸인 부분의 넓이는?

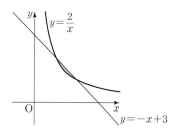

① $\dfrac{3}{2} - 2\ln 2$ ② $2 - 2\ln 2$ ③ $\dfrac{5}{2} - 2\ln 2$

④ $3 - \ln 2$ ⑤ $\dfrac{7}{2} - \ln 2$

11

• 8442-0333 •

다음 그림은 원점을 출발하여 수직선 위를 움직이는 점 P의 시각 t ($0 \le t \le e$)에서의 속도 $v(t)$를 나타내는 그래프이다.

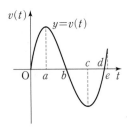

함수 $y = v(t)$가 열린구간 $(0, e)$에서 미분가능하고 $\int_0^d v(t)\,dt = 0$일 때, 〈보기〉에서 옳은 것만을 있는 대로 고른 것은?

(단, $0 < a < b < c < d < e$이고, $v(b) = v(d) = 0$이다.)

┤ 보기 ├

ㄱ. 점 P는 출발한 후 시각 $t = e$일 때까지 운동 방향을 2번 바꾼다.

ㄴ. 점 P는 출발한 후 원점을 다시 지난다.

ㄷ. 점 P의 가속도가 0이 되는 순간이 2번 있다.

① ㄱ   ② ㄴ   ③ ㄱ, ㄴ
④ ㄴ, ㄷ   ⑤ ㄱ, ㄴ, ㄷ

12

• 8442-0334 •

$0 \le x \le 2$에서 곡선 $y = \dfrac{1}{3}(x^2 + 2)^{\frac{3}{2}}$의 길이는?

① 2   ② $\dfrac{8}{3}$ ③ $\dfrac{10}{3}$

④ 4   ⑤ $\dfrac{14}{3}$

Level 3

13

• 8442-0335 •

$x > 0$에서 정의된 미분가능한 함수 $f(x)$에 대하여 $f(x)$의 한 부정적분 $F(x)$가

$$F(x) = xf(x) - x^2 \cos x, \quad f\left(\frac{\pi}{2}\right) = 1$$

을 만족시킬 때, $f(\pi)$의 값은?

① $-\pi$ ② -1 ③ 1
④ 2   ⑤ π

14

• 8442-0336 •

곡선 $y = \ln(x+1)$과 두 직선 $x = 0$, $y = a$로 둘러싸인 부분의 넓이를 S_1, 곡선 $y = \ln(x+1)$과 두 직선 $x = e^2 - 1$, $y = a$로 둘러싸인 부분의 넓이를 S_2라 하자. $S_1 = S_2$일 때, 상수 a의 값은? (단, $0 < a < 2$)

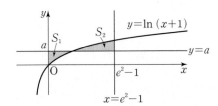

① $\dfrac{e^2 - 4}{e^2 - 1}$ ② $\dfrac{e^2 - 2}{e^2 - 1}$ ③ $\dfrac{e^2 + 1}{e^2 - 1}$

④ $\dfrac{e^2 + 2}{e^2 - 1}$ ⑤ $\dfrac{e^2 + 4}{e^2 - 1}$

15

● 8442-0337 ●

함수 $f(x)=\displaystyle\int_{2}^{x}(t-a)e^{t}\,dt$

에 대하여 곡선 $y=f(x)$의 변곡점은 점 $(0,\ f(0))$일 때,

$\displaystyle\int_{a}^{e}f(\ln x)\,dx$의 값은? (단, a는 상수이다.)

① $\dfrac{1-3e^{2}}{4}$　　② $\dfrac{2-3e^{2}}{4}$　　③ $\dfrac{3-3e^{2}}{4}$

④ $\dfrac{4-3e^{2}}{4}$　　⑤ $\dfrac{5-3e^{2}}{4}$

16

● 8442-0338 ●

최고차항의 계수가 1인 이차함수 $f(x)$와 구간 $(0,\ \infty)$에서 정의된 미분가능한 함수 $g(x)$가 다음 조건을 만족시킨다.

(가) $f(x)g(x)=e^{x}-1+\displaystyle\int_{0}^{x}(1+te^{t})\,dt$

(나) $\displaystyle\lim_{x\to 0+}g(x)=2$

(다) $x>0$일 때, $f(x)>0$, $g(x)>0$

$\displaystyle\int_{1}^{2}\left\{\dfrac{f(x)}{x+1}+(x+1)g(x)\right\}dx$의 값은?

① $e^{2}-e+\dfrac{1}{2}$　　② $e^{2}-e+1$　　③ $e^{2}-e+\dfrac{3}{2}$

④ $e^{2}-e+2$　　⑤ $e^{2}-e+\dfrac{5}{2}$

서술형 문제

17

● 8442-0339 ●

두 곡선 $y=\sqrt{2x}$, $y=\sqrt{-x+6}$ 및 x축으로 둘러싸인 부분의 넓이를 구하시오.

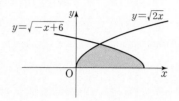

18

● 8442-0340 ●

미분가능한 두 함수 $f(x)$, $g(x)$에 대하여

$$f(x)=\dfrac{1}{(1+e^{2x})^{2}},\ g'(x)=e^{2x}$$

이고 $g(0)=\dfrac{1}{2}$일 때, $\displaystyle\int_{0}^{\ln 2}f(x)g(x)\,dx$의 값을 구하시오.

MEMO

올림포스 미적분

수행평가

01 수열의 극한　3쪽

01 $\dfrac{2}{3}$　　**02** 4

03 6　　**04** 80

05 12　　**06** 28

02 급수　5쪽

01 $\dfrac{8}{3}$　　**02** $\dfrac{1}{4}$

03 $\dfrac{1}{2}$　　**04** $\dfrac{4}{3}$

05 $\dfrac{27}{8}$　　**06** $\dfrac{27}{16}$

03 여러 가지 함수의 미분　7쪽

01 $\dfrac{2}{3}$　　**02** 16

03 $\dfrac{1}{2}$　　**04** 7

05 10　　**06** $\dfrac{1}{3}$

04 여러 가지 미분법　9쪽

01 $\dfrac{3}{2e}$　　**02** 4

03 2　　**04** -3

05 $\dfrac{1}{4}$　　**06** 6

05 도함수의 활용　11쪽

01 극솟값 $-\dfrac{1}{e}$　　**02** $\left(-2,\ -\dfrac{2}{e^2}\right)$

03

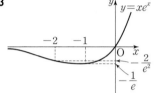

04 $-\dfrac{1}{e}<k<0$　　**05** $y=-x+\pi$

06 최댓값: 1, 최솟값: -1

07 e

06 여러 가지 적분법　13쪽

01 (1) 2　(2) $\dfrac{\sqrt{3}}{4}$　　**02** (1) 4　(2) $\dfrac{2}{\ln 2}$

03 $\dfrac{1}{3}$　　**04** 8

05 1　　**06** $\dfrac{e^2+1}{4}$

07 $\dfrac{1}{2}\ln\dfrac{5}{2}$　　**08** π

07 정적분의 활용　15쪽

01 $f(x)=e^{x-1}-1$　　**02** $\dfrac{1}{e}$

03 $\dfrac{4\sqrt{2}}{3}$　　**04** $2(e^2+1)$

05 $\sqrt{3}-\dfrac{\pi}{3}$　　**06** $\dfrac{e}{2}-1$

07 $\sqrt{3}$

단원명	01. 수열의 극한	수열의 극한값의 계산

1 $\lim\limits_{n\to\infty}\dfrac{2n^2+3}{3n^2+1}$ 의 값을 구하시오. [15점]

2 $\lim\limits_{n\to\infty}(\sqrt{n^2+8n}-n)$ 의 값을 구하시오. [15점]

3 $\lim\limits_{n\to\infty}\dfrac{3\times 2^{2n+1}+1}{4^n}$ 의 값을 구하시오. [15점]

4 두 상수 a, b에 대하여

$$\lim_{n\to\infty}\frac{(n+1)(an+b)}{2n+1}=4$$

일 때, $a+10b$의 값을 구하시오. [15점]

5 두 양수 a, b에 대하여

$$\lim_{n\to\infty}(\sqrt{an^2+2n}-bn)=\frac{1}{3}$$

일 때, $a+b$의 값을 구하시오. [20점]

6 $\lim\limits_{n\to\infty}\dfrac{12^{n+1}-10^n}{a\times 12^n+10^n}$ 의 값이 자연수가 되도록 하는 모든 정수 a의 값의 합을 구하시오. [20점]

수열의 극한값의 계산

1. 두 수열 $\{a_n\}$, $\{b_n\}$의 일반항이 각각

$$a_n = pn^2 + qn + r, \ b_n = sn^2 + tn + u \ (p, q, r, s, t, u\text{는 실수이고, } qr \neq 0, tu \neq 0)$$

일 때, 수열 $\left\{\dfrac{b_n}{a_n}\right\}$의 극한은 다음과 같다.

(1) $p=0$, $s \neq 0$일 때,

$s > 0$이면 양의 무한대로 발산한다.

$s < 0$이면 음의 무한대로 발산한다.

(2) $p \neq 0$, $s=0$일 때, 0으로 수렴한다.

(3) $p \neq 0$, $s \neq 0$일 때, $\dfrac{s}{p}$로 수렴한다.

2. 수열 $\{a_n\}$의 일반항이 $a_n = r^n$일 때, 수열 $\{a_n\}$의 극한은 다음과 같다.

(1) $r > 1$일 때, 양의 무한대로 발산한다.

(2) $r = 1$일 때, 1로 수렴한다.

(3) $-1 < r < 1$일 때, 0으로 수렴한다.

(4) $r \leq -1$일 때, 발산(진동)한다.

평 가 요 소

▶ 과제를 작성하여 제출할 수 있다.

▶ $\dfrac{\infty}{\infty}$ 꼴의 극한값을 구할 수 있다.

▶ $\infty - \infty$ 꼴의 극한값을 구할 수 있다.

▶ 등비수열의 극한값을 구할 수 있다.

| 단원명 | 02. 급수 | 급수의 합 |

1 $\sum\limits_{n=1}^{\infty} \dfrac{16}{4n^2+8n+3}$ 의 값을 구하시오. [15점]

2 수열 $\{a_n\}$의 첫째항부터 제n항까지의 합 S_n이 $S_n=n^2+n$일 때, $\sum\limits_{n=1}^{\infty} \dfrac{1}{a_n a_{n+1}}$의 값을 구하시오.

[15점]

3 모든 항이 양수인 수열 $\{a_n\}$에 대하여 이차함수 $f(x)=a_n x^2+2a_n x+1$의 최솟값이 $2-4n^2$일 때, $\sum\limits_{n=1}^{\infty} \dfrac{1}{a_n}$의 값을 구하시오. [15점]

4 $\sum\limits_{n=1}^{\infty} \dfrac{2^n-(-2)^n}{4^n}$ 의 값을 구하시오. [15점]

5 등비수열 $\{a_n\}$에 대하여 $a_1=3$, $a_2=1$일 때, $\sum\limits_{n=1}^{\infty} a_n a_{n+1}$의 값을 구하시오. [20점]

6 등비수열 $\{a_n\}$에 대하여 $a_1=\dfrac{1}{2}$이고 $\sum\limits_{n=1}^{\infty} \dfrac{1}{a_n}=6$ 일 때, a_4의 값을 구하시오. [20점]

급수와 수렴, 발산

1. 수열 $\{a_n\}$에 대하여 급수 $\sum\limits_{n=1}^{\infty} a_n$의 수렴, 발산은 다음과 같이 판단한다.

급수 $\sum\limits_{n=1}^{\infty} a_n$의 부분합 $S_n = \sum\limits_{k=1}^{n} a_k$에 대하여

(1) 수열 $\{S_n\}$이 S로 수렴, 즉 $\lim\limits_{n \to \infty} S_n = S$이면 급수 $\sum\limits_{n=1}^{\infty} a_n$은 S로 수렴한다.

(2) 수열 $\{S_n\}$이 발산하면 급수 $\sum\limits_{n=1}^{\infty} a_n$은 발산한다.

2. 등비급수 $\sum\limits_{n=1}^{\infty} ar^{n-1} (a \neq 0)$의 수렴과 발산

(1) $-1 < r < 1$일 때, $\sum\limits_{n=1}^{\infty} ar^{n-1}$은 $\dfrac{a}{1-r}$로 수렴한다.

(2) $r \leq -1$ 또는 $r \geq 1$일 때, $\sum\limits_{n=1}^{\infty} ar^{n-1}$은 발산한다.

평 가 요 소

▶ 과제를 작성하여 제출할 수 있다.

▶ 수렴하는 급수의 합을 구할 수 있다.

▶ 등비급수의 수렴, 발산을 판단하고, 수렴하는 등비급수의 합을 구할 수 있다.

1 $\lim\limits_{x \to 0} \dfrac{e^{2x}-1}{e^{3x}-1}$의 값을 구하시오. [15점]

2 $\lim\limits_{x \to 0}(1+ax)^{\frac{b}{x}}=e^{24}$을 만족시키는 두 정수 a, b의 순서쌍 (a, b)의 개수를 구하시오. [15점]

3 함수 $f(x)=\begin{cases} \dfrac{2^x-1}{2\sin(x-a)} & (x \neq a) \\ b\ln 2 & (x=a) \end{cases}$ 가 $x=a$에서 연속일 때, 두 상수 a, b에 대하여 $a+b$의 값을 구하시오. [15점]

4 함수 $f(x)=x^2\ln x+3x^2+1$에 대하여 $f'(1)$의 값을 구하시오. [15점]

5 함수 $f(x)=3x+1+(e^x+1)\sin x$에 대하여 $\lim\limits_{h \to 0} \dfrac{f(2h)-1}{h}$의 값을 구하시오. [20점]

6 함수 $f(x)=\sin x-2\cos x$에 대하여 $\lim\limits_{x \to 0} \dfrac{f(x)+2}{x^2+3x}$의 값을 구하시오. [20점]

무리수 e의 정의와 지수함수, 로그함수, 삼각함수의 극한

1. $\displaystyle\lim_{x \to 0}(1+x)^{\frac{1}{x}}=e$

2. $\displaystyle\lim_{x \to \infty}\left(1+\frac{1}{x}\right)^{x}=e$

3. $\displaystyle\lim_{x \to 0}\frac{\ln(1+x)}{x}=1$

4. $\displaystyle\lim_{x \to 0}\frac{e^{x}-1}{x}=1$

5. $\displaystyle\lim_{x \to 0}\frac{\sin x}{x}=1$

6. $\displaystyle\lim_{x \to 0}\frac{\tan x}{x}=1$

지수함수, 로그함수, 삼각함수의 도함수

1. $(e^{x})'=e^{x}$

2. $(a^{x})'=a^{x}\ln a$

3. $(\ln x)'=\dfrac{1}{x}$

4. $(\log_{a} x)'=\dfrac{1}{x \ln a}$

5. $(\sin x)'=\cos x$

6. $(\cos x)'=-\sin x$

평 가 요 소

▶ 과제를 작성하여 제출할 수 있다.

▶ 무리수 e의 정의를 이용하여 극한값을 구할 수 있다.

▶ 지수함수, 로그함수, 삼각함수의 극한값을 구할 수 있다.

▶ 지수함수, 로그함수, 삼각함수의 도함수를 구할 수 있다.

1 함수 $f(x)=\dfrac{e^{2x+1}}{x^2+1}$에 대하여 $f'(-1)$의 값을 구하시오. [15점]

2 함수 $f(x)=(2x+1)^{\frac{1}{2}}$에 대하여
$$\lim_{h\to 0}\frac{f(a+h)-f(a)}{h}=\frac{1}{3}$$
을 만족시키는 상수 a의 값을 구하시오. [15점]

3 매개변수 θ로 나타내어진 함수
$$\begin{cases} x=3\sin\theta+\sqrt{3} \\ y=6\cos\theta-1 \end{cases}$$
에 대하여 $\theta=-\dfrac{\pi}{4}$일 때, $\dfrac{dy}{dx}$의 값을 구하시오.
[15점]

4 곡선 $2x^3+x^2y=4$ 위의 점 $(2,\,-3)$에서의 접선의 기울기를 구하시오. [15점]

5 함수 $f(x)=x^3+x+1$에 대하여 $f(x)$의 역함수를 $g(x)$라 할 때, $g'(3)$의 값을 구하시오. [20점]

6 함수 $f(x)=\left(\ln\dfrac{1}{ex}\right)^3$에 대하여
$$\lim_{h\to 0}\frac{f'(1-2h)+3}{h}$$의 값을 구하시오. [20점]

몫의 미분법

두 함수 $f(x)$, $g(x)$가 미분가능하고, $g(x) \neq 0$일 때,

$$\left\{\frac{f(x)}{g(x)}\right\}' = \frac{f'(x)g(x) - f(x)g'(x)}{\{g(x)\}^2}$$

매개변수로 나타낸 함수의 미분법

두 함수 $x = f(t)$, $y = g(t)$가 미분가능하고, $f'(t) \neq 0$일 때,

$$\frac{dy}{dx} = \frac{\dfrac{dy}{dt}}{\dfrac{dx}{dt}} = \frac{g'(t)}{f'(t)}$$

역함수의 미분법

미분가능한 함수 $f(x)$의 역함수 $g(x)$가 미분가능할 때,

$$g'(x) = \frac{1}{f'(g(x))} \text{(단, } f'(g(x) \neq 0)$$

이계도함수

함수 $f(x)$의 도함수 $f'(x)$가 미분가능할 때

$$f''(x) = \lim_{h \to 0} \frac{f'(x+h) - f'(x)}{h}$$

평 가 요 소

▶ 과제를 작성하여 제출할 수 있다.

▶ 몫의 미분법을 이용하여 도함수를 구할 수 있다.

▶ 합성함수의 미분법을 이용하여 도함수를 구할 수 있다.

▶ 매개변수로 표현된 함수의 도함수를 구할 수 있다.

▶ 역함수의 미분법을 이용하여 도함수를 구할 수 있다.

▶ 함수의 이계도함수를 구할 수 있다.

제출 날짜:　　월　　일

학년　　반　　번　이름:

[1~4] 함수 $f(x)=xe^x$에 대하여 다음 물음에 답하시오.

1 함수 $y=f(x)$의 극값을 구하시오. [10점]

2 함수 $y=f(x)$의 변곡점을 구하시오. [10점]

3 함수 $y=f(x)$의 그래프의 개형을 그리시오.
[15점]

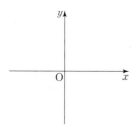

4 방정식 $f(x)=k$가 서로 다른 두 실근을 갖도록 하는 실수 k의 값의 범위를 구하시오. [15점]

5 $0<x<2\pi$에서 정의된 곡선 $y=\sin x$ 위의 변곡점에서의 접선의 방정식을 구하시오. [15점]

6 함수 $y=\dfrac{2x}{x^2+1}$의 최댓값과 최솟값을 구하시오.
[15점]

7 $x>0$일 때, 부등식
$$-x+a\ln(x+1)\leq 1$$
이 성립하도록 하는 실수 a의 최댓값을 구하시오.
[20점]

곡선 위의 점에서의 접선의 방정식

함수 $f(x)$가 $x=a$에서 미분가능할 때, 곡선 $y=f(x)$ 위의 점 $P(a, f(a))$에서의 접선의 방정식은

$$y-f(a)=f'(a)(x-a)$$

극대와 극소의 판정

미분가능한 함수 $f(x)$에 대하여 $f'(a)=0$이고 $x=a$의 좌우에서

(1) $f'(x)$의 부호가 양에서 음으로 바뀌면 함수 $f(x)$는 $x=a$에서 극대이고, 극댓값은 $f(a)$이다.

(2) $f'(x)$의 부호가 음에서 양으로 바뀌면 함수 $f(x)$는 $x=a$에서 극소이고, 극솟값은 $f(a)$이다.

변곡점의 판정

이계도함수를 가지는 함수 $f(x)$에 대하여 $f''(a)=0$이고 $x=a$의 좌우에서 $f''(x)$의 부호가 바뀌면 점 $(a, f(a))$는 곡선 $y=f(x)$의 변곡점이다.

방정식 $f(x)=0$의 서로 다른 실근의 개수

방정식 $f(x)=0$의 실근은 함수 $y=f(x)$의 그래프와 x축이 만나는 점의 x좌표이므로 방정식 $f(x)=0$의 서로 다른 실근의 개수는 함수 $y=f(x)$의 그래프와 x축의 교점의 개수와 같다.

평 가 요 소

▶ 과제를 작성하여 제출할 수 있다.

▶ 함수의 극값과 변곡점을 구할 수 있다.

▶ 함수의 그래프의 개형을 그릴 수 있다.

▶ 함수의 최댓값과 최솟값을 구할 수 있다.

▶ 함수의 극대, 극소 및 그래프를 활용하여 방정식과 부등식에 대한 문제를 해결할 수 있다.

제출 날짜:　　월　　일

학년　　반　　번　이름:

1 다음 정적분의 값을 구하시오. [10점]

(1) $\int_0^\pi \sin x \, dx$

(2) $\int_0^{\frac{\pi}{6}} \cos 2x \, dx$

2 다음 정적분의 값을 구하시오. [10점]

(1) $\int_0^{\ln 5} e^x \, dx$

(2) $\int_1^2 2^x \, dx$

3 $\int_0^{\frac{\pi}{2}} \cos x \sin^2 x \, dx$의 값을 구하시오. [10점]

4 $\int_1^{e^4} \frac{\ln x}{x} \, dx$의 값을 구하시오. [10점]

5 $\int_1^e \ln x \, dx$의 값을 구하시오. [15점]

6 $\int_0^1 x e^{2x} \, dx$의 값을 구하시오. [15점]

7 곡선 $y=f(x)$ 위의 점 (x, y)에서의 접선의 기울기가 $\dfrac{e^{2x}}{e^{2x}+1}$일 때, $\int_0^{\ln 2} f'(x) \, dx$의 값을 구하시오. [15점]

8 함수 $f(x)$에 대하여 $f'(x)=x \sin x$이고 $f(0)=0$일 때, $f(\pi)$의 값을 구하시오. [15점]

지수함수의 적분법

(1) $\int e^x dx = e^x + C$ (단, C는 적분상수)

(2) $\int a^x dx = \dfrac{a^x}{\ln a} + C$ (단, $a > 0$, $a \neq 1$, C는 적분상수)

삼각함수의 적분법

(1) $\int \sin x\, dx = -\cos x + C$ (단, C는 적분상수)

(2) $\int \cos x\, dx = \sin x + C$ (단, C는 적분상수)

(3) $\int \sec^2 x\, dx = \tan x + C$ (단, C는 적분상수)

치환적분법

미분가능한 함수 $g(x)$에 대하여 $g(x) = t$로 놓으면

$$\int f(g(x))g'(x)dx = \int f(t)dt$$

부분적분법

두 함수 $f(x)$, $g(x)$가 미분가능할 때,

$$\int f(x)g'(x)dx = f(x)g(x) - \int f'(x)g(x)dx$$

평 가 요 소

▶ 과제를 작성하여 제출할 수 있다.

▶ 삼각함수의 정적분을 구할 수 있다.

▶ 지수함수의 정적분을 구할 수 있다.

▶ 치환적분법을 이용하여 정적분을 구할 수 있다.

▶ 부분적분법을 이용하여 정적분을 구할 수 있다.

단원명	07. 정적분의 활용	넓이와 정적분

[1~2] 함수 $f(x)$에 대하여 $f'(x)=e^{x-1}$이고, $f(1)=0$일 때, 다음 물음에 답하시오.

1 함수 $f(x)$를 구하시오. [10점]

2 곡선 $y=f(x)$와 x축으로 둘러싸인 부분의 넓이를 구하시오. [10점]

3 곡선 $y=\sqrt{x+2}$와 x축 및 y축으로 둘러싸인 부분의 넓이를 구하시오. [10점]

4 두 곡선 $y=\ln x$, $y=3\ln x$ 및 직선 $x=e^2$으로 둘러싸인 부분의 넓이를 구하시오. [15점]

5 $0\le x\le\pi$에서 곡선 $y=\sin x$와 직선 $y=\dfrac{1}{2}$로 둘러싸인 부분의 넓이를 구하시오. [15점]

6 곡선 $y=e^x$과 이 곡선 위의 점 $(1,\ e)$에서의 접선 및 y축으로 둘러싸인 부분의 넓이를 구하시오. [20점]

7 곡선 $y=\dfrac{1}{x}$과 x축 및 두 직선 $x=1$, $x=3$으로 둘러싸인 부분의 넓이가 직선 $x=k$에 의하여 이등분되도록 하는 상수 k의 값을 구하시오.

(단, $1<k<3$) [20점]

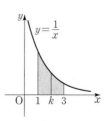

곡선과 x축 사이의 넓이

함수 $y=f(x)$가 닫힌구간 $[a, b]$에서 연속일 때, 곡선 $y=f(x)$와 x축 및 두 직선 $x=a$, $x=b$로 둘러싸인 부분의 넓이 S는

$$S=\int_a^b |f(x)|\,dx$$

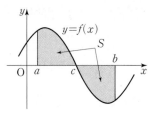

두 곡선으로 둘러싸인 부분의 넓이

두 함수 $y=f(x)$, $y=g(x)$가 닫힌구간 $[a, b]$에서 연속일 때, 두 곡선 $y=f(x)$, $y=g(x)$ 및 두 직선 $x=a$, $y=b$로 둘러싸인 부분의 넓이 S는

$$S=\int_a^b |f(x)-g(x)|\,dx$$

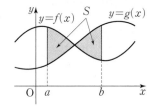

평 가 요 소

▶ 과제를 작성하여 제출할 수 있다.

▶ 곡선과 x축으로 둘러싸인 부분의 넓이를 구할 수 있다.

▶ 두 곡선으로 둘러싸인 부분의 넓이를 구할 수 있다.

▶ 넓이가 서로 같을 조건을 이용하여 상수의 값을 구할 수 있다.

국어 • 수학 추천 교재

수학의 기본을 다지는 주제별 기초 단기특강

50일 수학

주제별 수학 개념 정리, 모르는 개념과 공식만 찾아서 집중 연습
수포자 탈출을 위한 단기 기본 개념 정리,

▎초중고 수학의 맥을 잡는 50일 개념 단기 특강+취약점 긴급 보완
- 영역별로 초등부터 고1 수학까지 개념을 중심으로 연결하여 단계적으로 구성
- 문항은 기초를 다지기 위하여 개념을 적용한 문제부터 단계적으로 구성

정확한 진단 꼭 맞는 처방! 수학 포기는 NO! 자신감 UP!!

올림포스 닥터링

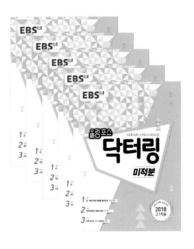

▎'초·중·고' 연결된 수학 개념을 기초부터 단계적으로 설명
- 수포자도 누구나 수학을 다시 시작할 수 있게 하는 교재
- 수학 교과서의 기본 내용 이해에 어려움이 있는 학생 대상
- 개념 설명과 문제 풀이 과정을 초·중학과 연결하여 설명

국어 초보자를 위한 '수능+내신 대비 독해 연습서'

국공따 국어 공부 따로 하지 마라

▎독서 경험 없는 요즘 고등학생을 위한 초보 독해 연습에 최적화
- 120쪽의 얇은 분량, 6권으로 구성된 시리즈
- 각 주제별 독해 연습을 '운문문학·산문문학·비문학(독서)' 갈래별로 반복

지문의 주제와 문항의 출제 유형 연습을 위해 1~6권을 주제별로 구성

| ✓ 표현 방법 알기 | ✓ 화자, 인물 등
✓ 세부 정보 파악하기 | ✓ 시어,
✓ 서사적 장치
✓ 특정 정보 파악하기 | ✓ 시상 전개
✓ 서사 구조
✓ 추론 이해하기 | ✓ 종합적
  이해하기 | ✓ 묶어서
  이해하기 |

고등학교 0학년 필수 교재
지금, 내 등급은?

통합(국어 · 영어 · 수학) 1권

3월 학평 + 반배치 모의고사,
고등학교 첫 시험, 내 등급 확인,
시험 준비, 학습 전략까지!

고등학교 0학년 필수 교재
고등예비과정

국어, 영어, 수학, 과학, 사회 5권

모든 교과서를 한 권으로 단숨에!!
교육과정 공통 필수 내용을 빠르고 쉽게!!

국어 · 영어 · 수학 내신 + 수능 대표 교재
올림포스

국어, 영어, 수학 13권

EBS 대표 내신서, 2015 교육과정에 맞췄다!
학교 수업에 더욱 딱 맞췄다!

EBS 사회 · 과학 내신 + 수능 대표 교재
개념완성

사회, 과학 17권

EBS 대표 내신서, 보면 이해 되는 개념 컷과
수행평가 학습자료까지 추가!

영역별 기본서 〈국어〉
국어 지문 유형별 독해 기본서,
문법 기본서

국어 독해의 원리

5권 : 현대시, 현대소설, 고전시가, 고전소설, 독서

국어 문법의 원리

2권 : 수능문법, 수능문법 240제 2권

영역벽 기본서 〈영어〉
Reading POWER
Grammar POWER
Listening POWER
VOCA POWER

내신+수능 대비, 기본부터 유형까지
어떤 시험도 가능한 수준별·영역별 영어 기본서

진짜 상위권으로 도약을 위한 필수 준비
올림포스 고난도

고난도 유형 집중 연습

수학, 수학Ⅰ, 수학Ⅱ, 미적분, 확률과 통계 5권

내신 기출 우수문항 + 상위 7% 고득점 문항 +
상위 4% 변별력 문항 구성

수학에는 왕도가 없다.
그.러.나. 수학책에는 왕도가 있다.
수학의 왕도

**수학(상), 수학(하), 수학Ⅰ, 수학Ⅱ, 미적분,
확률과 통계 6권**

한눈에 쏙! 개념의 시각화!
기초에서 고득점까지 계단식 구성!

수학의 기초가 부족한 학생을 위한
올림포스 닥터링

수학 포기는 NO!! 자신감 UP!!

수학, 수학Ⅰ, 수학Ⅱ, 미적분, 확률과 통계 5권

초 · 중학 연결 개념으로
수학을 포기한 학생도 다시 시작

"학교 시험 대비 특별 부록"으로
서술형 · 수행평가까지!
내신의 모든 것 완벽 대비!!

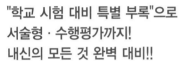

올림포스

미적분

정답과 풀이

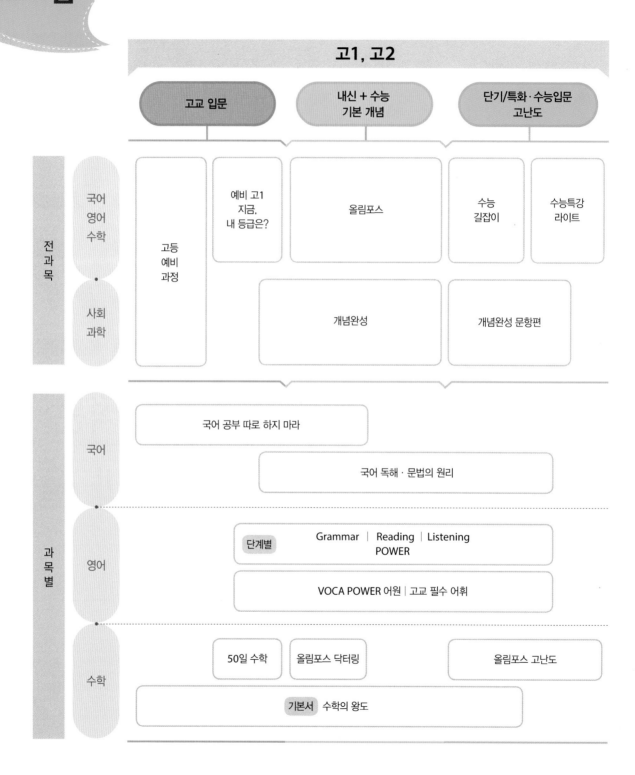

전과목 로드맵

2015 개정 교육과정
새 교과서 반영

고1, 고2

고교 입문	내신 + 수능 기본 개념	단기/특화·수능입문 고난도

전과목 (국어 영어 수학 · 사회 과학)

고등 예비 과정	예비 고1 지금, 내 등급은?	올림포스	수능 길잡이	수능특강 라이트
		개념완성	개념완성 문항편	

과목별

국어

- 국어 공부 따로 하지 마라
- 국어 독해 · 문법의 원리

영어

- 단계별 | Grammar | Reading | Listening POWER
- VOCA POWER 어원 | 고교 필수 어휘

수학

- 50일 수학
- 올림포스 닥터링
- 올림포스 고난도
- 기본서 수학의 왕도

올 림 포 스 미적분

정답과 풀이

01 수열의 극한

기본 유형 익히기　　유제　　본문 8~11쪽

1. ⑤　　**2.** 3　　**3.** 6　　**4.** 8　　**5.** 1
6. 8　　**7.** ①

1. ① $\dfrac{a_n}{b_n}=\dfrac{2n}{3n}=\dfrac{2}{3}$

수열 $\left\{\dfrac{a_n}{b_n}\right\}$은 모든 항이 $\dfrac{2}{3}$이므로 수열 $\left\{\dfrac{a_n}{b_n}\right\}$은 $\dfrac{2}{3}$로 수렴

한다.

② $\dfrac{b_n}{a_n}=\dfrac{3n}{2n}=\dfrac{3}{2}$

수열 $\left\{\dfrac{b_n}{a_n}\right\}$은 모든 항이 $\dfrac{3}{2}$이므로 수열 $\left\{\dfrac{b_n}{a_n}\right\}$은 $\dfrac{3}{2}$으로 수

렴한다.

③ $\dfrac{1}{a_n b_n}=\dfrac{1}{2n\times 3n}=\dfrac{1}{6n^2}$

수열 $\left\{\dfrac{1}{a_n b_n}\right\}$은 $\dfrac{1}{6\times 1^2},\ \dfrac{1}{6\times 2^2},\ \dfrac{1}{6\times 3^2},\ \cdots$이므로 수열

$\left\{\dfrac{1}{a_n b_n}\right\}$은 0으로 수렴한다.

④ $\dfrac{a_n-b_n}{a_n b_n}=\dfrac{2n-3n}{2n\times 3n}=-\dfrac{1}{6n}$

수열 $\left\{\dfrac{a_n-b_n}{a_n b_n}\right\}$은 $-\dfrac{1}{6\times 1},\ -\dfrac{1}{6\times 2},\ -\dfrac{1}{6\times 3},\ \cdots$이므로

수열 $\left\{\dfrac{a_n-b_n}{a_n b_n}\right\}$은 0으로 수렴한다.

⑤ $\dfrac{a_n b_n}{a_n+b_n}=\dfrac{2n\times 3n}{2n+3n}=\dfrac{6}{5}n$

수열 $\left\{\dfrac{a_n b_n}{a_n+b_n}\right\}$은 $\dfrac{6}{5}\times 1,\ \dfrac{6}{5}\times 2,\ \dfrac{6}{5}\times 3,\ \cdots$이므로 수열

$\left\{\dfrac{a_n b_n}{a_n+b_n}\right\}$은 양의 무한대로 발산한다.

답 ⑤

2. 두 수열 $\{a_n\}$, $\{b_n\}$이 수렴하므로
$\lim\limits_{n\to\infty} a_n=\alpha$, $\lim\limits_{n\to\infty} b_n=\beta$ (α, β는 실수)라 하자.
$$\lim_{n\to\infty}(a_n+b_n)=\lim_{n\to\infty}a_n+\lim_{n\to\infty}b_n$$
$$=\alpha+\beta=2 \qquad\cdots\cdots\ \bigcirc$$

$$\lim_{n\to\infty}(3a_n+b_n)=3\lim_{n\to\infty}a_n+\lim_{n\to\infty}b_n$$
$$=3\alpha+\beta=0 \qquad\cdots\cdots\ \bigcirc$$
$\bigcirc-\bigcirc$에서 $-2\alpha=2$, $\alpha=-1$
$\bigcirc$에서 $\beta=2-\alpha=2-(-1)=3$
따라서
$$\lim_{n\to\infty}\dfrac{b_n}{(a_n)^2}=\dfrac{\lim\limits_{n\to\infty}b_n}{\lim\limits_{n\to\infty}a_n\times\lim\limits_{n\to\infty}a_n}$$
$$=\dfrac{\beta}{\alpha^2}=\dfrac{3}{(-1)^2}=3$$

답 3

3. $(3n+1)^2-(3n-1)^2$
$$=(9n^2+6n+1)-(9n^2-6n+1)$$
$$=12n$$
$$\lim_{n\to\infty}\dfrac{(3n+1)^2-(3n-1)^2}{2n-1}=\lim_{n\to\infty}\dfrac{12n}{2n-1}$$
$$=\lim_{n\to\infty}\dfrac{12}{2-\dfrac{1}{n}}$$
$$=\dfrac{12}{2-0}=6$$

답 6

4. $\lim\limits_{n\to\infty}\dfrac{12}{n-\sqrt{n^2-3n}}$
$$=\lim_{n\to\infty}\dfrac{12(n+\sqrt{n^2-3n})}{(n-\sqrt{n^2-3n})(n+\sqrt{n^2-3n})}$$
$$=\lim_{n\to\infty}\dfrac{12(n+\sqrt{n^2-3n})}{n^2-(n^2-3n)}$$
$$=\lim_{n\to\infty}\dfrac{4(n+\sqrt{n^2-3n})}{n}$$
$$=4\lim_{n\to\infty}\left(1+\sqrt{1-\dfrac{3}{n}}\right)$$
$$=4(1+\sqrt{1-0})$$
$$=4\times 2=8$$

답 8

5. 부등식 $\sqrt{4n-1}<(\sqrt{n+1}+\sqrt{n})a_n<\sqrt{4n+1}$의 각 변을
$\sqrt{n+1}+\sqrt{n}$으로 나누면 $\sqrt{n+1}+\sqrt{n}>0$이므로
$$\dfrac{\sqrt{4n-1}}{\sqrt{n+1}+\sqrt{n}}<a_n<\dfrac{\sqrt{4n+1}}{\sqrt{n+1}+\sqrt{n}}$$이다.

$$\lim_{n \to \infty} \frac{\sqrt{4n-1}}{\sqrt{n+1}+\sqrt{n}} = \lim_{n \to \infty} \frac{\sqrt{4-\dfrac{1}{n}}}{\sqrt{1+\dfrac{1}{n}}+1}$$

$$= \frac{\sqrt{4-0}}{\sqrt{1+0}+1}$$

$$= \frac{2}{1+1} = 1$$

$$\lim_{n \to \infty} \frac{\sqrt{4n+1}}{\sqrt{n+1}+\sqrt{n}} = \lim_{n \to \infty} \frac{\sqrt{4+\dfrac{1}{n}}}{\sqrt{1+\dfrac{1}{n}}+1}$$

$$= \frac{\sqrt{4+0}}{\sqrt{1+0}+1}$$

$$= \frac{2}{1+1} = 1$$

따라서 수열의 극한의 대소 관계에 의하여 $\lim\limits_{n \to \infty} a_n = 1$

답 1

6. $\lim\limits_{n \to \infty} \dfrac{2^{2n+1}}{3^{n-1}+4^{n-1}} = \lim\limits_{n \to \infty} \dfrac{2 \times 4^n}{\dfrac{1}{3} \times 3^n + \dfrac{1}{4} \times 4^n}$

$$= \lim_{n \to \infty} \frac{2}{\dfrac{1}{3} \times \left(\dfrac{3}{4}\right)^n + \dfrac{1}{4}}$$

$$= \frac{2}{\dfrac{1}{3} \times 0 + \dfrac{1}{4}}$$

$$= 8$$

답 8

7. (i) $0 < x < 1$일 때,

$\lim\limits_{n \to \infty} x^n = 0$이므로 $\lim\limits_{n \to \infty} x^{n+1} = \lim\limits_{n \to \infty} x^{n-1} = 0$

$$f(x) = \lim_{n \to \infty} \frac{2x^{n+1}-x}{x^{n-1}+2}$$

$$= \frac{2 \times 0 - x}{0+2}$$

$$= -\frac{x}{2}$$

따라서 $f\left(\dfrac{3}{4}\right) = -\dfrac{1}{2} \times \dfrac{3}{4} = -\dfrac{3}{8}$

(ii) $x > 1$일 때,

$\lim\limits_{n \to \infty} x^n = \infty$이고 $\lim\limits_{n \to \infty} \dfrac{1}{x^n} = 0$이므로 $\lim\limits_{n \to \infty} \dfrac{1}{x^{n-1}} = 0$

$$f(x) = \lim_{n \to \infty} \frac{2x^{n+1}-x}{x^{n-1}+2}$$

$$= \lim_{n \to \infty} \frac{2x - \dfrac{1}{x^{n-1}}}{x^{-1} + \dfrac{2}{x^n}}$$

$$= \frac{2x-0}{\dfrac{1}{x}+0} = 2x^2$$

따라서 $f(6) = 2 \times 6^2 = 72$

(i), (ii)에서 $f\left(\dfrac{3}{4}\right) \times f(6) = -\dfrac{3}{8} \times 72 = -27$

답 ①

본문 12~15쪽

유형 확인

01 ④	**02** ③	**03** ③	**04** ⑤	**05** ①
06 ②	**07** ③	**08** ④	**09** ①	**10** ②
11 ①	**12** ③	**13** ③	**14** ④	**15** 10
16 ④	**17** ④	**18** 8	**19** ③	**20** ①
21 ③	**22** ⑤	**23** ②	**24** ④	

01 ㄱ. $a_n = \dfrac{(-1)^n}{(-1)^{2n}}$에서

$a_1 = \dfrac{(-1)^1}{(-1)^2} = \dfrac{-1}{1} = -1$, $a_2 = \dfrac{(-1)^2}{(-1)^4} = \dfrac{1}{1} = 1$

$a_3 = \dfrac{(-1)^3}{(-1)^6} = \dfrac{-1}{1} = -1$, $a_4 = \dfrac{(-1)^4}{(-1)^8} = \dfrac{1}{1} = 1$

$\vdots$

수열 $\{a_n\}$은 교대로 -1과 1이 되므로 진동(발산)한다.

ㄴ. $a_n = \begin{cases} (-1)^n & (n=1, 3, 5, \cdots) \\ -(-1)^n & (n=2, 4, 6, \cdots) \end{cases}$에서

$a_1 = (-1)^1 = -1$, $a_2 = -(-1)^2 = -1$

$a_3 = (-1)^3 = -1$, $a_4 = -(-1)^4 = -1$

$\vdots$

수열 $\{a_n\}$은 -1로 수렴한다.

ㄷ. $a_n = \begin{cases} -\dfrac{1}{n} & (n=1, 3, 5, \cdots) \\ \dfrac{1}{n} & (n=2, 4, 6, \cdots) \end{cases}$

$a_1 = -\dfrac{1}{1} = -1$, $a_2 = \dfrac{1}{2}$

$a_3 = -\dfrac{1}{3}$, $a_4 = \dfrac{1}{4}$

$a_5 = -\dfrac{1}{5}$, $a_6 = \dfrac{1}{6}$

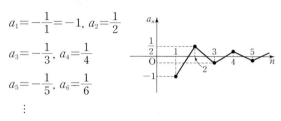

$\vdots$

수열 $\{a_n\}$은 0으로 수렴한다.

따라서 수열 $\{a_n\}$ 중 수렴하는 것은 ㄴ, ㄷ이다.

답 ④

02 ㄱ. $a_n = \dfrac{f(0)}{f(-n)} = \dfrac{1}{1-2n}$이라 하면

$a_1 = -1$, $a_2 = -\dfrac{1}{3}$, $a_3 = -\dfrac{1}{5}$, $a_4 = -\dfrac{1}{7}$, $\cdots$이므로 수열

$\left\{ \dfrac{f(0)}{f(-n)} \right\}$은 0으로 수렴한다.

ㄴ. $a_n = \dfrac{f(n^2)}{f(n)} = \dfrac{2n^2+1}{2n+1}$이라 하면

$a_1 = \dfrac{3}{3} = 1$, $a_2 = \dfrac{9}{5} = 1 + \dfrac{4}{5}$,

$a_3 = \dfrac{19}{7} = 2 + \dfrac{5}{7}$, $a_4 = \dfrac{33}{9} = 3 + \dfrac{2}{3}$, $\cdots$

이므로 수열 $\left\{ \dfrac{f(n^2)}{f(n)} \right\}$은 양의 무한대로 발산한다.

ㄷ. $f(f(n)) = f(2n+1) = 2(2n+1)+1 = 4n+3$

$a_n = \dfrac{f(n)}{f(f(n))} = \dfrac{2n+1}{4n+3}$이라 하면

$a_1 = \dfrac{3}{7} = \dfrac{1}{2} - \dfrac{1}{14}$, $a_2 = \dfrac{5}{11} = \dfrac{1}{2} - \dfrac{1}{22}$,

$a_3 = \dfrac{7}{15} = \dfrac{1}{2} - \dfrac{1}{30}$, $a_4 = \dfrac{9}{19} = \dfrac{1}{2} - \dfrac{1}{38}$, $\cdots$

이므로 수열 $\left\{ \dfrac{f(n)}{f(f(n))} \right\}$은 $\dfrac{1}{2}$로 수렴한다.

따라서 수렴하는 것은 ㄱ, ㄷ이다.

답 ③

03 수열 $\{a_n\}$이 $a_n = (-1)^n$이므로

$a_{n+1} = (-1)^{n+1} = (-1) \times (-1)^n = -(-1)^n$

① $a_n a_{n+1} = (-1)^n \times \{-(-1)^n\}$

$= -(-1)^{2n}$

$= -1$

$\displaystyle\lim_{n \to \infty} a_n a_{n+1} = \lim_{n \to \infty} (-1) = -1$

따라서 수열 $\{a_n a_{n+1}\}$은 수렴한다.

② $a_n + a_{n+1} = (-1)^n + \{-(-1)^n\}$

$= (-1)^n - (-1)^n$

$= 0$

$\displaystyle\lim_{n \to \infty} \{a_n + a_{n+1}\} = \lim_{n \to \infty} 0 = 0$

따라서 수열 $\{a_n + a_{n+1}\}$은 수렴한다.

③ $a_n - a_{n+1} = (-1)^n - \{-(-1)^n\}$

$= (-1)^n + (-1)^n$

$= 2(-1)^n$

따라서 수열 $\{a_n - a_{n+1}\}$은 교대로 -2와 2가 되므로 진동

(발산)한다.

④ $\dfrac{a_n}{a_{n+1}} = \dfrac{(-1)^n}{-(-1)^n} = -1$

$\displaystyle\lim_{n \to \infty} \dfrac{a_n}{a_{n+1}} = \lim_{n \to \infty} (-1) = -1$

따라서 수열 $\left\{ \dfrac{a_n}{a_{n+1}} \right\}$은 수렴한다.

⑤ $a_{2n} - 1 = (-1)^{2n} - 1 = 1 - 1 = 0$

$\dfrac{a_{2n}-1}{a_n} = \dfrac{0}{(-1)^n} = 0$

$\displaystyle\lim_{n \to \infty} \dfrac{a_{2n}-1}{a_n} = \lim_{n \to \infty} 0 = 0$

따라서 수열 $\left\{ \dfrac{a_{2n}-1}{a_n} \right\}$은 수렴한다.

답 ③

04 수열 $\{a_n\}$이 수렴하므로 $\displaystyle\lim_{n \to \infty} a_n = \alpha$ (α는 실수)라 하면

$\displaystyle\lim_{n \to \infty} a_{n+1} = \alpha$이다.

$\displaystyle\lim_{n \to \infty} \dfrac{2a_{n+1}-1}{a_n+2} = \dfrac{2\lim_{n \to \infty} a_{n+1} - 1}{\lim_{n \to \infty} a_n + 2}$

$= \dfrac{2\alpha - 1}{\alpha + 2}$

$= -3$

$2\alpha - 1 = -3(\alpha+2)$에서 $5\alpha = -5$

따라서 $\alpha = -1$, 즉 $\displaystyle\lim_{n \to \infty} a_n = -1$이다.

답 ⑤

05 $\displaystyle\lim_{n \to \infty} a_n = \lim_{n \to \infty} \{(a_n-3)+3\}$

$= \lim_{n \to \infty} (a_n-3) + 3$

$= \alpha + 3$

$$\lim_{n\to\infty} b_n = \lim_{n\to\infty}\left\{\frac{1}{2}(2b_n+1)-\frac{1}{2}\right\}$$
$$=\frac{1}{2}\lim_{n\to\infty}(2b_n+1)-\frac{1}{2}$$
$$=\frac{1}{2}\alpha-\frac{1}{2}$$
$$\lim_{n\to\infty} a_nb_n = \lim_{n\to\infty} a_n\times\lim_{n\to\infty} b_n$$
$$=(\alpha+3)\left(\frac{1}{2}\alpha-\frac{1}{2}\right)$$
$$=6$$

이므로

$$\frac{1}{2}\alpha^2+\alpha-\frac{3}{2}=6,\ \alpha^2+2\alpha-15=0$$
$$(\alpha+5)(\alpha-3)=0$$
$$\alpha=-5\ \text{또는}\ \alpha=3$$

따라서 모든 실수 α의 값의 합은 $-5+3=-2$

답 ①

06 $\lim_{n\to\infty}(a_n+b_n)=2$이므로

$$\lim_{n\to\infty}(a_n+b_n)^2=\lim_{n\to\infty}(a_n+b_n)\times\lim_{n\to\infty}(a_n+b_n)$$
$$=2\times2=4 \qquad\qquad \cdots\cdots\ \text{㉠}$$

$\lim_{n\to\infty}(a_n^2-b_n^2)=5$에서

$$\lim_{n\to\infty}(a_n-b_n)(a_n+b_n)=5$$
$$\lim_{n\to\infty}(a_n-b_n)=\lim_{n\to\infty}\frac{(a_n-b_n)(a_n+b_n)}{a_n+b_n}$$
$$=\frac{\lim_{n\to\infty}(a_n-b_n)(a_n+b_n)}{\lim_{n\to\infty}(a_n+b_n)}=\frac{5}{2}$$

이므로

$$\lim_{n\to\infty}(a_n-b_n)^2=\lim_{n\to\infty}(a_n-b_n)\times\lim_{n\to\infty}(a_n-b_n)$$
$$=\frac{5}{2}\times\frac{5}{2}=\frac{25}{4} \qquad\qquad \cdots\cdots\ \text{㉡}$$

따라서 ㉠, ㉡에 의하여

$$\lim_{n\to\infty} a_nb_n=\lim_{n\to\infty}\frac{1}{4}\{(a_n+b_n)^2-(a_n-b_n)^2\}$$
$$=\frac{1}{4}\lim_{n\to\infty}\{(a_n+b_n)^2-(a_n-b_n)^2\}$$
$$=\frac{1}{4}\left\{\lim_{n\to\infty}(a_n+b_n)^2-\lim_{n\to\infty}(a_n-b_n)^2\right\}$$
$$=\frac{1}{4}\left(4-\frac{25}{4}\right)$$
$$=-\frac{9}{16}$$

답 ②

07 $1+2+3+\cdots+(2n-1)+2n$
$$=\sum_{k=1}^{2n}k=\frac{2n(2n+1)}{2}$$
$$=2n^2+n$$

이므로

$$\lim_{n\to\infty}\frac{3n^2+2n}{1+2+3+\cdots+(2n-1)+2n}$$
$$=\lim_{n\to\infty}\frac{3n^2+2n}{2n^2+n}$$
$$=\lim_{n\to\infty}\frac{3+\dfrac{2}{n}}{2+\dfrac{1}{n}}$$
$$=\frac{3+0}{2+0}=\frac{3}{2}$$

답 ③

08 등차수열 $\{a_n\}$의 첫째항이 1이고 공차가 3이므로 일반항 a_n과 첫째항부터 제n항까지의 합 S_n은

$$a_n=1+(n-1)\times3=3n-2$$
$$S_n=\frac{n\{2\times1+(n-1)\times3\}}{2}$$
$$=\frac{n(3n-1)}{2}$$

따라서

$$\lim_{n\to\infty}\frac{(a_n)^2}{S_n}=\lim_{n\to\infty}\frac{(3n-2)^2}{\dfrac{n(3n-1)}{2}}$$
$$=\lim_{n\to\infty}\frac{2(3n-2)^2}{n(3n-1)}$$
$$=\lim_{n\to\infty}\frac{2\left(3-\dfrac{2}{n}\right)^2}{3-\dfrac{1}{n}}$$
$$=\frac{2(3-0)^2}{3-0}=6$$

답 ④

09 $\lim_{n\to\infty}\dfrac{n^2}{(2n+1)a_n}$
$$=\lim_{n\to\infty}\left(\frac{n^2}{2n+1}\times\frac{1}{2n-1}\times\frac{1}{\dfrac{a_n}{2n-1}}\right)$$
$$=\lim_{n\to\infty}\left(\frac{n^2}{4n^2-1}\times\frac{1}{\dfrac{a_n}{2n-1}}\right)$$

$$= \lim_{n \to \infty} \frac{n^2}{4n^2-1} \times \lim_{n \to \infty} \frac{1}{\dfrac{a_n}{2n-1}}$$

$$= \lim_{n \to \infty} \frac{1}{4-\dfrac{1}{n^2}} \times \frac{1}{\lim_{n \to \infty} \dfrac{a_n}{2n-1}}$$

$$= \frac{1}{4-0} \times \frac{1}{3} = \frac{1}{12}$$

답 ①

10 $\lim_{n \to \infty} \dfrac{(a+b)n^2+bn+1}{2n-1}$ ······ ㉠

$a+b \neq 0$이면 ㉠에서 발산하므로

$a+b=0$, 즉 $a=-b$이다.

㉠에서

$$\lim_{n \to \infty} \frac{(a+b)n^2+bn+1}{2n-1} = \lim_{n \to \infty} \frac{bn+1}{2n-1}$$

$$= \lim_{n \to \infty} \frac{b+\dfrac{1}{n}}{2-\dfrac{1}{n}}$$

$$= \frac{b+0}{2-0} = \frac{b}{2}$$

이므로 $\dfrac{b}{2}=1$에서 $b=2$이고, $a=-2$이다.

따라서

$$\lim_{n \to \infty} \frac{an+b}{(a^2+b^2)n+1} = \lim_{n \to \infty} \frac{-2n+2}{8n+1}$$

$$= \lim_{n \to \infty} \frac{-2+\dfrac{2}{n}}{8+\dfrac{1}{n}}$$

$$= \frac{-2+0}{8+0}$$

$$= -\frac{1}{4}$$

답 ②

11 (가) $\lim_{n \to \infty} \dfrac{(an-1)(an+b)}{n^2+1}$

$$= \lim_{n \to \infty} \frac{\left(a-\dfrac{1}{n}\right)\left(a+\dfrac{b}{n}\right)}{1+\dfrac{1}{n^2}}$$

$$= \frac{(a-0)(a+0)}{1+0} = a^2$$

이므로 $a^2=4$에서 $a>0$이므로 $a=2$

(나) $\displaystyle\sum_{n=1}^{10}(an-b) = \sum_{n=1}^{10}(2n-b)$

$$= 2\sum_{n=1}^{10}n - b\sum_{n=1}^{10}1$$

$$= 2 \times \frac{10 \times 11}{2} - b \times 10$$

$$= 110-10b$$

$\displaystyle\sum_{n=1}^{5}(an+b) = \sum_{n=1}^{5}(2n+b)$

$$= 2\sum_{n=1}^{5}n + b\sum_{n=1}^{5}1$$

$$= 2 \times \frac{5 \times 6}{2} + b \times 5$$

$$= 30+5b$$

이므로 $\displaystyle\sum_{n=1}^{10}(an-b) = \sum_{n=1}^{5}(an+b)$에서

$110-10b=30+5b$, $15b=80$, $b=\dfrac{16}{3}$

따라서 $a+b=2+\dfrac{16}{3}=\dfrac{22}{3}$

답 ①

12 $\lim_{n \to \infty} \{\sqrt{n^2+an} - \sqrt{n^2+(a+3)n}\}$

$$= \lim_{n \to \infty} \frac{\{\sqrt{n^2+an}-\sqrt{n^2+(a+3)n}\}\{\sqrt{n^2+an}+\sqrt{n^2+(a+3)n}\}}{\sqrt{n^2+an}+\sqrt{n^2+(a+3)n}}$$

$$= \lim_{n \to \infty} \frac{(n^2+an)-\{n^2+(a+3)n\}}{\sqrt{n^2+an}+\sqrt{n^2+(a+3)n}}$$

$$= \lim_{n \to \infty} \frac{(n^2+an)-(n^2+an+3n)}{\sqrt{n^2+an}+\sqrt{n^2+(a+3)n}}$$

$$= \lim_{n \to \infty} \frac{-3n}{\sqrt{n^2+an}+\sqrt{n^2+(a+3)n}}$$

$$= \lim_{n \to \infty} \frac{-3}{\sqrt{1+\dfrac{a}{n}}+\sqrt{1+\dfrac{a+3}{n}}}$$

$$= \frac{-3}{\sqrt{1+0}+\sqrt{1+0}}$$

$$= -\frac{3}{2}$$

답 ③

13 $a_1 = S_1 = 1+2 = 3$

$n \geq 2$일 때,

$a_n = S_n - S_{n-1}$

$\quad = (n^2+2n) - \{(n-1)^2+2(n-1)\}$

$\quad = (n^2+2n) - \{(n^2-2n+1)+(2n-2)\}$

$\quad = 2n+1$ ······ ㉠

이고, ㉠은 $a_1 = 3$을 만족하므로

$a_n = 2n + 1 \, (n \geq 1)$이고,

$a_{n+1} = 2(n+1) + 1 = 2n + 3$

따라서

$\displaystyle \lim_{n \to \infty} \frac{\sqrt{a_{n+1}} - \sqrt{2n}}{\sqrt{a_n} - \sqrt{2n}}$

$\displaystyle = \lim_{n \to \infty} \frac{\sqrt{2n+3} - \sqrt{2n}}{\sqrt{2n+1} - \sqrt{2n}}$

$\displaystyle = \lim_{n \to \infty} \left\{ \frac{(\sqrt{2n+3} - \sqrt{2n})(\sqrt{2n+3} + \sqrt{2n})}{(\sqrt{2n+1} - \sqrt{2n})(\sqrt{2n+1} + \sqrt{2n})} \times \frac{\sqrt{2n+1} + \sqrt{2n}}{\sqrt{2n+3} + \sqrt{2n}} \right\}$

$\displaystyle = 3 \lim_{n \to \infty} \frac{\sqrt{2n+1} + \sqrt{2n}}{\sqrt{2n+3} + \sqrt{2n}}$

$\displaystyle = 3 \lim_{n \to \infty} \frac{\sqrt{2 + \dfrac{1}{n}} + \sqrt{2}}{\sqrt{2 + \dfrac{3}{n}} + \sqrt{2}}$

$\displaystyle = 3 \times \frac{\sqrt{2+0} + \sqrt{2}}{\sqrt{2+0} + \sqrt{2}}$

$\displaystyle = 3 \times \frac{\sqrt{2} + \sqrt{2}}{\sqrt{2} + \sqrt{2}} = 3$

답 ③

14 $f(n) = n^3 + 7n^2 + 14n + 8$이라 하면 $f(-1) = 0$

즉, $f(n)$은 $n+1$을 인수로 가지므로 조립제법을 이용하여 인수분해하면

-1	1	7	14	8
		-1	-6	-8
	1	6	8	0

$n^3 + 7n^2 + 14n + 8 = (n+1)(n^2 + 6n + 8)$
$\qquad\qquad\qquad\qquad\quad = (n+1)(n+2)(n+4)$

$a < b < c$이므로 $a = 1$, $b = 2$, $c = 4$이다.

따라서

$\displaystyle \lim_{n \to \infty} \{ \sqrt{(n+b)(n+c)} - (n+a) \}$

$\displaystyle = \lim_{n \to \infty} \{ \sqrt{(n+2)(n+4)} - (n+1) \}$

$\displaystyle = \lim_{n \to \infty} \{ \sqrt{n^2 + 6n + 8} - (n+1) \}$

$\displaystyle = \lim_{n \to \infty} \frac{\{ \sqrt{n^2+6n+8} - (n+1) \}\{ \sqrt{n^2+6n+8} + (n+1) \}}{\sqrt{n^2+6n+8} + (n+1)}$

$\displaystyle = \lim_{n \to \infty} \frac{(n^2+6n+8) - (n+1)^2}{\sqrt{n^2+6n+8} + (n+1)}$

$\displaystyle = \lim_{n \to \infty} \frac{4n+7}{\sqrt{n^2+6n+8} + (n+1)}$

$\displaystyle = \lim_{n \to \infty} \frac{4 + \dfrac{7}{n}}{\sqrt{1 + \dfrac{6}{n} + \dfrac{8}{n^2}} + \left(1 + \dfrac{1}{n}\right)}$

$\displaystyle = \frac{4+0}{\sqrt{1+0+0} + (1+0)} = 2$

답 ④

15 (i) $b \leq 0$이면
$\displaystyle \lim_{n \to \infty} (\sqrt{4n^2 + an} - bn) = \infty$

(ii) $b > 0$이면
$\displaystyle \lim_{n \to \infty} (\sqrt{4n^2 + an} - bn)$

$\displaystyle = \lim_{n \to \infty} \frac{(\sqrt{4n^2+an} - bn)(\sqrt{4n^2+an} + bn)}{\sqrt{4n^2+an} + bn}$

$\displaystyle = \lim_{n \to \infty} \frac{(\sqrt{4n^2+an})^2 - (bn)^2}{\sqrt{4n^2+an} + bn}$

$\displaystyle = \lim_{n \to \infty} \frac{(4-b^2)n^2 + an}{\sqrt{4n^2+an} + bn}$ ······ ㉠

이때 ㉠에서 $4 - b^2 \neq 0$이면 발산하므로

$4 - b^2 = 0$이고 $b > 0$이므로 $b = 2$

㉠에서

$\displaystyle \lim_{n \to \infty} \frac{an}{\sqrt{4n^2+an} + 2n}$

$\displaystyle = \lim_{n \to \infty} \frac{a}{\sqrt{4 + \dfrac{a}{n}} + 2}$

$\displaystyle = \frac{a}{\sqrt{4+0} + 2}$

$\displaystyle = \frac{a}{4}$

이므로 $\dfrac{a}{4} = b$에서 $a = 4b = 4 \times 2 = 8$

따라서 $a + b = 8 + 2 = 10$

답 10

16 수열 $\{a_n\}$이 모든 자연수 n에 대하여 부등식

$2n^2 - n < a_n < 2n^2 + n$을 만족시키므로

$2(2n)^2 - 2n < a_{2n} < 2(2n)^2 + 2n$

$8n^2 - 2n < a_{2n} < 8n^2 + 2n$ ······ ㉠

이때 ㉠의 각 변을 $n^2 + 2 \, (n^2 + 2 > 0)$로 나누면

$\dfrac{8n^2 - 2n}{n^2 + 2} < \dfrac{a_{2n}}{n^2 + 2} < \dfrac{8n^2 + 2n}{n^2 + 2}$

이때

$$\lim_{n \to \infty} \frac{8n^2-2n}{n^2+2} = \lim_{n \to \infty} \frac{8-\dfrac{2}{n}}{1+\dfrac{2}{n^2}} = \frac{8-0}{1+0} = 8,$$

$$\lim_{n \to \infty} \frac{8n^2+2n}{n^2+2} = \lim_{n \to \infty} \frac{8+\dfrac{2}{n}}{1+\dfrac{2}{n^2}} = \frac{8+0}{1+0} = 8$$

이므로 수열의 극한의 대소 관계에 의하여

$$\lim_{n \to \infty} \frac{a_{2n}}{n^2+2} = 8$$

답 ④

17 수열 $\{a_n\}$이 모든 자연수 n에 대하여 부등식 $2n-1 < a_n < 2n+1$을 만족시키고, $2n-1 > 0$이므로
$$(2n-1)^2 < (a_n)^2 < (2n+1)^2 \qquad \cdots\cdots \text{㉠}$$
을 만족시킨다.
㉠의 각 변을 $3n^2+1(3n^2+1>0)$로 나누면
$$\frac{(2n-1)^2}{3n^2+1} < \frac{(a_n)^2}{3n^2+1} < \frac{(2n+1)^2}{3n^2+1}$$
이때

$$\lim_{n \to \infty} \frac{(2n-1)^2}{3n^2+1} = \lim_{n \to \infty} \frac{\left(2-\dfrac{1}{n}\right)^2}{3+\dfrac{1}{n^2}} = \frac{(2-0)^2}{3+0} = \frac{4}{3},$$

$$\lim_{n \to \infty} \frac{(2n+1)^2}{3n^2+1} = \lim_{n \to \infty} \frac{\left(2+\dfrac{1}{n}\right)^2}{3+\dfrac{1}{n^2}} = \frac{(2+0)^2}{3+0} = \frac{4}{3}$$

이므로 수열의 극한의 대소 관계에 의하여

$$\lim_{n \to \infty} \frac{(a_n)^2}{3n^2+1} = \frac{4}{3}$$

답 ④

18 $a_1=3$, $a_{n+1}-a_n=4$를 만족시키는 수열 $\{a_n\}$은 첫째항이 3이고 공차가 4인 등차수열이므로
$$a_n = 3+(n-1)\times 4 = 4n-1$$
$$a_{2n} = 4\times 2n-1 = 8n-1$$
$$a_{2n+1} = 4\times(2n+1)-1 = 8n+3$$
따라서 수열 $\{b_n\}$은 모든 자연수 n에 대하여 부등식
$$8n-1 < b_n < 8n+3 \qquad \cdots\cdots \text{㉠}$$
을 만족시킨다.

㉠의 각 변을 $n(n>0)$으로 나누면
$$8-\frac{1}{n} < \frac{b_n}{n} < 8+\frac{3}{n}$$
이때
$$\lim_{n \to \infty}\left(8-\frac{1}{n}\right)=8, \quad \lim_{n \to \infty}\left(8+\frac{3}{n}\right)=8$$
이므로 수열의 극한의 대소 관계에 의하여
$$\lim_{n \to \infty} \frac{b_n}{n} = 8$$

답 8

19 $\displaystyle\lim_{n \to \infty} \frac{a\times 2^{2n+1}-3^n}{4^{n-1}+3^n} = \lim_{n \to \infty} \frac{2a\times 4^n-3^n}{\dfrac{1}{4}\times 4^n+3^n}$

$$= \lim_{n \to \infty} \frac{2a-\left(\dfrac{3}{4}\right)^n}{\dfrac{1}{4}+\left(\dfrac{3}{4}\right)^n}$$

$$= \frac{2a-0}{\dfrac{1}{4}+0} = 8a$$

이므로 $8a=6$에서 $a=\dfrac{3}{4}$

답 ③

20 등비수열 $\{a_n\}$의 첫째항과 공비가 모두 $r(r>1)$이므로
$$a_n = r\times r^{n-1} = r^n$$
$$S_n = \frac{r(r^n-1)}{r-1}$$
$$\lim_{n \to \infty} \frac{S_n}{a_n} = \lim_{n \to \infty} \frac{\dfrac{r(r^n-1)}{r-1}}{r^n}$$

$$= \frac{r}{r-1} \lim_{n \to \infty} \frac{r^n-1}{r^n}$$

$$= \frac{r}{r-1} \lim_{n \to \infty} \left\{1-\left(\frac{1}{r}\right)^n\right\} \qquad \cdots\cdots \text{㉠}$$

이때 $0 < \dfrac{1}{r} < 1$이므로 $\displaystyle\lim_{n \to \infty}\left(\dfrac{1}{r}\right)^n = 0$

㉠에서 $\displaystyle\lim_{n \to \infty} \frac{S_n}{a_n} = \frac{r}{r-1}$

이므로 $\dfrac{r}{r-1}=3$에서 $r=3r-3$, $r=\dfrac{3}{2}$

답 ①

21 $\displaystyle\lim_{n \to \infty} \frac{b_n}{a_n}$

$$= \lim_{n \to \infty} \left\{ \frac{(2^n+3^{n-1})b_n}{(2^{n-1}+3^n)a_n} \times \frac{2^{n-1}+3^n}{2^n+3^{n-1}} \right\}$$

$$= \lim_{n \to \infty} \frac{(2^n + 3^{n-1})b_n}{(2^{n-1}+3^n)a_n} \times \lim_{n \to \infty} \frac{2^{n-1}+3^n}{2^n+3^{n-1}}$$

$$= \frac{9}{6} \times \lim_{n \to \infty} \frac{\dfrac{1}{2} \times 2^n + 3^n}{2^n + \dfrac{1}{3} \times 3^n}$$

$$= \frac{3}{2} \times \lim_{n \to \infty} \frac{\dfrac{1}{2} \times \left(\dfrac{2}{3}\right)^n + 1}{\left(\dfrac{2}{3}\right)^n + \dfrac{1}{3}}$$

$$= \frac{3}{2} \times \frac{\dfrac{1}{2} \times 0 + 1}{0 + \dfrac{1}{3}}$$

$$= \frac{3}{2} \times 3 = \frac{9}{2}$$

답 ③

22 $f(x) = (3x+6)^n$이라 하자.

다항식 $f(x)$를 $x-1$로 나눈 나머지 a_n은

$a_n = f(1) = 9^n = (3^n)^2$

다항식 $f(x)$를 $x+1$로 나눈 나머지 b_n은

$b_n = f(-1) = 3^n$

이므로 $b_{n+1} = 3^{n+1}$

$$\lim_{n \to \infty} \frac{b_{n+1}-1}{\sqrt{a_n}+2^n} = \lim_{n \to \infty} \frac{3^{n+1}-1}{\sqrt{(3^n)^2}+2^n}$$

$$= \lim_{n \to \infty} \frac{3 \times 3^n - 1}{3^n + 2^n}$$

$$= \lim_{n \to \infty} \frac{3 - \left(\dfrac{1}{3}\right)^n}{1 + \left(\dfrac{2}{3}\right)^n}$$

$$= \frac{3-0}{1+0} = 3$$

답 ⑤

23 (i) $-1 < r < 1$일 때,

$\lim\limits_{n \to \infty} r^n = 0$이므로

$$f(r) = \lim_{n \to \infty} \frac{r^n+2}{3r^n+1} = \frac{0+2}{3 \times 0 + 1} = 2$$

(ii) $r < -1$ 또는 $r > 1$일 때,

$-1 < \dfrac{1}{r} < 0$ 또는 $0 < \dfrac{1}{r} < 1$이고, $\lim\limits_{n \to \infty} \dfrac{1}{r^n} = 0$이므로

$$f(r) = \lim_{n \to \infty} \frac{r^n+2}{3r^n+1} = \lim_{n \to \infty} \frac{1+\dfrac{2}{r^n}}{3+\dfrac{1}{r^n}} = \frac{1+0}{3+0} = \frac{1}{3}$$

(iii) $r = 1$일 때,

$\lim\limits_{n \to \infty} r^n = 1$이므로

$$f(r) = \lim_{n \to \infty} \frac{r^n+2}{3r^n+1} = \frac{1+2}{3 \times 1 + 1} = \frac{3}{4}$$

(i)~(iii)에서 함수 $f(r)$의 치역은 $\left\{\dfrac{1}{3}, \dfrac{3}{4}, 2\right\}$이고, 치역의 모든 원소의 곱은 $\dfrac{1}{3} \times \dfrac{3}{4} \times 2 = \dfrac{1}{2}$이다.

답 ②

24 (i) $|x| < 1$, 즉 $-1 < x < 1$일 때,

$\lim\limits_{n \to \infty} |x|^n = 0$이므로

$$f(x) = \lim_{n \to \infty} \frac{|x|^{n+1}+1}{|x|^n+3}$$

$$= \frac{0+1}{0+3} = \frac{1}{3}$$

(ii) $|x| > 1$, 즉 $x < -1$ 또는 $x > 1$일 때,

$\lim\limits_{n \to \infty} |x|^n = \infty$이고 $\lim\limits_{n \to \infty} \dfrac{1}{|x|^n} = 0$이므로

$$f(x) = \lim_{n \to \infty} \frac{|x|^{n+1}+1}{|x|^n+3}$$

$$= \lim_{n \to \infty} \frac{|x|+\dfrac{1}{|x|^n}}{1+\dfrac{3}{|x|^n}} = \frac{|x|+0}{1+0}$$

$$= |x|$$

(iii) $|x| = 1$, 즉 $x = -1$ 또는 $x = 1$일 때,

$\lim\limits_{n \to \infty} |x|^n = 1$이므로

$$f(x) = \lim_{n \to \infty} \frac{|x|^{n+1}+1}{|x|^n+3}$$

$$= \frac{1+1}{1+3} = \frac{1}{2}$$

(i)~(iii)에서

$f(-1) = \dfrac{1}{2}$, $f\left(\dfrac{1}{2}\right) = \dfrac{1}{3}$이고,

$f(-1) = f\left(\dfrac{1}{2}\right) \times f(a)$에서

$\dfrac{1}{2} = \dfrac{1}{3} \times f(a)$, $f(a) = \dfrac{3}{2}$이므로

$a < -1$ 또는 $a > 1$이고 $|a| = \dfrac{3}{2}$이어야 한다.

따라서 $a = -\dfrac{3}{2}$ 또는 $a = \dfrac{3}{2}$이고, 모든 실수 a의 값의 곱은

$$-\frac{3}{2} \times \frac{3}{2} = -\frac{9}{4}$$

답 ④

서술형 연습장

01 $\dfrac{3}{4}$　　**02** 6　　**03** $-4\le x\le -2$ 또는 $x=3$

01 $f(x)=\dfrac{2nx+1}{x-n}$

$=\dfrac{2n(x-n)+2n^2+1}{x-n}$

$=\dfrac{2n^2+1}{x-n}+2n$　　　……❶

함수 $y=f(x)$의 그래프의 두 점근선은 $x=n$, $y=2n$이므로
$a_n=n$, $b_n=2n$이고,

$f(2n)=\dfrac{2n(2n)+1}{2n-n}=\dfrac{4n^2+1}{n}$　　……❷

$\displaystyle\lim_{n\to\infty}\dfrac{a_n+b_n}{f(2n)}=\lim_{n\to\infty}\dfrac{n+2n}{\dfrac{4n^2+1}{n}}$

$=\displaystyle\lim_{n\to\infty}\dfrac{3n^2}{4n^2+1}$

$=\displaystyle\lim_{n\to\infty}\dfrac{3}{4+\dfrac{1}{n^2}}$

$=\dfrac{3}{4+0}=\dfrac{3}{4}$　　　……❸

답 $\dfrac{3}{4}$

단계	채점 기준	비율
❶	함수 $f(x)$를 $f(x)=\dfrac{k}{x-p}+q\,(x\ne p)$의 꼴로 변형한 경우	30 %
❷	a_n, b_n, $f(2n)$을 구한 경우	30 %
❸	분자, 분모를 각각 n^2으로 나누어 극한값을 구한 경우	40 %

02 $\displaystyle\lim_{n\to\infty}a_n=\lim_{n\to\infty}\left\{\left(a_n+\dfrac{n+1}{2n-1}\right)-\dfrac{n+1}{2n-1}\right\}$

$=\displaystyle\lim_{n\to\infty}\left(a_n+\dfrac{n+1}{2n-1}\right)-\lim_{n\to\infty}\dfrac{n+1}{2n-1}$

$=2-\displaystyle\lim_{n\to\infty}\dfrac{1+\dfrac{1}{n}}{2-\dfrac{1}{n}}$

$=2-\dfrac{1+0}{2-0}$

$=2-\dfrac{1}{2}=\dfrac{3}{2}$　　　……❶

$\displaystyle\lim_{n\to\infty}b_n=\lim_{n\to\infty}\left\{\left(b_n-\dfrac{2^n+3^{n+1}}{2^{n-1}+3^n}\right)+\dfrac{2^n+3^{n+1}}{2^{n-1}+3^n}\right\}$

$=\displaystyle\lim_{n\to\infty}\left(b_n-\dfrac{2^n+3^{n+1}}{2^{n-1}+3^n}\right)+\lim_{n\to\infty}\dfrac{2^n+3^{n+1}}{2^{n-1}+3^n}$

$=1+\displaystyle\lim_{n\to\infty}\dfrac{2^n+3\times3^n}{\dfrac{1}{2}\times2^n+3^n}$

$=1+\displaystyle\lim_{n\to\infty}\dfrac{\left(\dfrac{2}{3}\right)^n+3}{\dfrac{1}{2}\times\left(\dfrac{2}{3}\right)^n+1}$

$=1+\dfrac{0+3}{\dfrac{1}{2}\times0+1}$

$=1+3=4$　　　……❷

따라서

$\displaystyle\lim_{n\to\infty}a_nb_n=\lim_{n\to\infty}a_n\times\lim_{n\to\infty}b_n=\dfrac{3}{2}\times4=6$　　……❸

답 6

단계	채점 기준	비율
❶	수열의 극한에 대한 기본 성질을 이용하여 $\displaystyle\lim_{n\to\infty}a_n$을 구한 경우	40 %
❷	수열의 극한에 대한 기본 성질을 이용하여 $\displaystyle\lim_{n\to\infty}b_n$을 구한 경우	40 %
❸	수열의 극한에 대한 기본 성질을 이용하여 $\displaystyle\lim_{n\to\infty}a_nb_n$을 구한 경우	20 %

03 수열 $\left\{(x-3)\left(\dfrac{x}{2}\right)^n\right\}$이 수렴하려면

$x-3=0$ 또는 $-1<\dfrac{x}{2}\le 1$

$x=3$ 또는 $-2<x\le 2$　　　…… ㉠
　　　……❶

수열 $\left\{(x+4)\left(\dfrac{x+1}{3}\right)^n\right\}$이 수렴하려면

$x+4=0$ 또는 $-1<\dfrac{x+1}{3}\le 1$

$x=-4$ 또는 $-4<x\le 2$, 즉 $-4\le x\le 2$　　…… ㉡
　　　……❷

㉠, ㉡의 x의 값의 범위를 수직선 위에 나타내면 다음과 같다.

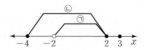

따라서 두 수열 중에서 어느 하나만 수렴하도록 하는 실수 x의 값의 범위는

$-4 \leq x \leq -2$ 또는 $x=3$ ...... ❸

답 $-4 \leq x \leq -2$ 또는 $x=3$

단계	채점 기준	비율
❶	수열 $\left\{(x-3)\left(\dfrac{x}{2}\right)^n\right\}$이 수렴하도록 하는 실수 x의 값의 범위를 구한 경우	40 %
❷	수열 $\left\{(x+4)\left(\dfrac{x+1}{3}\right)^n\right\}$이 수렴하도록 하는 실수 x의 값의 범위를 구한 경우	40 %
❸	두 수열 중에서 어느 하나만 수렴하도록 하는 실수 x의 값의 범위를 구한 경우	20 %

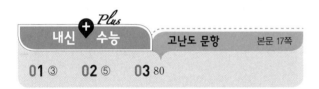

내신 ✚ 수능 Plus 고난도 문항 본문 17쪽

01 ③ 02 ⑤ 03 80

01 이차함수 $y=x^2+4x$의 그래프와 직선 $y=2x+n$이 만나는 두 점을 A, B라 하자.

두 점 A, B의 x좌표는 이차방정식 $x^2+4x=2x+n$,

즉, $x^2+2x-n=0$의 실근과 같다.

이차방정식 $x^2+2x-n=0$의 두 실근을 α, $\beta\,(\alpha<\beta)$라 하면 근과 계수의 관계에 의하여 $\alpha+\beta=-2$, $\alpha\beta=-n$이고,

A$(\alpha,\ 2\alpha+n)$, B$(\beta,\ 2\beta+n)$에서

$a_n=\overline{\mathrm{AB}}$
$=\sqrt{(\beta-\alpha)^2+(2\beta-2\alpha)^2}$
$=\sqrt{5}(\beta-\alpha)$ ...... ㉠

이때

$(\beta-\alpha)^2=(\alpha+\beta)^2-4\alpha\beta$
$=(-2)^2-4(-n)$
$=4n+4$

㉠에서

$a_n=\sqrt{5}(\beta-\alpha)$
$=\sqrt{5}\times\sqrt{4n+4}$
$=2\sqrt{5}\times\sqrt{n+1}$

이므로

$\displaystyle\lim_{n\to\infty}\{a_{n+2}(a_{n+1}-a_n)\}$
$=\displaystyle\lim_{n\to\infty}\{(2\sqrt{5}\times\sqrt{n+3})(2\sqrt{5}\times\sqrt{n+2}-2\sqrt{5}\times\sqrt{n+1})\}$
$=\displaystyle\lim_{n\to\infty}2\sqrt{5}\times\sqrt{n+3}\times2\sqrt{5}\times(\sqrt{n+2}-\sqrt{n+1})$
$=\displaystyle\lim_{n\to\infty}20\sqrt{n+3}(\sqrt{n+2}-\sqrt{n+1})$
$=20\displaystyle\lim_{n\to\infty}\left\{\sqrt{n+3}\times\dfrac{(\sqrt{n+2}-\sqrt{n+1})(\sqrt{n+2}+\sqrt{n+1})}{\sqrt{n+2}+\sqrt{n+1}}\right\}$
$=20\displaystyle\lim_{n\to\infty}\dfrac{\sqrt{n+3}}{\sqrt{n+2}+\sqrt{n+1}}$
$=20\displaystyle\lim_{n\to\infty}\dfrac{\sqrt{1+\dfrac{3}{n}}}{\sqrt{1+\dfrac{2}{n}}+\sqrt{1+\dfrac{1}{n}}}$
$=20\times\dfrac{\sqrt{1+0}}{\sqrt{1+0}+\sqrt{1+0}}$
$=20\times\dfrac{1}{1+1}=10$

답 ③

02 $f(x)=\displaystyle\lim_{n\to\infty}\dfrac{2+\left(\dfrac{1}{3}x\right)^{2n+1}}{1+\left(\dfrac{1}{3}x\right)^{2n}}$

$=\displaystyle\lim_{n\to\infty}\dfrac{2+\dfrac{1}{3}x\times\left(\dfrac{1}{3}x\right)^{2n}}{1+\left(\dfrac{1}{3}x\right)^{2n}}$

(ⅰ) $-1<\dfrac{1}{3}x<1$, 즉 $-3<x<3$일 때,

$\displaystyle\lim_{n\to\infty}\left(\dfrac{1}{3}x\right)^{2n}=0$이므로

$f(x)=\displaystyle\lim_{n\to\infty}\dfrac{2+\dfrac{1}{3}x\times\left(\dfrac{1}{3}x\right)^{2n}}{1+\left(\dfrac{1}{3}x\right)^{2n}}$

$=\dfrac{2+\dfrac{1}{3}x\times0}{1+0}=2$

(ⅱ) $\dfrac{1}{3}x=1$, 즉 $x=3$일 때,

모든 자연수 n에 대하여 $\left(\dfrac{1}{3}x\right)^{2n}=1$이므로

$f(x)=\displaystyle\lim_{n\to\infty}\dfrac{2+\dfrac{1}{3}x\times\left(\dfrac{1}{3}x\right)^{2n}}{1+\left(\dfrac{1}{3}x\right)^{2n}}$

$=\dfrac{2+1\times1}{1+1}=\dfrac{3}{2}$

따라서 $f(3)=\dfrac{3}{2}$

(iii) $\frac{1}{3}x=-1$, 즉 $x=-3$일 때,

모든 자연수 n에 대하여 $\left(\frac{1}{3}x\right)^{2n}=1$이므로

$$f(x)=\lim_{n\to\infty}\frac{2+\frac{1}{3}x\times\left(\frac{1}{3}x\right)^{2n}}{1+\left(\frac{1}{3}x\right)^{2n}}$$

$$=\frac{2+(-1)\times1}{1+1}=\frac{1}{2}$$

따라서 $f(-3)=\frac{1}{2}$

(iv) $\frac{1}{3}x<-1$ 또는 $\frac{1}{3}x>1$, 즉 $x<-3$ 또는 $x>3$일 때,

$\lim\limits_{n\to\infty}\left(\frac{1}{3}x\right)^{2n}=\infty$이고 $\lim\limits_{n\to\infty}\dfrac{1}{\left(\frac{1}{3}x\right)^{2n}}=0$이므로

$$f(x)=\lim_{n\to\infty}\frac{2+\frac{1}{3}x\times\left(\frac{1}{3}x\right)^{2n}}{1+\left(\frac{1}{3}x\right)^{2n}}$$

$$=\lim_{n\to\infty}\frac{\dfrac{2}{\left(\frac{1}{3}x\right)^{2n}}+\frac{1}{3}x}{\dfrac{1}{\left(\frac{1}{3}x\right)^{2n}}+1}$$

$$=\frac{0+\frac{1}{3}x}{0+1}$$

$$=\frac{1}{3}x$$

$f(x)=\frac{3}{2}$에서 $\frac{1}{3}x=\frac{3}{2}$, $x=\frac{9}{2}$이고, 이 값은 $x>3$을 만족

시킨다.

(i)~(iv)에서 $f(x)=\frac{3}{2}$을 만족시키는 모든 실수 x는 3, $\frac{9}{2}$이

고, 그 합은 $3+\frac{9}{2}=\frac{15}{2}$이다.

답 ⑤

03 [과정 n]을 마쳤을 때 삼각형 모양의 종이의 개수가 a_n이
므로

$a_1=2$, $a_{n+1}=2a_n$ $(n=1, 2, 3, \cdots)$

따라서 $a_n=2\times2^{n-1}=2^n$

삼각형 ABC의 넓이는 $\frac{1}{2}\times3\times3=\frac{9}{2}$이고, [과정 n]을 마쳤

을 때, 삼각형 모양의 종이 한 개의 넓이가 b_n이므로

$$b_1=\frac{1}{2}\times\frac{9}{2}=\frac{9}{4}$$

$$b_{n+1}=\frac{1}{2}b_n\,(n=1, 2, 3, \cdots)$$

따라서 $b_n=\frac{9}{4}\times\left(\frac{1}{2}\right)^{n-1}=\frac{9}{2}\times\frac{1}{2^n}$이므로

$$\lim_{n\to\infty}\frac{180a_{n+1}}{1+4^n\times b_n}=\lim_{n\to\infty}\frac{180\times2^{n+1}}{1+4^n\times\frac{9}{2}\times\frac{1}{2^n}}$$

$$=\lim_{n\to\infty}\frac{360\times2^n}{1+2^n\times\frac{9}{2}}$$

$$=\lim_{n\to\infty}\frac{360}{\dfrac{1}{2^n}+\frac{9}{2}}$$

$$=\frac{360}{0+\frac{9}{2}}=80$$

답 80

02 급수

1. 4　**2.** -1　**3.** $\dfrac{1}{4}$　**4.** $\dfrac{3}{2}$　**5.** $\dfrac{9}{5}$

6. 9　**7.** $\dfrac{9\sqrt{3}}{20}$

1. 급수 $\sum\limits_{n=1}^{\infty} a_n$의 부분합 S_n이

$$S_n=a_1+a_2+a_3+\cdots+a_n=4-\frac{1}{2^n}$$

이므로

$$\sum_{n=1}^{\infty} a_n=\lim_{n\to\infty} S_n$$
$$=\lim_{n\to\infty}\left(4-\frac{1}{2^n}\right)=4$$

답 4

2. $\dfrac{\sqrt{n}-\sqrt{n+1}}{\sqrt{n(n+1)}}=\dfrac{\sqrt{n}-\sqrt{n+1}}{\sqrt{n}\times\sqrt{n+1}}$

$$=\frac{\sqrt{n}}{\sqrt{n}\times\sqrt{n+1}}-\frac{\sqrt{n+1}}{\sqrt{n}\times\sqrt{n+1}}$$

$$=\frac{1}{\sqrt{n+1}}-\frac{1}{\sqrt{n}}$$

이므로 급수 $\sum\limits_{n=1}^{\infty}\dfrac{\sqrt{n}-\sqrt{n+1}}{\sqrt{n(n+1)}}$의 부분합 S_n은

$$S_n=\sum_{k=1}^{n}\left(\frac{1}{\sqrt{k+1}}-\frac{1}{\sqrt{k}}\right)$$

$$=\left(\frac{1}{\sqrt{2}}-1\right)+\left(\frac{1}{\sqrt{3}}-\frac{1}{\sqrt{2}}\right)+\left(\frac{1}{\sqrt{4}}-\frac{1}{\sqrt{3}}\right)$$

$$+\cdots+\left(\frac{1}{\sqrt{n+1}}-\frac{1}{\sqrt{n}}\right)$$

$$=-1+\frac{1}{\sqrt{n+1}}$$

$$\sum_{n=1}^{\infty}\frac{\sqrt{n}-\sqrt{n+1}}{\sqrt{n(n+1)}}=\lim_{n\to\infty} S_n$$

$$=\lim_{n\to\infty}\left(-1+\frac{1}{\sqrt{n+1}}\right)$$

$$=-1$$

답 -1

3. $\lim\limits_{n\to\infty}(a_n-4)=0$이므로

$$\lim_{n\to\infty} a_n=\lim_{n\to\infty}\{(a_n-4)+4\}$$
$$=\lim_{n\to\infty}(a_n-4)+\lim_{n\to\infty}4$$
$$=0+4=4$$

급수 $\sum\limits_{n=1}^{\infty}(b_n-3)$이 수렴하므로 $\lim\limits_{n\to\infty}(b_n-3)=0$

$$\lim_{n\to\infty} b_n=\lim_{n\to\infty}\{(b_n-3)+3\}$$
$$=\lim_{n\to\infty}(b_n-3)+\lim_{n\to\infty}3$$
$$=0+3=3$$

따라서

$$\lim_{n\to\infty}\frac{nb_n+2}{3na_n+4}=\lim_{n\to\infty}\frac{b_n+\dfrac{2}{n}}{3a_n+\dfrac{4}{n}}$$

$$=\frac{3+0}{3\times4+0}$$

$$=\frac{3}{12}=\frac{1}{4}$$

답 $\dfrac{1}{4}$

4. $\sum\limits_{n=1}^{\infty} b_n=\sum\limits_{n=1}^{\infty}\left\{\dfrac{1}{2}a_n-\dfrac{1}{2}(a_n-2b_n)\right\}$

$$=\sum_{n=1}^{\infty}\frac{1}{2}a_n-\sum_{n=1}^{\infty}\frac{1}{2}(a_n-2b_n)$$

$$=\frac{1}{2}\sum_{n=1}^{\infty}a_n-\frac{1}{2}\sum_{n=1}^{\infty}(a_n-2b_n)$$

$$=\frac{1}{2}\times4-\frac{1}{2}\times1=\frac{3}{2}$$

답 $\dfrac{3}{2}$

5. $\sum\limits_{n=1}^{\infty}\dfrac{(2^n-1)(2^n+1)}{6^n}=\sum\limits_{n=1}^{\infty}\dfrac{(2^n)^2-1}{6^n}$

$$=\sum_{n=1}^{\infty}\frac{4^n-1}{6^n}$$

$$=\sum_{n=1}^{\infty}\left\{\left(\frac{2}{3}\right)^n-\left(\frac{1}{6}\right)^n\right\}$$

$$=\sum_{n=1}^{\infty}\left(\frac{2}{3}\right)^n-\sum_{n=1}^{\infty}\left(\frac{1}{6}\right)^n$$

$$=\frac{\dfrac{2}{3}}{1-\dfrac{2}{3}}-\frac{\dfrac{1}{6}}{1-\dfrac{1}{6}}$$

$$=2-\frac{1}{5}=\frac{9}{5}$$

답 $\dfrac{9}{5}$

6. 급수 $\sum\limits_{n=1}^{\infty}(x^2-9)\left(2-\dfrac{x}{2}\right)^{n-1}$ 이 수렴하려면

(i) (첫째항)$=0$일 때,

$x^2-9=0$에서 $(x+3)(x-3)=0$

$x=-3$ 또는 $x=3$ ...... ㉠

(ii) $-1<$(공비)<1일 때,

$-1<2-\dfrac{x}{2}<1$에서 $-3<-\dfrac{x}{2}<-1$

$2<x<6$ ...... ㉡

㉠, ㉡에서 급수가 수렴하도록 하는 모든 정수 x의 값은 -3, 3, 4, 5이고 그 합은 $-3+3+4+5=9$이다.

답 9

7. $\overline{A_1P_1}=\dfrac{1}{3}\overline{A_1B_1}=\dfrac{1}{3}\times3=1$

$\overline{A_1A_2}=\dfrac{1}{3}\overline{A_1C_1}=\dfrac{1}{3}\times3=1$

이므로 삼각형 $A_1P_1A_2$는 한 변의 길이가 1인 정삼각형이고, 이 정삼각형의 넓이 S_1은

$S_1=\dfrac{\sqrt{3}}{4}$ ...... (*)

두 정삼각형 $A_1B_1C_1$, $A_2B_2C_1$은 닮음비가 $3:2$이므로 두 정삼각형 $A_1P_1A_2$, $A_2P_2A_3$의 넓이 S_1, S_2 사이에는

$S_1:S_2=3^2:2^2=9:4$가 성립한다.

즉, $S_2=\dfrac{4}{9}S_1$이다.

이와 같은 방법으로

$S_3=\dfrac{4}{9}S_2=\left(\dfrac{4}{9}\right)^2S_1$, $S_4=\dfrac{4}{9}S_3=\left(\dfrac{4}{9}\right)^3S_1$, $\cdots$

임을 알 수 있다.

$\sum\limits_{n=1}^{\infty}S_n=S_1+S_2+S_3+\cdots$

$=S_1+\dfrac{4}{9}S_1+\left(\dfrac{4}{9}\right)^2S_1+\left(\dfrac{4}{9}\right)^3S_1+\cdots$

$=\dfrac{S_1}{1-\dfrac{4}{9}}=\dfrac{9}{5}S_1$

$=\dfrac{9}{5}\times\dfrac{\sqrt{3}}{4}$

$=\dfrac{9\sqrt{3}}{20}$

답 $\dfrac{9\sqrt{3}}{20}$

참고 (*) 한 변의 길이가 a인 정삼각형 ABC의 넓이를 S라 하자.

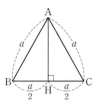

$S=\dfrac{1}{2}\times\overline{BC}\times\overline{AH}$

$=\dfrac{1}{2}\times a\times\sqrt{a^2-\left(\dfrac{a}{2}\right)^2}$

$=\dfrac{1}{2}\times a\times\sqrt{\dfrac{3}{4}a^2}$

$=\dfrac{\sqrt{3}}{4}a^2$

유형 확인

본문 24~27쪽

01 ⑤	02 ③	03 ③	04 ①	05 ⑤
06 ③	07 ②	08 ④	09 ④	10 ②
11 ③	12 80	13 ①	14 324	15 ⑤
16 ③	17 11	18 11	19 ③	20 ②

01 급수 $\sum\limits_{n=1}^{\infty}a_n$의 부분합 S_n이 $S_n=\dfrac{1}{\sqrt{2n}(\sqrt{n+1}-\sqrt{n})}$

이므로

$\sum\limits_{n=1}^{\infty}a_n=\lim\limits_{n\to\infty}S_n$

$=\lim\limits_{n\to\infty}\dfrac{1}{\sqrt{2n}(\sqrt{n+1}-\sqrt{n})}$

$=\lim\limits_{n\to\infty}\dfrac{\sqrt{n+1}+\sqrt{n}}{\sqrt{2n}(\sqrt{n+1}-\sqrt{n})(\sqrt{n+1}+\sqrt{n})}$

$=\lim\limits_{n\to\infty}\dfrac{\sqrt{n+1}+\sqrt{n}}{\sqrt{2n}\{(n+1)-n\}}$

$=\lim\limits_{n\to\infty}\dfrac{\sqrt{n+1}+\sqrt{n}}{\sqrt{2n}}$

$=\lim\limits_{n\to\infty}\dfrac{\sqrt{1+\dfrac{1}{n}}+1}{\sqrt{2}}$

$=\dfrac{2}{\sqrt{2}}=\sqrt{2}$

답 ⑤

02 수열 $\{a_n\}$의 첫째항이 $\dfrac{5}{3}$이므로

$a_1 = \dfrac{a+b}{3} = \dfrac{5}{3}$에서 $a+b=5$ ······ ㉠

$\displaystyle\sum_{n=1}^{\infty} a_n = \lim_{n \to \infty} \sum_{k=1}^{n} a_k$

   $= \displaystyle\lim_{n \to \infty} \dfrac{an+b}{2n+1}$

   $= \displaystyle\lim_{n \to \infty} \dfrac{a + \dfrac{b}{n}}{2 + \dfrac{1}{n}}$

   $= \dfrac{a}{2} = 2$

따라서 $a=4$이고 ㉠에서 $b=5-a=5-4=1$이므로

$a-b=4-1=3$

🅐 ③

03 등차수열 $\{a_n\}$의 첫째항이 1이고 공차가 3이므로

$a_1 = 1$, $a_n = 1 + (n-1) \times 3 = 3n-2$

급수 $\displaystyle\sum_{n=1}^{\infty} \left(\dfrac{1}{a_{2n-1}} - \dfrac{1}{a_{2n+1}} \right)$의 부분합 S_n은

$S_n = \displaystyle\sum_{k=1}^{n} \left(\dfrac{1}{a_{2k-1}} - \dfrac{1}{a_{2k+1}} \right)$

  $= \left(\dfrac{1}{a_1} - \dfrac{1}{a_3} \right) + \left(\dfrac{1}{a_3} - \dfrac{1}{a_5} \right) + \left(\dfrac{1}{a_5} - \dfrac{1}{a_7} \right)$

       $+ \cdots + \left(\dfrac{1}{a_{2n-1}} - \dfrac{1}{a_{2n+1}} \right)$

  $= \dfrac{1}{a_1} - \dfrac{1}{a_{2n+1}}$

  $= \dfrac{1}{1} - \dfrac{1}{3(2n+1)-2}$

  $= 1 - \dfrac{1}{6n+1}$

따라서

$\displaystyle\sum_{n=1}^{\infty} \left(\dfrac{1}{a_{2n-1}} - \dfrac{1}{a_{2n+1}} \right) = \lim_{n \to \infty} S_n$

        $= \displaystyle\lim_{n \to \infty} \left(1 - \dfrac{1}{6n+1} \right) = 1$

🅐 ③

04 등비수열 $\{a_n\}$의 첫째항이 8이고 공비가 2이므로

$a_n = 8 \times 2^{n-1} = 2^3 \times 2^{n-1} = 2^{n+2}$

급수 $\displaystyle\sum_{n=1}^{\infty} \left(\dfrac{1}{\sqrt{a_{2n}}} - \dfrac{1}{\sqrt{a_{2n+2}}} \right)$의 부분합 S_n은

$S_n = \displaystyle\sum_{k=1}^{n} \left(\dfrac{1}{\sqrt{a_{2k}}} - \dfrac{1}{\sqrt{a_{2k+2}}} \right)$

  $= \left(\dfrac{1}{\sqrt{a_2}} - \dfrac{1}{\sqrt{a_4}} \right) + \left(\dfrac{1}{\sqrt{a_4}} - \dfrac{1}{\sqrt{a_6}} \right) + \left(\dfrac{1}{\sqrt{a_6}} - \dfrac{1}{\sqrt{a_8}} \right)$

       $+ \cdots + \left(\dfrac{1}{\sqrt{a_{2n}}} - \dfrac{1}{\sqrt{a_{2n+2}}} \right)$

  $= \dfrac{1}{\sqrt{a_2}} - \dfrac{1}{\sqrt{a_{2n+2}}}$

  $= \dfrac{1}{\sqrt{2^4}} - \dfrac{1}{\sqrt{2^{2n+4}}}$

  $= \dfrac{1}{4} - \dfrac{1}{2^{n+2}}$

따라서

$\displaystyle\sum_{n=1}^{\infty} \left(\dfrac{1}{\sqrt{a_{2n}}} - \dfrac{1}{\sqrt{a_{2n+2}}} \right) = \lim_{n \to \infty} S_n$

        $= \displaystyle\lim_{n \to \infty} \left(\dfrac{1}{4} - \dfrac{1}{2^{n+2}} \right)$

        $= \dfrac{1}{4}$

🅐 ①

05 직선 $2nx + (n+1)y = n^2 + n$에서

$x=0$일 때,

$(n+1)y = n^2 + n$, $y = \dfrac{n^2+n}{n+1} = \dfrac{n(n+1)}{n+1} = n$

$y=0$일 때,

$2nx = n^2 + n$, $x = \dfrac{n^2+n}{2n} = \dfrac{n(n+1)}{2n} = \dfrac{n+1}{2}$

따라서 직선 $2nx+(n+1)y=n^2+n$과 x축, y축으로 둘러싸인 도형의 넓이 S_n은

$S_n = \dfrac{1}{2} \times n \times \dfrac{n+1}{2} = \dfrac{n(n+1)}{4}$

이므로

$\displaystyle\sum_{k=1}^{n} \dfrac{1}{S_k} = \sum_{k=1}^{n} \dfrac{4}{k(k+1)} = 4 \sum_{k=1}^{n} \left(\dfrac{1}{k} - \dfrac{1}{k+1} \right)$

   $= 4 \left\{ \left(\dfrac{1}{1} - \dfrac{1}{2} \right) + \left(\dfrac{1}{2} - \dfrac{1}{3} \right) + \left(\dfrac{1}{3} - \dfrac{1}{4} \right) \right.$

        $\left. + \cdots + \left(\dfrac{1}{n} - \dfrac{1}{n+1} \right) \right\}$

   $= 4 \left(1 - \dfrac{1}{n+1} \right)$

$\displaystyle\sum_{n=1}^{\infty} \dfrac{1}{S_n} = \lim_{n \to \infty} \sum_{k=1}^{n} \dfrac{1}{S_k}$

   $= 4 \displaystyle\lim_{n \to \infty} \left(1 - \dfrac{1}{n+1} \right) = 4$

🅐 ⑤

06 모든 자연수 n에 대하여 이차함수 $y=x^2-a_nx+b_n$의 그 래프는 두 점 $(n(n+1), 0)$, $((n+1)(n+2), 0)$을 지나므 로 이차방정식 $x^2-a_nx+b_n=0$의 두 근은 $n(n+1)$, $(n+1)(n+2)$이다.

따라서 이차방정식의 근과 계수의 관계에 의하여

$a_n=n(n+1)+(n+1)(n+2)=2(n+1)^2$

$b_n=n(n+1)\times(n+1)(n+2)$

$\quad=n(n+1)^2(n+2)$

이므로

$\dfrac{a_n}{b_n}=\dfrac{2(n+1)^2}{n(n+1)^2(n+2)}=\dfrac{2}{n(n+2)}$

$\quad=\dfrac{1}{n}-\dfrac{1}{n+2}$

급수 $\displaystyle\sum_{n=1}^{\infty}\dfrac{a_n}{b_n}$의 부분합 S_n은

$S_n=\displaystyle\sum_{k=1}^{n}\dfrac{a_k}{b_k}$

$\quad=\displaystyle\sum_{k=1}^{n}\left(\dfrac{1}{k}-\dfrac{1}{k+2}\right)$

$\quad=\left(1-\dfrac{1}{3}\right)+\left(\dfrac{1}{2}-\dfrac{1}{4}\right)+\left(\dfrac{1}{3}-\dfrac{1}{5}\right)$

$\qquad\qquad +\cdots+\left(\dfrac{1}{n-1}-\dfrac{1}{n+1}\right)+\left(\dfrac{1}{n}-\dfrac{1}{n+2}\right)$

$\quad=1+\dfrac{1}{2}-\dfrac{1}{n+1}-\dfrac{1}{n+2}$

$\displaystyle\sum_{n=1}^{\infty}\dfrac{a_n}{b_n}=\lim_{n\to\infty}S_n$

$\qquad\quad=\lim_{n\to\infty}\left(1+\dfrac{1}{2}-\dfrac{1}{n+1}-\dfrac{1}{n+2}\right)$

$\qquad\quad=1+\dfrac{1}{2}=\dfrac{3}{2}$

답 ③

07 급수 $\displaystyle\sum_{n=1}^{\infty}\left(a_n+\dfrac{4n}{3n-1}\right)$이 수렴하므로

$\lim_{n\to\infty}\left(a_n+\dfrac{4n}{3n-1}\right)=0$이다.

$\lim_{n\to\infty}a_n=\lim_{n\to\infty}\left\{\left(a_n+\dfrac{4n}{3n-1}\right)-\dfrac{4n}{3n-1}\right\}$

$\qquad\quad=\lim_{n\to\infty}\left(a_n+\dfrac{4n}{3n-1}\right)-\lim_{n\to\infty}\dfrac{4n}{3n-1}$

$\qquad\quad=0-\lim_{n\to\infty}\dfrac{4}{3-\dfrac{1}{n}}=-\dfrac{4}{3}$

답 ②

08 급수 $\displaystyle\sum_{n=1}^{\infty}\left(\dfrac{a_n}{2^{n+1}+3}-\dfrac{1}{4}\right)$이 수렴하므로

$\lim_{n\to\infty}\left(\dfrac{a_n}{2^{n+1}+3}-\dfrac{1}{4}\right)=0$이다.

$\lim_{n\to\infty}\dfrac{a_n}{2^{n+1}+3}=\lim_{n\to\infty}\left\{\left(\dfrac{a_n}{2^{n+1}+3}-\dfrac{1}{4}\right)+\dfrac{1}{4}\right\}$

$\qquad\qquad=\lim_{n\to\infty}\left(\dfrac{a_n}{2^{n+1}+3}-\dfrac{1}{4}\right)+\lim_{n\to\infty}\dfrac{1}{4}$

$\qquad\qquad=0+\dfrac{1}{4}=\dfrac{1}{4}$

$\lim_{n\to\infty}\dfrac{a_n}{2^{n-1}+1}=\lim_{n\to\infty}\left(\dfrac{a_n}{2^{n+1}+3}\times\dfrac{2^{n+1}+3}{2^{n-1}+1}\right)$

$\qquad\qquad=\lim_{n\to\infty}\dfrac{a_n}{2^{n+1}+3}\times\lim_{n\to\infty}\dfrac{2^{n+1}+3}{2^{n-1}+1}$

$\qquad\qquad=\dfrac{1}{4}\times\lim_{n\to\infty}\dfrac{2+\dfrac{3}{2^n}}{\dfrac{1}{2}+\dfrac{1}{2^n}}$

$\qquad\qquad=\dfrac{1}{4}\times 4=1$

답 ④

09 급수 $\displaystyle\sum_{n=1}^{\infty}\left(\dfrac{a_n}{n}-3\right)$이 수렴하므로 $\lim_{n\to\infty}\left(\dfrac{a_n}{n}-3\right)=0$이다.

$\lim_{n\to\infty}\dfrac{a_n}{n}=\lim_{n\to\infty}\left\{\left(\dfrac{a_n}{n}-3\right)+3\right\}$

$\qquad\quad=\lim_{n\to\infty}\left(\dfrac{a_n}{n}-3\right)+\lim_{n\to\infty}3=0+3=3$

$\lim_{n\to\infty}\dfrac{a_n}{\sqrt{9n^2+n}-2n}$

$=\lim_{n\to\infty}\left(\dfrac{a_n}{n}\times\dfrac{n}{\sqrt{9n^2+n}-2n}\right)$

$=\lim_{n\to\infty}\dfrac{a_n}{n}\times\lim_{n\to\infty}\dfrac{n}{\sqrt{9n^2+n}-2n}$

$=3\lim_{n\to\infty}\dfrac{n(\sqrt{9n^2+n}+2n)}{(\sqrt{9n^2+n}-2n)(\sqrt{9n^2+n}+2n)}$

$=3\lim_{n\to\infty}\dfrac{n(\sqrt{9n^2+n}+2n)}{5n^2+n}$

$=3\lim_{n\to\infty}\dfrac{\sqrt{9n^2+n}+2n}{5n+1}$

$=3\lim_{n\to\infty}\dfrac{\sqrt{9+\dfrac{1}{n}}+2}{5+\dfrac{1}{n}}$

$=3\times\dfrac{\sqrt{9+0}+2}{5+0}=3\times\dfrac{5}{5}=3$

답 ④

10 ㄱ. $a_n = \dfrac{n}{2n-1}$이라 하면

$$\lim_{n\to\infty} a_n = \lim_{n\to\infty} \dfrac{n}{2n-1}$$
$$= \lim_{n\to\infty} \dfrac{1}{2-\dfrac{1}{n}}$$
$$= \dfrac{1}{2}$$

즉, $\lim\limits_{n\to\infty} a_n \neq 0$이므로 급수 $\sum\limits_{n=1}^{\infty} a_n = \sum\limits_{n=1}^{\infty} \dfrac{n}{2n-1}$은 수렴하지 않는다.

ㄴ. 급수 $\sum\limits_{n=1}^{\infty} \left(\dfrac{1}{2^n} - \dfrac{1}{2^{n+1}} \right)$의 부분합 S_n은

$$S_n = \sum_{k=1}^{n} \left(\dfrac{1}{2^k} - \dfrac{1}{2^{k+1}} \right)$$
$$= \left(\dfrac{1}{2} - \dfrac{1}{2^2} \right) + \left(\dfrac{1}{2^2} - \dfrac{1}{2^3} \right) + \left(\dfrac{1}{2^3} - \dfrac{1}{2^4} \right)$$
$$+ \cdots + \left(\dfrac{1}{2^n} - \dfrac{1}{2^{n+1}} \right)$$
$$= \dfrac{1}{2} - \dfrac{1}{2^{n+1}}$$

$$\sum_{n=1}^{\infty} \left(\dfrac{1}{2^n} - \dfrac{1}{2^{n+1}} \right) = \lim_{n\to\infty} S_n$$
$$= \lim_{n\to\infty} \left(\dfrac{1}{2} - \dfrac{1}{2^{n+1}} \right)$$
$$= \lim_{n\to\infty} \dfrac{1}{2} - \lim_{n\to\infty} \dfrac{1}{2^{n+1}}$$
$$= \dfrac{1}{2} \ (\text{수렴})$$

ㄷ. 급수 $\sum\limits_{n=1}^{\infty} \dfrac{1}{\sqrt{n+1}+\sqrt{n}}$의 부분합 S_n은

$$S_n = \sum_{k=1}^{n} \dfrac{1}{\sqrt{k+1}+\sqrt{k}}$$
$$= \sum_{k=1}^{n} \dfrac{\sqrt{k+1}-\sqrt{k}}{(\sqrt{k+1}+\sqrt{k})(\sqrt{k+1}-\sqrt{k})}$$
$$= \sum_{k=1}^{n} (\sqrt{k+1}-\sqrt{k})$$
$$= (\sqrt{2}-\sqrt{1}) + (\sqrt{3}-\sqrt{2}) + (\sqrt{4}-\sqrt{3})$$
$$+ \cdots + (\sqrt{n}-\sqrt{n-1}) + (\sqrt{n+1}-\sqrt{n})$$
$$= -1 + \sqrt{n+1}$$

$$\sum_{n=1}^{\infty} \dfrac{1}{\sqrt{n+1}+\sqrt{n}} = \lim_{n\to\infty} S_n$$
$$= \lim_{n\to\infty} (-1+\sqrt{n+1})$$
$$= \infty \ (\text{발산})$$

따라서 수렴하는 것은 ㄴ이다.

답 ②

11 $\sum\limits_{n=1}^{\infty} \{4(a_n+1)+2b_n\} = \sum\limits_{n=1}^{\infty} \{(4a_n+4)+2b_n\}$
$$= \sum_{n=1}^{\infty} \{4a_n+2(b_n+2)\}$$
$$= \sum_{n=1}^{\infty} 4a_n + \sum_{n=1}^{\infty} 2(b_n+2)$$
$$= 4\sum_{n=1}^{\infty} a_n + 2\sum_{n=1}^{\infty} (b_n+2)$$
$$= 4\times 2 + 2\times 3$$
$$= 8+6 = 14$$

답 ③

12 두 급수 $\sum\limits_{n=1}^{\infty} a_n$, $\sum\limits_{n=1}^{\infty} b_n$이 모두 수렴하므로

$\sum\limits_{n=1}^{\infty} a_n = p$, $\sum\limits_{n=1}^{\infty} b_n = q$라 하자.

(가) $\left(\sum\limits_{n=1}^{\infty} \dfrac{a_n}{2} \right)^2 = \sum\limits_{n=1}^{\infty} b_n$에서

$$\left(\sum_{n=1}^{\infty} \dfrac{a_n}{2} \right)^2 = \left(\dfrac{1}{2} \sum_{n=1}^{\infty} a_n \right)^2 = \left(\dfrac{1}{2} p \right)^2 = \dfrac{1}{4} p^2$$

이므로 $\dfrac{1}{4} p^2 = q$, $p^2 = 4q$ $\qquad \cdots\cdots$ ㉠

(나) $\sum\limits_{n=1}^{\infty} (8a_n - b_n) = \sum\limits_{n=1}^{\infty} 8a_n - \sum\limits_{n=1}^{\infty} b_n$
$$= 8\sum_{n=1}^{\infty} a_n - \sum_{n=1}^{\infty} b_n$$
$$= 8p - q$$

이므로 $8p-q = 64$, $q = 8p-64$

이를 ㉠에 대입하면

$p^2 = 4(8p-64)$, $p^2-32p+256=0$, $(p-16)^2 = 0$

즉, $p=16$이고 ㉠에서 $q = \dfrac{1}{4} p^2 = \dfrac{1}{4} \times 16^2 = 64$

따라서 $\sum\limits_{n=1}^{\infty} (a_n+b_n) = \sum\limits_{n=1}^{\infty} a_n + \sum\limits_{n=1}^{\infty} b_n$
$$= p+q = 16+64 = 80$$

답 80

13 등비수열 $\{a_n\}$의 공비를 r라 하면

$a_n = a_1 r^{n-1} = 12 r^{n-1}$이다.

$a_3 = 12r^2$에서 $\dfrac{4}{3} = 12r^2$

$r^2 = \dfrac{4}{3} \times \dfrac{1}{12} = \dfrac{1}{9}$

이때 $\dfrac{a_{n+2}}{a_n} = \dfrac{12r^{n+1}}{12r^{n-1}} = r^{(n+1)-(n-1)} = r^2 = \dfrac{1}{9}$

이므로

$\displaystyle\sum_{n=1}^{\infty}\left(\frac{a_{n+2}}{a_n}\right)^n=\sum_{n=1}^{\infty}\left(\frac{1}{9}\right)^n=\frac{\frac{1}{9}}{1-\frac{1}{9}}=\frac{1}{8}$

답 ①

14 등비수열 $\{a_n\}$의 공비를 $r\,(-1<r<1)$라 하면
$a_n=a_1r^{n-1}$이다.
$\displaystyle\sum_{n=1}^{\infty}a_n=\sum_{n=1}^{\infty}a_1r^{n-1}=\frac{a_1}{1-r}=4$
$a_1=4(1-r)$ ······ ㉠
$\displaystyle\sum_{n=1}^{\infty}(a_n)^2=\sum_{n=1}^{\infty}(a_1r^{n-1})^2=\frac{(a_1)^2}{1-r^2}$
$\qquad\qquad=\frac{a_1}{1-r}\times\frac{a_1}{1+r}$

이므로

$\dfrac{a_1}{1-r}\times\dfrac{a_1}{1+r}=\dfrac{16}{7}$

㉠을 이 식에 대입하면

$4\times\dfrac{4(1-r)}{1+r}=\dfrac{16}{7},\ \dfrac{1-r}{1+r}=\dfrac{1}{7}$

$7-7r=1+r$에서 $r=\dfrac{3}{4}$

이고 ㉠에서 $a_1=4\left(1-\dfrac{3}{4}\right)=1$

따라서

$2^{10}\times a_5=2^{10}\times a_1r^4$
$\qquad\quad=2^{10}\times\left(\dfrac{3}{4}\right)^4$
$\qquad\quad=2^{10}\times\dfrac{81}{2^8}$
$\qquad\quad=2^2\times 81$
$\qquad\quad=324$

답 324

15 삼각형 ABC의 무게중심의 좌표가 $(a_n,\ b_n)$이므로
$a_n=\dfrac{0+2^n+2^{n+1}}{3}=\dfrac{2^n+2\times 2^n}{3}$
$\quad=\dfrac{3\times 2^n}{3}=2^n$

$b_n=\dfrac{0+3^{n-1}+3^n}{3}=\dfrac{\frac{1}{3}\times 3^n+3^n}{3}$
$\quad=\dfrac{\frac{4}{3}\times 3^n}{3}=\dfrac{4}{9}\times 3^n$

$\dfrac{a_n}{b_n}=\dfrac{2^n}{\frac{4}{9}\times 3^n}=\dfrac{9}{4}\times\left(\dfrac{2}{3}\right)^n$

이므로

$\displaystyle\sum_{n=1}^{\infty}\dfrac{a_n}{b_n}=\dfrac{9}{4}\sum_{n=1}^{\infty}\left(\dfrac{2}{3}\right)^n$
$\qquad\qquad=\dfrac{9}{4}\times\dfrac{\frac{2}{3}}{1-\frac{2}{3}}$
$\qquad\qquad=\dfrac{9}{4}\times 2=\dfrac{9}{2}$

답 ⑤

16 $3^1=3$을 4로 나누었을 때의 나머지가 3이므로 $a_1=3$
$3^2=9$를 4로 나누었을 때의 나머지가 1이므로 $a_2=1$
$3^3=27$을 4로 나누었을 때의 나머지가 3이므로 $a_3=3$
$3^4=81$을 4로 나누었을 때의 나머지가 1이므로 $a_4=1$
$\quad\vdots$
따라서 $a_{2n-1}=3,\ a_{2n}=1$이다. $\qquad$ ··· (∗)
$\displaystyle\sum_{n=1}^{\infty}\dfrac{(a_{2n-1})^n-(a_{2n})^n}{4^n}=\sum_{n=1}^{\infty}\dfrac{3^n-1^n}{4^n}$
$\qquad\qquad=\sum_{n=1}^{\infty}\left(\dfrac{3}{4}\right)^n-\sum_{n=1}^{\infty}\left(\dfrac{1}{4}\right)^n$
$\qquad\qquad=\dfrac{\frac{3}{4}}{1-\frac{3}{4}}-\dfrac{\frac{1}{4}}{1-\frac{1}{4}}$
$\qquad\qquad=3-\dfrac{1}{3}=\dfrac{8}{3}$

답 ③

참고 (∗)

(i) $3^{2n-1}=3\times 3^{2n-2}=3\times(3^2)^{n-1}$
$\qquad\quad=3\times 9^{n-1}$
$\qquad\quad=3\times(4\times 2+1)^{n-1}$

이때 $(4\times 2+1)^{n-1}$을 4로 나누었을 때의 나머지가 1이므로
$3\times(4\times 2+1)^{n-1}$을 4로 나누었을 때의 나머지는 3이다.

(ii) $3^{2n}=(3^2)^n=9^n$
$\qquad\quad=(4\times 2+1)^n$
이때 $(4\times 2+1)^n$을 4로 나누었을 때의 나머지는 1이다.

17 수열 $\left\{\left(\dfrac{x}{a}-2\right)^{n-1}\right\}$은 공비가 $\dfrac{x}{a}-2$인 등비수열이므로

등비급수 $\displaystyle\sum_{n=1}^{\infty}\left(\dfrac{x}{a}-2\right)^{n-1}$이 수렴하려면

$-1 < \dfrac{x}{a} - 2 < 1$, $1 < \dfrac{x}{a} < 3$을 만족해야 한다.

각 변에 $a\,(a > 0)$를 곱하면

$a < x < 3a$ ...... ㉠

이때 a, $3a$가 자연수이므로 ㉠을 만족시키는 모든 정수 x의 개수는

$3a - a - 1 = 2a - 1$

이므로

$2a - 1 = 21$에서 $a = 11$

답 11

18 (가) $x^2 - 8x + 7 < 0$에서 $(x-1)(x-7) < 0$

$1 < x < 7$ ...... ㉠

(나) 급수 $\displaystyle\sum_{n=1}^{\infty}\left(\dfrac{4}{x}\right)^n$이 수렴하므로

$-1 < \dfrac{4}{x} < 1$ ...... ㉡

㉠을 만족시키는 정수 x는 2, 3, 4, 5, 6이고, 이 중에서 ㉡을 만족시키는 정수 x는 5, 6이다.

따라서 모든 정수 x의 값의 합은 $5 + 6 = 11$이다.

답 11

19 점 B_1에서 선분 BC_1에 내린 수선의 발을 H_1, 점 B_{n+1}에서 선분 B_nC_{n+1}에 내린 수선의 발을 H_{n+1}이라 하자.

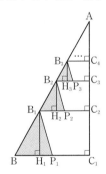

$\overline{BP_1} = \dfrac{1}{2}\overline{BC_1} = \dfrac{1}{2} \times 3 = \dfrac{3}{2}$

직각삼각형 ABC_1에서

$\overline{AC_1} = \sqrt{6^2 - 3^2} = 3\sqrt{3}$

두 직각삼각형 ABC_1, AB_1C_2는 닮음비가 3 : 2이므로

$\overline{AC_2} = \dfrac{2}{3}\overline{AC_1} = \dfrac{2}{3} \times 3\sqrt{3} = 2\sqrt{3}$

$\overline{B_1H_1} = \overline{C_2C_1} = \overline{AC_1} - \overline{AC_2} = 3\sqrt{3} - 2\sqrt{3} = \sqrt{3}$

삼각형 B_1BP_1의 넓이 S_1은

$S_1 = \dfrac{1}{2} \times \dfrac{3}{2} \times \sqrt{3} = \dfrac{3\sqrt{3}}{4}$

두 직각삼각형 ABC_1, AB_1C_2는 닮음비가 3 : 2이므로 두 삼각형 B_1BP_1, $B_2B_1P_2$의 닮음비도 3 : 2이고, 두 삼각형의 넓이 S_1, S_2 사이에는 $S_1 : S_2 = 3^2 : 2^2 = 9 : 4$가 성립한다.

즉, $S_2 = \dfrac{4}{9}S_1$이다.

이와 같은 방법으로

$S_3 = \dfrac{4}{9}S_2 = \left(\dfrac{4}{9}\right)^2 S_1$, $S_4 = \dfrac{4}{9}S_3 = \left(\dfrac{4}{9}\right)^3 S_1$, $\cdots$

임을 알 수 있다.

$\displaystyle\sum_{n=1}^{\infty} S_n = S_1 + S_2 + S_3 + \cdots$

$= S_1 + \dfrac{4}{9}S_1 + \left(\dfrac{4}{9}\right)^2 S_1 + \left(\dfrac{4}{9}\right)^3 S_1 + \cdots$

$= \dfrac{S_1}{1 - \dfrac{4}{9}}$

$= \dfrac{9}{5}S_1$

$= \dfrac{9}{5} \times \dfrac{3\sqrt{3}}{4}$

$= \dfrac{27\sqrt{3}}{20}$

답 ③

20

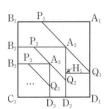

직각삼각형 $A_1P_1Q_1$에서 $\overline{A_1P_1} = \overline{A_1Q_1} = 2$이므로

$L_1 = \overline{P_1Q_1} = \sqrt{2^2 + 2^2} = 2\sqrt{2}$

점 A_2가 선분 P_1Q_1의 중점이므로

$\overline{A_2Q_1} = \dfrac{1}{2}\overline{P_1Q_1}$

$= \dfrac{1}{2} \times 2\sqrt{2} = \sqrt{2}$

점 Q_1에서 선분 A_2D_2에 내린 수선의 발을 H_1이라 하고, 직각삼각형 $A_2H_1Q_1$에서 $\overline{A_2H_1} = \overline{Q_1H_1} = x$라 하면

$x^2 + x^2 = (\sqrt{2})^2$, $x = 1$

즉, $\overline{A_2H_1} = \overline{Q_1H_1} = 1$, $\overline{D_1D_2} = 1$이다.

따라서 정사각형 $A_2B_2C_1D_2$의 한 변의 길이는 2이고, 두 정사각형 $A_1B_1C_1D_1$, $A_2B_2C_1D_2$의 닮음비는 3 : 2이므로

$L_2 = \overline{P_2Q_2} = \dfrac{2}{3} \times \overline{P_1Q_1} = \dfrac{2}{3} \times 2\sqrt{2} = \dfrac{4\sqrt{2}}{3}$

이와 같은 방법으로

$$L_3 = \overline{P_3Q_3} = \frac{2}{3} \times \overline{P_2Q_2} = \frac{2}{3} \times \frac{4\sqrt{2}}{3} = \frac{8\sqrt{2}}{9}$$

$$L_4 = \overline{P_4Q_4} = \frac{2}{3} \times \overline{P_3Q_3} = \frac{2}{3} \times \frac{8\sqrt{2}}{9} = \frac{16\sqrt{2}}{27}$$

$$\vdots$$

따라서

$$\sum_{n=1}^{\infty} L_n = 2\sqrt{2} + \frac{4\sqrt{2}}{3} + \frac{8\sqrt{2}}{9} + \frac{16\sqrt{2}}{27} + \cdots$$

$$= \frac{2\sqrt{2}}{1 - \frac{2}{3}} = 6\sqrt{2}$$

답 ②

서술형 **연습장**   본문 28쪽

01 $\frac{1}{2}$ **02** $1 < x \le 2$ **03** $\frac{3}{2}$

01 $n \ge 2$일 때,

$$a_n = S_n - S_{n-1} = n^2 - (n-1)^2$$

$$= n^2 - (n^2 - 2n + 1)$$

$$= 2n - 1$$

이때 $a_1 = 1 = S_1$이므로 $a_n = 2n - 1 \, (n \ge 1)$이다.   ……❶

급수 $\sum_{n=1}^{\infty} \frac{1}{a_n a_{n+1}}$의 부분합을 T_n이라 하면

$$T_n = \sum_{k=1}^{n} \frac{1}{a_k a_{k+1}}$$

$$= \sum_{k=1}^{n} \frac{1}{(2k-1)(2k+1)}$$

$$= \frac{1}{2} \sum_{k=1}^{n} \left(\frac{1}{2k-1} - \frac{1}{2k+1} \right)$$

$$= \frac{1}{2} \left\{ \left(\frac{1}{1} - \frac{1}{3} \right) + \left(\frac{1}{3} - \frac{1}{5} \right) + \left(\frac{1}{5} - \frac{1}{7} \right) \right.$$

$$\left. + \cdots + \left(\frac{1}{2n-1} - \frac{1}{2n+1} \right) \right\}$$

$$= \frac{1}{2} \left(1 - \frac{1}{2n+1} \right)$$ ……❷

$$\sum_{n=1}^{\infty} \frac{1}{a_n a_{n+1}} = \lim_{n \to \infty} T_n = \frac{1}{2} \lim_{n \to \infty} \left(1 - \frac{1}{2n+1} \right)$$

$$= \frac{1}{2} (1 - 0) = \frac{1}{2}$$ ……❸

답 $\frac{1}{2}$

단계	채점 기준	비율
❶	수열의 합으로부터 일반항을 구한 경우	40 %
❷	부분분수를 이용하여 부분합을 구한 경우	40 %
❸	급수의 값을 구한 경우	20 %

02 $\lim_{n \to \infty} a_n = \lim_{n \to \infty} \left(\frac{x+1}{3} \right)^{n-1}$이 수렴하려면

$$-1 < \frac{x+1}{3} \le 1, \, -3 < x+1 \le 3$$

$$-4 < x \le 2$$ ……㉠

……❶

$\sum_{n=1}^{\infty} b_n = \sum_{n=1}^{\infty} (2-x)^{n-1}$이 수렴하려면

$$-1 < 2-x < 1, \, -3 < -x < -1$$

$$1 < x < 3$$ ……㉡

……❷

㉠, ㉡의 범위를 수직선에 나타내면 다음과 같다.

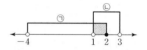

따라서 ㉠, ㉡의 공통인 범위는 $1 < x \le 2$ ……❸

답 $1 < x \le 2$

단계	채점 기준	비율
❶	$\lim_{n \to \infty} a_n$이 수렴하도록 하는 실수 x의 값의 범위를 구한 경우	40 %
❷	$\sum_{n=1}^{\infty} b_n$이 수렴하도록 하는 실수 x의 값의 범위를 구한 경우	40 %
❸	$\lim_{n \to \infty} a_n$과 $\sum_{n=1}^{\infty} b_n$이 모두 수렴하도록 하는 실수 x의 값의 범위를 구한 경우	20 %

03 $a_{n+1} = 3a_n \, (n \ge 1)$을 만족시키는 수열 $\{a_n\}$은 공비가 3인 등비수열이므로

$$a_n = \frac{1}{4} \times 3^{n-1} = \frac{3^{n-1}}{4}$$ ……❶

$a_{2n} = \frac{3^{2n-1}}{4}$이므로

$$\frac{1}{a_{2n}} = \frac{4}{3^{2n-1}} = \frac{4}{3^{2n} \times \frac{1}{3}} = 12 \times \left(\frac{1}{9} \right)^n$$ ……❷

$$= \lim_{n \to \infty} \frac{\left(\frac{4}{9}\right)^n + 2 \times \left(\frac{2}{3}\right)^n + 1}{\left(\frac{1}{9}\right)^n + \frac{1}{3}}$$

$$= \frac{0 + 0 + 1}{0 + \frac{1}{3}} = 3$$

답 ⑤

04 $\dfrac{1}{(n+3)(n+5)} = \dfrac{1}{2}\left(\dfrac{1}{n+3} - \dfrac{1}{n+5}\right)$이므로

급수 $\displaystyle\sum_{n=1}^{\infty} \dfrac{1}{(n+3)(n+5)}$의 부분합 S_n은

$$S_n = \sum_{k=1}^{n} \frac{1}{(k+3)(k+5)}$$

$$= \frac{1}{2} \sum_{k=1}^{n} \left(\frac{1}{k+3} - \frac{1}{k+5}\right)$$

$$= \frac{1}{2}\left\{\left(\frac{1}{4} - \frac{1}{6}\right) + \left(\frac{1}{5} - \frac{1}{7}\right) + \left(\frac{1}{6} - \frac{1}{8}\right)\right.$$

$$\left. + \cdots + \left(\frac{1}{n+2} - \frac{1}{n+4}\right) + \left(\frac{1}{n+3} - \frac{1}{n+5}\right)\right\}$$

$$= \frac{1}{2}\left(\frac{1}{4} + \frac{1}{5} - \frac{1}{n+4} - \frac{1}{n+5}\right)$$

$$\sum_{n=1}^{\infty} \frac{1}{(n+3)(n+5)}$$

$$= \lim_{n \to \infty} S_n$$

$$= \lim_{n \to \infty} \frac{1}{2}\left(\frac{1}{4} + \frac{1}{5} - \frac{1}{n+4} - \frac{1}{n+5}\right)$$

$$= \frac{1}{2}\left(\frac{1}{4} + \frac{1}{5}\right)$$

$$= \frac{9}{40}$$

답 ②

05 $\displaystyle\lim_{n \to \infty}(a_n - 3) = 1$이므로

$$\lim_{n \to \infty} a_n = \lim_{n \to \infty}\{(a_n - 3) + 3\}$$

$$= \lim_{n \to \infty}(a_n - 3) + \lim_{n \to \infty} 3$$

$$= 1 + 3 = 4$$

급수 $\displaystyle\sum_{n=1}^{\infty}(b_n - 2)$가 수렴하므로 $\displaystyle\lim_{n \to \infty}(b_n - 2) = 0$

$$\lim_{n \to \infty} b_n = \lim_{n \to \infty}\{(b_n - 2) + 2\}$$

$$= \lim_{n \to \infty}(b_n - 2) + \lim_{n \to \infty} 2$$

$$= 0 + 2 = 2$$

따라서

$$\lim_{n \to \infty}(2a_n - b_n) = 2\lim_{n \to \infty} a_n - \lim_{n \to \infty} b_n$$

$$= 2 \times 4 - 2 = 6$$

답 ③

06 등차수열 $\{a_n\}$의 공차를 d라 하면

$a_n = 1 + (n-1)d$이므로

$a_4 - a_2 = (1 + 3d) - (1 + d) = 2d = 6$, $d = 3$

이때 등차수열 $\{a_n\}$은 모든 자연수 n에 대하여

$a_{n+1} - a_n = d = 3$을 만족하므로

$$\sum_{n=1}^{\infty} \frac{a_{n+1} - a_n}{3^n} = \sum_{n=1}^{\infty} \frac{3}{3^n}$$

$$= \sum_{n=1}^{\infty} \frac{1}{3^{n-1}}$$

$$= \frac{1}{1 - \frac{1}{3}} = \frac{3}{2}$$

답 ④

07 다항함수 $f(x) = x^3 + 2x + 1$에 대하여

$f'(x) = 3x^2 + 2$이므로

$f(n) = n^3 + 2n + 1$, $f'(n) = 3n^2 + 2$

따라서

$$\lim_{n \to \infty} \frac{f(n)}{(2n+1)f'(n)} = \lim_{n \to \infty} \frac{n^3 + 2n + 1}{(2n+1)(3n^2+2)}$$

$$= \lim_{n \to \infty} \frac{1 + \frac{2}{n^2} + \frac{1}{n^3}}{\left(2 + \frac{1}{n}\right)\left(3 + \frac{2}{n^2}\right)}$$

$$= \frac{1 + 0 + 0}{(2+0) \times (3+0)} = \frac{1}{6}$$

답 ⑤

08 $\displaystyle\lim_{n \to \infty} \frac{1}{\sqrt{a_n + 6n} - \sqrt{a_n - 2n}}$

$$= \lim_{n \to \infty} \frac{1}{\sqrt{n^2 - 2n + 9 + 6n} - \sqrt{n^2 - 2n + 9 - 2n}}$$

$$= \lim_{n \to \infty} \frac{1}{\sqrt{n^2 + 4n + 9} - \sqrt{n^2 - 4n + 9}}$$

$$= \lim_{n \to \infty} \frac{\sqrt{n^2 + 4n + 9} + \sqrt{n^2 - 4n + 9}}{(\sqrt{n^2 + 4n + 9} - \sqrt{n^2 - 4n + 9})(\sqrt{n^2 + 4n + 9} + \sqrt{n^2 - 4n + 9})}$$

$$= \lim_{n \to \infty} \frac{\sqrt{n^2 + 4n + 9} + \sqrt{n^2 - 4n + 9}}{(n^2 + 4n + 9) - (n^2 - 4n + 9)}$$

$$= \lim_{n \to \infty} \frac{\sqrt{n^2+4n+9}+\sqrt{n^2-4n+9}}{8n}$$

$$= \lim_{n \to \infty} \frac{\sqrt{1+\dfrac{4}{n}+\dfrac{9}{n^2}}+\sqrt{1-\dfrac{4}{n}+\dfrac{9}{n^2}}}{8}$$

$$= \frac{\sqrt{1+0+0}+\sqrt{1-0+0}}{8}$$

$$= \frac{2}{8} = \frac{1}{4}$$

目 ②

다른풀이

$$\lim_{n \to \infty} \frac{1}{\sqrt{a_n+6n}-\sqrt{a_n-2n}}$$

$$= \lim_{n \to \infty} \frac{\sqrt{a_n+6n}+\sqrt{a_n-2n}}{(\sqrt{a_n+6n}-\sqrt{a_n-2n})(\sqrt{a_n+6n}+\sqrt{a_n-2n})}$$

$$= \lim_{n \to \infty} \frac{\sqrt{a_n+6n}+\sqrt{a_n-2n}}{(a_n+6n)-(a_n-2n)}$$

$$= \lim_{n \to \infty} \frac{\sqrt{a_n+6n}+\sqrt{a_n-2n}}{8n}$$

$$= \lim_{n \to \infty} \frac{\sqrt{\dfrac{a_n}{n^2}+\dfrac{6}{n}}+\sqrt{\dfrac{a_n}{n^2}-\dfrac{2}{n}}}{8} \qquad \cdots\cdots \ ㉠$$

이때 $\lim_{n \to \infty} \dfrac{a_n}{n^2} = \lim_{n \to \infty} \dfrac{n^2-2n+9}{n^2}$

$$= \lim_{n \to \infty} \left(1-\frac{2}{n}+\frac{9}{n^2}\right)$$

$$= 1$$

따라서 ㉠에서

$$\lim_{n \to \infty} \frac{\sqrt{\dfrac{a_n}{n^2}+\dfrac{6}{n}}+\sqrt{\dfrac{a_n}{n^2}-\dfrac{2}{n}}}{8}$$

$$= \frac{\sqrt{1+0}+\sqrt{1-0}}{8}$$

$$= \frac{2}{8} = \frac{1}{4}$$

09 두 등차수열 $\{a_n\}$, $\{b_n\}$의 첫째항을 a, 공차를 각각 d_1, d_2라 하면

$a_n = a+(n-1)d_1$

$b_n = a+(n-1)d_2$

(가) $a_{10} = b_7+3$에서

$a+9d_1 = a+6d_2+3$

$3d_1 = 2d_2+1 \qquad\qquad\qquad \cdots\cdots \ ㉠$

(나)에서

$$\lim_{n \to \infty} \frac{a_n}{b_{2n-1}} = \lim_{n \to \infty} \frac{a+(n-1)d_1}{a+(2n-2)d_2}$$

$$= \lim_{n \to \infty} \frac{\dfrac{a}{n}+\left(1-\dfrac{1}{n}\right)d_1}{\dfrac{a}{n}+\left(2-\dfrac{2}{n}\right)d_2}$$

$$= \frac{d_1}{2d_2}$$

이므로 $\dfrac{d_1}{2d_2} = 1$에서 $d_1 = 2d_2 \qquad \cdots\cdots \ ㉡$

㉡을 ㉠에 대입하면

$3 \times 2d_2 = 2d_2+1$, $4d_2 = 1$

즉, $d_2 = \dfrac{1}{4}$이고 $d_1 = 2d_2 = 2 \times \dfrac{1}{4} = \dfrac{1}{2}$

따라서

$a_{21}-b_{21} = (a+20d_1)-(a+20d_2)$

$$= 20(d_1-d_2)$$

$$= 20\left(\frac{1}{2}-\frac{1}{4}\right)$$

$$= 20 \times \frac{1}{4}$$

$$= 5$$

目 ⑤

10 이차방정식 $x^2+2nx-2n=0$의 두 실근은 근의 공식에 의하여

$x = -n \pm \sqrt{n^2+2n}$이므로

$a_n = -n-\sqrt{n^2+2n}$, $b_n = -n+\sqrt{n^2+2n}$

수열 $\{c_n\}$이 모든 자연수 n에 대하여 부등식

$(-n-\sqrt{n^2+2n})+4n < c_n < (-n+\sqrt{n^2+2n})+2n$

$3n-\sqrt{n^2+2n} < c_n < n+\sqrt{n^2+2n} \qquad \cdots\cdots \ ㉠$

을 만족시킨다.

㉠의 각 변을 $\sqrt{n^2+1}$ $(\sqrt{n^2+1}>0)$로 나누면

$$\frac{3n-\sqrt{n^2+2n}}{\sqrt{n^2+1}} < \frac{c_n}{\sqrt{n^2+1}} < \frac{n+\sqrt{n^2+2n}}{\sqrt{n^2+1}}$$

이때

$$\lim_{n \to \infty} \frac{3n-\sqrt{n^2+2n}}{\sqrt{n^2+1}} = \lim_{n \to \infty} \frac{3-\sqrt{1+\dfrac{2}{n}}}{\sqrt{1+\dfrac{1}{n^2}}}$$

$$= \frac{3-\sqrt{1+0}}{\sqrt{1+0}} = 2$$

$$\lim_{n\to\infty}\frac{n+\sqrt{n^2+2n}}{\sqrt{n^2+1}}=\lim_{n\to\infty}\frac{1+\sqrt{1+\dfrac{2}{n}}}{\sqrt{1+\dfrac{1}{n^2}}}$$

$$=\frac{1+\sqrt{1+0}}{\sqrt{1+0}}=2$$

따라서 수열의 극한의 대소 관계에 의하여

$$\lim_{n\to\infty}\frac{c_n}{\sqrt{n^2+1}}=2$$

답 ④

11 두 점 $A(2^n,\ 4^n)$, $B(4^{n-1},\ 2^{n+1})$에 대하여 선분 AB를 $3:2$로 내분하는 점의 좌표는

$$\left(\frac{3\times4^{n-1}+2\times2^n}{3+2},\ \frac{3\times2^{n+1}+2\times4^n}{3+2}\right)$$

이므로

$$a_n=\frac{3\times4^{n-1}+2\times2^n}{5},\ b_n=\frac{3\times2^{n+1}+2\times4^n}{5}$$

이때

$$\frac{b_n}{a_n}=\frac{\dfrac{3\times2^{n+1}+2\times4^n}{5}}{\dfrac{3\times4^{n-1}+2\times2^n}{5}}=\frac{3\times2^{n+1}+2\times4^n}{3\times4^{n-1}+2\times2^n}$$

$$\lim_{n\to\infty}\frac{b_n}{a_n}=\lim_{n\to\infty}\frac{3\times2^{n+1}+2\times4^n}{3\times4^{n-1}+2\times2^n}$$

$$=\lim_{n\to\infty}\frac{6\times2^n+2\times4^n}{\dfrac{3}{4}\times4^n+2\times2^n}$$

$$=\lim_{n\to\infty}\frac{6\times\left(\dfrac{1}{2}\right)^n+2}{\dfrac{3}{4}+2\times\left(\dfrac{1}{2}\right)^n}$$

$$=\frac{0+2}{\dfrac{3}{4}+0}=\frac{8}{3}$$

답 ④

12 급수 $\displaystyle\sum_{n=1}^{\infty}a_n$의 부분합 S_n은 $S_n=a_1+a_2+a_3+\cdots+a_n$이므로

$$2+\frac{n}{n+1}<a_1+a_2+a_3+\cdots+a_n<3+\frac{1}{3^n}$$

에서

$$2+\frac{n}{n+1}<S_n<3+\frac{1}{3^n}$$

이때

$$\lim_{n\to\infty}\left(2+\frac{n}{n+1}\right)=\lim_{n\to\infty}\left(2+\frac{1}{1+\dfrac{1}{n}}\right)=2+1=3$$

$$\lim_{n\to\infty}\left(3+\frac{1}{3^n}\right)=3$$

이므로 수열의 극한의 대소 관계에 의하여 $\displaystyle\lim_{n\to\infty}S_n=3$이다.

따라서

$$\sum_{n=1}^{\infty}a_n=\lim_{n\to\infty}S_n=3$$

답 3

13 3으로 나누었을 때의 나머지가 2인 자연수를 작은 수부터 크기순으로 나열한 수열 $\{a_n\}$은

$$\{a_n\}:2,\ 5,\ 8,\ 11,\ 14,\ 17,\ \cdots$$

로 첫째항이 2, 공차가 3인 등차수열이므로

$$a_n=2+(n-1)\times3=3n-1$$

이때

$$\frac{1}{a_na_{n+1}}=\frac{1}{(3n-1)(3n+2)}=\frac{1}{3}\left(\frac{1}{3n-1}-\frac{1}{3n+2}\right)$$

이므로 급수 $\displaystyle\sum_{n=1}^{\infty}\frac{1}{a_na_{n+1}}$의 부분합 S_n은

$$S_n=\sum_{k=1}^{n}\frac{1}{a_ka_{k+1}}$$

$$=\sum_{k=1}^{n}\frac{1}{3}\left(\frac{1}{3k-1}-\frac{1}{3k+2}\right)$$

$$=\frac{1}{3}\left\{\left(\frac{1}{2}-\frac{1}{5}\right)+\left(\frac{1}{5}-\frac{1}{8}\right)+\left(\frac{1}{8}-\frac{1}{11}\right)+\right.$$
$$\left.\cdots+\left(\frac{1}{3n-1}-\frac{1}{3n+2}\right)\right\}$$

$$=\frac{1}{3}\left(\frac{1}{2}-\frac{1}{3n+2}\right)$$

따라서

$$\sum_{n=1}^{\infty}\frac{1}{a_na_{n+1}}=\lim_{n\to\infty}S_n$$

$$=\frac{1}{3}\lim_{n\to\infty}\left(\frac{1}{2}-\frac{1}{3n+2}\right)$$

$$=\frac{1}{3}\times\frac{1}{2}=\frac{1}{6}$$

답 ①

14 $(2^nx+3^n)^3$의 전개식에서 x^2의 계수 a_n과 x의 계수 b_n은 각각

$$a_n=3\times(2^n)^2\times3^n=3\times12^n$$

$b_n = 3 \times 2^n \times (3^n)^2 = 3 \times 18^n$

이고,

$\dfrac{a_n}{b_n} = \dfrac{3 \times 12^n}{3 \times 18^n} = \left(\dfrac{12}{18}\right)^n = \left(\dfrac{2}{3}\right)^n$

따라서

$\displaystyle\sum_{n=1}^{\infty} \dfrac{a_n}{b_n} = \sum_{n=1}^{\infty} \left(\dfrac{2}{3}\right)^n$

$= \dfrac{\frac{2}{3}}{1 - \frac{2}{3}} = 2$

답 ④

15 급수 $\displaystyle\sum_{n=1}^{\infty} (x-3)\left(\dfrac{x}{2}-4\right)^{n-1}$ 이 수렴하려면

(i) (첫째항)$=0$일 때,

$x-3=0$에서 $x=3$ ······ ㉠

(ii) $-1 <$ (공비) < 1일 때,

$-1 < \dfrac{x}{2}-4 < 1$에서 $3 < \dfrac{x}{2} < 5$

즉, $6 < x < 10$ ······ ㉡

㉠, ㉡에서 집합 $A = \{x \mid x=3 \text{ 또는 } 6 < x < 10\}$

집합 $B = \{x \mid a \le x \le b\}$에 대하여 $A \subset B$를 만족하려면 두 집합 A, B는 다음과 같아야 한다.

```
        ┌───── B ─────┐
              ┌─ A ─┐
  ─●───●───○───────○───●──→ x
   a   3   6      10   b
```

즉, $a \le 3$, $b \ge 10$을 만족해야 한다.

이때 a, b는 20 이하의 자연수이므로 a는 1, 2, 3이고 b는 10, 11, 12, $\cdots$, 20이다.

따라서 구하는 순서쌍 (a, b)의 개수는 $3 \times 11 = 33$

답 33

16 $\displaystyle\lim_{n \to \infty} \dfrac{(an+b)(bn+c)}{3n-1}$

$= \displaystyle\lim_{n \to \infty} \dfrac{abn^2 + (ac+b^2)n + bc}{3n-1}$ ······ ㉠

㉠에서 $ab \ne 0$이면 발산하므로 $ab=0$이다.

(i) $a=b=0$일 때,

㉠에서 $\displaystyle\lim_{n \to \infty} \dfrac{0}{3n-1} = 0$이므로 조건을 만족시키지 못한다.

(ii) $a=0$, $b \ne 0$일 때,

㉠에서

$\displaystyle\lim_{n \to \infty} \dfrac{b^2 n + bc}{3n-1} = \lim_{n \to \infty} \dfrac{b^2 + \dfrac{bc}{n}}{3 - \dfrac{1}{n}} = \dfrac{b^2 + 0}{3 - 0} = \dfrac{b^2}{3}$

이므로 $\dfrac{b^2}{3} = -2$를 만족시키는 실수 b는 없다.

(iii) $a \ne 0$, $b=0$일 때,

㉠에서

$\displaystyle\lim_{n \to \infty} \dfrac{acn}{3n-1} = \lim_{n \to \infty} \dfrac{ac}{3 - \dfrac{1}{n}} = \dfrac{ac}{3 - 0} = \dfrac{ac}{3}$

이므로 $\dfrac{ac}{3} = -2$, $ac = -6$을 만족시키는 두 정수 a, c의 순서쌍 (a, c)의 개수는 다음과 같이 8이다.

a	1	2	3	6	-1	-2	-3	-6
c	-6	-3	-2	-1	6	3	2	1

$b=0$이므로 순서쌍 (a, b, c)의 개수는 8이다.

(i)~(iii)에 의하여 구하는 순서쌍의 개수는 8이다.

답 8

17 이차항의 계수가 2인 이차함수 $y=f(x)$의 그래프가 두 점 $A(n, 0)$, $B(5n, 0)$을 지나므로

$f(x) = 2(x-n)(x-5n)$

$= 2(x^2 - 6nx + 5n^2)$

$= 2\{(x^2 - 6nx + 9n^2) - 4n^2\}$

$= 2(x-3n)^2 - 8n^2$

따라서 이차함수 $y=f(x)$의 그래프의 꼭짓점 C의 좌표는 $C(3n, -8n^2)$이다.

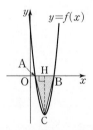

점 C에서 x축에 내린 수선의 발을 H라 하면 $\overline{CH} = 8n^2$이고, $\overline{AB} = 5n - n = 4n$이므로 삼각형 ABC의 넓이 $S(n)$은

$S(n) = \dfrac{1}{2} \times 4n \times 8n^2 = 16n^3$

한편 $f(0) = 10n^2$이므로

$$\lim_{n \to \infty} \frac{S(n)}{(n+1)f(0)} = \lim_{n \to \infty} \frac{16n^3}{10n^2(n+1)}$$
$$= \lim_{n \to \infty} \frac{8}{5\left(1+\dfrac{1}{n}\right)}$$
$$= \frac{8}{5}$$

따라서 $k = \dfrac{8}{5}$ 이고 $20k = 20 \times \dfrac{8}{5} = 32$

답 32

18 $f(x) = \lim_{n \to \infty} \dfrac{3x^{3n}-2}{(x^n+1)(x^{2n}-x^n+1)}$

$\qquad = \lim_{n \to \infty} \dfrac{3x^{3n}-2}{x^{3n}+1}$

ㄱ. $x=1$일 때,

모든 자연수 n에 대하여 $x^{3n}=1$이므로

$f(x) = \lim_{n \to \infty} \dfrac{3x^{3n}-2}{x^{3n}+1} = \dfrac{3 \times 1 - 2}{1+1} = \dfrac{1}{2}$

따라서 $f(1) = \dfrac{1}{2}$ (참)

ㄴ. $0 < x < 1$일 때,

$\lim_{n \to \infty} x^{3n} = 0$이므로

$f(x) = \lim_{n \to \infty} \dfrac{3x^{3n}-2}{x^{3n}+1} = \dfrac{3 \times 0 - 2}{0+1} = -2$

한편 2 이상의 자연수 k에 대하여 $0 < \dfrac{1}{k} < 1$이므로

$f\left(\dfrac{1}{k}\right) = -2$이다.

$\sum_{k=2}^{10} f\left(\dfrac{1}{k}\right) = (-2) \times 9 = -18$ (참)

ㄷ. $x > 1$일 때,

$\lim_{n \to \infty} x^{3n} = \infty$이고 $\lim_{n \to \infty} \dfrac{1}{x^{3n}} = 0$이므로

$f(x) = \lim_{n \to \infty} \dfrac{3x^{3n}-2}{x^{3n}+1} = \lim_{n \to \infty} \dfrac{3 - \dfrac{2}{x^{3n}}}{1 + \dfrac{1}{x^{3n}}} = \dfrac{3-0}{1+0} = 3$

한편 2 이상의 자연수 k에 대하여 $k > 1$이므로 $f(k) = 3$이다.

$\sum_{k=2}^{10} f(k) = 3 \times 9 = 27$ (참)

따라서 옳은 것은 ㄱ, ㄴ, ㄷ이다.

답 ⑤

19 정사각형 $A_1B_1C_1D_1$에서 선분 A_1B_1의 중점이 M_1이므로
$\overline{M_1B_1} = 1$이고,

$S_1 = \dfrac{1}{4} \times \pi = \dfrac{\pi}{4}$

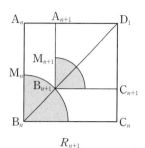

R_{n+1}

정사각형 $A_nB_nC_nD_1$의 한 변의 길이를 a_n이라 하면

$\overline{B_nB_{n+1}} = \dfrac{1}{2}\overline{A_nB_n} = \dfrac{1}{2}a_n$

$\overline{B_{n+1}D_1} = \sqrt{{a_{n+1}}^2 + {a_{n+1}}^2} = \sqrt{2}\,a_{n+1}$

이므로

$\overline{B_nD_1} = \overline{B_nB_{n+1}} + \overline{B_{n+1}D_1}$

$\qquad = \dfrac{1}{2}a_n + \sqrt{2}\,a_{n+1}$ ······ ㉠

한편 직각삼각형 $B_nC_nD_1$에서

$\overline{B_nC_n} = \overline{C_nD_1} = a_n$이므로

$\overline{B_nD_1} = \sqrt{{a_n}^2 + {a_n}^2} = \sqrt{2}\,a_n$ ······ ㉡

㉠, ㉡에서

$\sqrt{2}\,a_n = \dfrac{1}{2}a_n + \sqrt{2}\,a_{n+1}$

$a_{n+1} = \dfrac{\sqrt{2} - \dfrac{1}{2}}{\sqrt{2}}a_n = \dfrac{4-\sqrt{2}}{4}a_n$

이므로 두 정사각형 $A_nB_nC_nD_1$, $A_{n+1}B_{n+1}C_{n+1}D_1$의 닮음비는

$1 : \dfrac{4-\sqrt{2}}{4}$이고, 넓이의 비는 $1^2 : \left(\dfrac{4-\sqrt{2}}{4}\right)^2 = 1 : \dfrac{9-4\sqrt{2}}{8}$이

다.

$\lim_{n \to \infty} S_n = S_1 + \dfrac{9-4\sqrt{2}}{8}S_1 + \left(\dfrac{9-4\sqrt{2}}{8}\right)^2 S_1 + \cdots$

$\qquad = \dfrac{S_1}{1 - \dfrac{9-4\sqrt{2}}{8}}$

$\qquad = \dfrac{\dfrac{\pi}{4}}{\dfrac{4\sqrt{2}-1}{8}} = \dfrac{2\pi}{4\sqrt{2}-1}$

$\qquad = \dfrac{2(1+4\sqrt{2})}{31}\pi$

답 ③

20 $2a_n+b_n=c_n$ ...... ㉠

$a_n-2b_n=d_n$ ...... ㉡

이라 하면

$\sum\limits_{n=1}^{\infty} c_n=7$, $\sum\limits_{n=1}^{\infty} d_n=-4$

$2\times$㉠$+$㉡에서

$a_n=\dfrac{2}{5}c_n+\dfrac{1}{5}d_n$이므로

$\sum\limits_{n=1}^{\infty} a_n=\sum\limits_{n=1}^{\infty}\left(\dfrac{2}{5}c_n+\dfrac{1}{5}d_n\right)$

$\qquad=\dfrac{2}{5}\sum\limits_{n=1}^{\infty} c_n+\dfrac{1}{5}\sum\limits_{n=1}^{\infty} d_n$

$\qquad=\dfrac{2}{5}\times 7+\dfrac{1}{5}\times(-4)$

$\qquad=2$ ...... ❶

㉠$-2\times$㉡에서

$b_n=\dfrac{1}{5}c_n-\dfrac{2}{5}d_n$이므로

$\sum\limits_{n=1}^{\infty} b_n=\sum\limits_{n=1}^{\infty}\left(\dfrac{1}{5}c_n-\dfrac{2}{5}d_n\right)$

$\qquad=\dfrac{1}{5}\sum\limits_{n=1}^{\infty} c_n-\dfrac{2}{5}\sum\limits_{n=1}^{\infty} d_n$

$\qquad=\dfrac{1}{5}\times 7-\dfrac{2}{5}\times(-4)$

$\qquad=3$ ...... ❷

$\sum\limits_{n=1}^{\infty}(a_n+b_n)=\sum\limits_{n=1}^{\infty} a_n+\sum\limits_{n=1}^{\infty} b_n$

$\qquad\qquad=2+3=5$ ...... ❸

답 5

단계	채점 기준	비율
❶	급수 $\sum\limits_{n=1}^{\infty} a_n$의 값을 구한 경우	40 %
❷	급수 $\sum\limits_{n=1}^{\infty} b_n$의 값을 구한 경우	40 %
❸	급수 $\sum\limits_{n=1}^{\infty}(a_n+b_n)$의 값을 구한 경우	20 %

21 $n\geq 2$일 때,

$a_n=S_n-S_{n-1}$

$\quad=\dfrac{3n}{n+1}-\dfrac{3(n-1)}{n}$

$\quad=3\left(\dfrac{n}{n+1}-\dfrac{n-1}{n}\right)$

$\quad=3\left(\dfrac{n+1-1}{n+1}-\dfrac{n-1}{n}\right)$

$\quad=3\left\{\left(1-\dfrac{1}{n+1}\right)-\left(1-\dfrac{1}{n}\right)\right\}$

$\quad=3\left(\dfrac{1}{n}-\dfrac{1}{n+1}\right)$ ...... ❶

이때 $a_1=S_1=\dfrac{3}{2}$이므로

$a_n=3\left(\dfrac{1}{n}-\dfrac{1}{n+1}\right)$ (단, $n\geq 1$)

$na_n-(n+1)a_{n+1}$

$=n\times 3\left(\dfrac{1}{n}-\dfrac{1}{n+1}\right)-(n+1)\times 3\left(\dfrac{1}{n+1}-\dfrac{1}{n+2}\right)$

$=3\left\{\left(1-\dfrac{n}{n+1}\right)-\left(1-\dfrac{n+1}{n+2}\right)\right\}$

$=3\left(\dfrac{n+1}{n+2}-\dfrac{n}{n+1}\right)$ ...... ❷

급수 $\sum\limits_{n=1}^{\infty}\{na_n-(n+1)a_{n+1}\}=3\sum\limits_{n=1}^{\infty}\left(\dfrac{n+1}{n+2}-\dfrac{n}{n+1}\right)$

이므로 이 급수의 부분합 T_n은

$T_n=3\sum\limits_{k=1}^{n}\left(\dfrac{k+1}{k+2}-\dfrac{k}{k+1}\right)$

$\quad=3\left\{\left(\dfrac{2}{3}-\dfrac{1}{2}\right)+\left(\dfrac{3}{4}-\dfrac{2}{3}\right)+\left(\dfrac{4}{5}-\dfrac{3}{4}\right)+\right.$

$\qquad\qquad\left.\cdots+\left(\dfrac{n+1}{n+2}-\dfrac{n}{n+1}\right)\right\}$

$\quad=3\left(-\dfrac{1}{2}+\dfrac{n+1}{n+2}\right)$ ...... ❸

$\sum\limits_{n=1}^{\infty}\{na_n-(n+1)a_{n+1}\}=\lim\limits_{n\to\infty} T_n$

$\qquad=3\lim\limits_{n\to\infty}\left(-\dfrac{1}{2}+\dfrac{n+1}{n+2}\right)$

$\qquad=3\lim\limits_{n\to\infty}\left(-\dfrac{1}{2}+\dfrac{1+\dfrac{1}{n}}{1+\dfrac{2}{n}}\right)$

$\qquad=3\left(-\dfrac{1}{2}+1\right)$

$\qquad=\dfrac{3}{2}$ ...... ❹

답 $\dfrac{3}{2}$

단계	채점 기준	비율
❶	a_n을 구한 경우	20 %
❷	$na_n-(n+1)a_{n+1}$을 구한 경우	20 %
❸	부분합 T_n을 구한 경우	30 %
❹	$\sum\limits_{n=1}^{\infty}\{na_n-(n+1)a_{n+1}\}$의 값을 구한 경우	30 %

다른풀이

$n \geq 2$일 때

$a_n = S_n - S_{n-1}$

$\quad = \dfrac{3n}{n+1} - \dfrac{3(n-1)}{n}$

$\quad = \dfrac{3n^2 - 3(n-1)(n+1)}{n(n+1)}$

$\quad = \dfrac{3}{n(n+1)}$

이때 $a_1 = S_1 = \dfrac{3}{2}$이므로

$a_n = \dfrac{3}{n(n+1)}$ (단, $n \geq 1$)

한편

$\displaystyle\sum_{n=1}^{\infty} \{na_n - (n+1)a_{n+1}\}$

$= \displaystyle\sum_{n=1}^{\infty} \left\{ n \times \dfrac{3}{n(n+1)} - (n+1) \times \dfrac{3}{(n+1)(n+2)} \right\}$

$= 3\displaystyle\sum_{n=1}^{\infty} \left(\dfrac{1}{n+1} - \dfrac{1}{n+2} \right)$

이므로 이 급수의 부분합 T_n은

$T_n = 3\displaystyle\sum_{k=1}^{n} \left(\dfrac{1}{k+1} - \dfrac{1}{k+2} \right)$

$\quad = 3\left\{ \left(\dfrac{1}{2} - \dfrac{1}{3} \right) + \left(\dfrac{1}{3} - \dfrac{1}{4} \right) + \left(\dfrac{1}{4} - \dfrac{1}{5} \right) \right.$

$\qquad\qquad\qquad\quad \left. + \cdots + \left(\dfrac{1}{n+1} - \dfrac{1}{n+2} \right) \right\}$

$\quad = 3\left(\dfrac{1}{2} - \dfrac{1}{n+2} \right)$

따라서

$\displaystyle\sum_{n=1}^{\infty} \{na_n - (n+1)a_{n+1}\} = \lim_{n \to \infty} T_n$

$\qquad\qquad\qquad\qquad = 3\lim_{n \to \infty} \left(\dfrac{1}{2} - \dfrac{1}{n+2} \right)$

$\qquad\qquad\qquad\qquad = 3\left(\dfrac{1}{2} - 0 \right) = \dfrac{3}{2}$

---

03 여러 가지 함수의 미분

기본 유형 익히기   유제   본문 37~41쪽

1. ④   **2.** ②   **3.** ⑤   **4.** 풀이 참조

5. ③   **6.** ③   **7.** ④   **8.** 2   **9.** $\dfrac{1}{2}$

10. ②

---

1. $\displaystyle\lim_{x \to \infty} \dfrac{2^{2x+1} + 3^x}{2^{2x-1} + 2^x} = \lim_{x \to \infty} \dfrac{2 \times 4^x + 3^x}{\dfrac{1}{2} \times 4^x + 2^x}$

$\qquad\qquad\qquad\quad = \lim_{x \to \infty} \dfrac{2 + \left(\dfrac{3}{4} \right)^x}{\dfrac{1}{2} + \left(\dfrac{1}{2} \right)^x}$

$\qquad\qquad\qquad\quad = \dfrac{2+0}{\dfrac{1}{2}+0} = 4$

답 ④

2. $\displaystyle\lim_{x \to \infty} \left\{ \log_2 \left(\dfrac{1}{2}x + 1 \right) - \log_2 \left(\dfrac{1}{8}x + 2 \right) \right\}$

$\quad = \displaystyle\lim_{x \to \infty} \log_2 \dfrac{\dfrac{1}{2}x + 1}{\dfrac{1}{8}x + 2}$

$\quad = \displaystyle\lim_{x \to \infty} \log_2 \dfrac{\dfrac{1}{2} + \dfrac{1}{x}}{\dfrac{1}{8} + \dfrac{2}{x}}$

$\quad = \log_2 \dfrac{\dfrac{1}{2} + 0}{\dfrac{1}{8} + 0}$

$\quad = \log_2 4 = \log_2 2^2$

$\quad = 2\log_2 2 = 2 \times 1 = 2$

답 ②

3. $\displaystyle\lim_{x \to \infty} \left(1 + \dfrac{3}{x} \right)^x$에서 $\dfrac{3}{x} = t$로 놓으면

$x \to \infty$일 때 $t \to 0$이므로

$\displaystyle\lim_{x \to \infty} \left(1 + \dfrac{3}{x} \right)^x = \lim_{x \to \infty} \left\{ \left(1 + \dfrac{3}{x} \right)^{\frac{x}{3}} \right\}^3$

$\qquad\qquad\qquad = \lim_{t \to 0} \{ (1+t)^{\frac{1}{t}} \}^3 = e^3$

답 ⑤

4. $\lim_{x \to 0} \dfrac{a^x - 1}{x}$ 에서

$a^x - 1 = t$ 라 하면 $x \to 0$ 일 때 $t \to 0$ 이고,

$x = \log_a(1+t) = \dfrac{\ln(1+t)}{\ln a}$ 이므로

$$\lim_{x \to 0} \frac{a^x - 1}{x} = \lim_{t \to 0} \frac{t}{\dfrac{\ln(1+t)}{\ln a}}$$

$$= (\ln a) \times \lim_{t \to 0} \frac{1}{\dfrac{\ln(1+t)}{t}}$$

$$= (\ln a) \times 1 = \ln a$$

답 풀이 참조

5. $f(x) = (3x-1) \times 2^x$ 에서

$f'(x) = (3x-1)' \times 2^x + (3x-1) \times (2^x)'$

$\quad = 3 \times 2^x + (3x-1) \times (2^x \ln 2)$

$\quad = \{3 + (3x-1)\ln 2\} \times 2^x$

이므로 $f'(0) = 3 - \ln 2$

답 ③

6. $f(x) = (3x+2)\log_2 x$ 에서

$f'(x) = (3x+2)'\log_2 x + (3x+2)(\log_2 x)'$

$\quad = 3\log_2 x + (3x+2) \times \dfrac{1}{x \ln 2}$

$\quad = 3\log_2 x + \dfrac{3x+2}{x \ln 2}$

이므로

$f'(1) = 3\log_2 1 + \dfrac{5}{\ln 2} = 0 + \dfrac{5}{\ln 2} = \dfrac{5}{\ln 2}$

답 ③

7. 두 각 α, β가 제2사분면의 각이므로

$\cos \alpha = -\sqrt{1 - \sin^2 \alpha} = -\sqrt{1 - \left(\dfrac{1}{3}\right)^2} = -\dfrac{2\sqrt{2}}{3}$

$\sin \beta = \sqrt{1 - \cos^2 \beta} = \sqrt{1 - \left(-\dfrac{2\sqrt{2}}{3}\right)^2} = \dfrac{1}{3}$

이므로

$\cos(\alpha + \beta) = \cos \alpha \cos \beta - \sin \alpha \sin \beta$

$\quad = -\dfrac{2\sqrt{2}}{3} \times \left(-\dfrac{2\sqrt{2}}{3}\right) - \dfrac{1}{3} \times \dfrac{1}{3}$

$\quad = \dfrac{8}{9} - \dfrac{1}{9} = \dfrac{7}{9}$

답 ④

8. $\lim_{x \to 0} \dfrac{\sin(2x^2 + 6x)}{3x}$

$= \lim_{x \to 0} \left\{ \dfrac{\sin(2x^2 + 6x)}{2x^2 + 6x} \times \dfrac{2x^2 + 6x}{3x} \right\}$

$= \lim_{x \to 0} \dfrac{\sin(2x^2 + 6x)}{2x^2 + 6x} \times \lim_{x \to 0} \dfrac{2x^2 + 6x}{3x}$

$= \lim_{x \to 0} \dfrac{\sin(2x^2 + 6x)}{2x^2 + 6x} \times \lim_{x \to 0} \left(\dfrac{2}{3}x + 2\right)$

$\lim_{x \to 0} \dfrac{\sin(2x^2 + 6x)}{2x^2 + 6x}$ 에서 $2x^2 + 6x = t$ 라 하면

$x \to 0$ 일 때 $t \to 0$ 이므로

$\lim_{x \to 0} \dfrac{\sin(2x^2 + 6x)}{2x^2 + 6x} = \lim_{t \to 0} \dfrac{\sin t}{t} = 1$

또 $\lim_{x \to 0} \left(\dfrac{2}{3}x + 2\right) = 2$ 이므로

$\lim_{x \to 0} \dfrac{\sin(2x^2 + 6x)}{3x} = 1 \times 2 = 2$

답 2

9. $\lim_{x \to 0} \dfrac{\sec x - 1}{x \sin x} = \lim_{x \to 0} \dfrac{\dfrac{1}{\cos x} - 1}{x \sin x}$

$= \lim_{x \to 0} \dfrac{1 - \cos x}{x \sin x \cos x}$

$= \lim_{x \to 0} \dfrac{(1 - \cos x)(1 + \cos x)}{x \sin x \cos x(1 + \cos x)}$

$= \lim_{x \to 0} \dfrac{1 - \cos^2 x}{x \sin x \cos x(1 + \cos x)}$

$= \lim_{x \to 0} \dfrac{\sin^2 x}{x \sin x \cos x(1 + \cos x)}$

$= \lim_{x \to 0} \dfrac{\dfrac{\sin x}{x}}{\cos x(1 + \cos x)}$

$= \dfrac{1}{1 \times (1 + 1)} = \dfrac{1}{2}$

답 $\dfrac{1}{2}$

10. $f(x) = \sin x \cos x$ 에서

$f'(x) = (\sin x)' \cos x + \sin x(\cos x)'$

$\quad = \cos x \cos x + \sin x(-\sin x)$

$\quad = \cos^2 x - \sin^2 x$

이므로

$$f'\left(\frac{\pi}{3}\right)=\left(\cos\frac{\pi}{3}\right)^2-\left(\sin\frac{\pi}{3}\right)^2$$
$$=\left(\frac{1}{2}\right)^2-\left(\frac{\sqrt{3}}{2}\right)^2$$
$$=\frac{1}{4}-\frac{3}{4}=-\frac{1}{2}$$

답 ②

본문 42~47쪽

01 ③	**02** ②	**03** 6	**04** ①	**05** ⑤
06 4	**07** ①	**08** ②	**09** ①	**10** 48
11 ③	**12** ③	**13** ④	**14** ⑤	**15** ③
16 ②	**17** ④	**18** ②	**19** ④	**20** ⑤
21 ③	**22** ①	**23** ④	**24** ①	**25** ④
26 ③	**27** ③	**28** ④	**29** ②	**30** ③
31 ④	**32** ④	**33** ④	**34** ①	**35** ③
36 ②				

01 $\displaystyle\lim_{x\to0}\frac{8^x-1}{4^x-1}=\lim_{x\to0}\frac{(2^x)^3-1}{(2^x)^2-1}$
$$=\lim_{x\to0}\frac{(2^x-1)(4^x+2^x+1)}{(2^x-1)(2^x+1)}$$
$$=\lim_{x\to0}\frac{4^x+2^x+1}{2^x+1}$$
$$=\frac{1+1+1}{1+1}=\frac{3}{2}$$

답 ③

02 $\displaystyle\lim_{x\to\infty}\frac{a\times3^x}{2^x+3^{x-1}}=\lim_{x\to\infty}\frac{a\times3^x}{2^x+\frac{1}{3}\times3^x}$
$$=\lim_{x\to\infty}\frac{a}{\left(\frac{2}{3}\right)^x+\frac{1}{3}}$$
$$=\frac{a}{0+\frac{1}{3}}=3a$$

이므로

$3a=2$에서 $a=\dfrac{2}{3}$

답 ②

03 $2^{2x}-2^{2x-1}=2^{2x}-\dfrac{1}{2}\times2^{2x}$
$$=4^x-\frac{1}{2}\times4^x$$
$$=\left(1-\frac{1}{2}\right)\times4^x$$
$$=\frac{1}{2}\times4^x$$

이므로
$$\lim_{x\to\infty}\frac{a^x}{2^{2x}-2^{2x-1}+3^x}=\lim_{x\to\infty}\frac{a^x}{\frac{1}{2}\times4^x+3^x}$$
$$=\lim_{x\to\infty}\frac{\left(\frac{a}{4}\right)^x}{\frac{1}{2}+\left(\frac{3}{4}\right)^x}\qquad\cdots\cdots\text{㉠}$$

(i) $0<\dfrac{a}{4}<1$일 때, $\displaystyle\lim_{x\to\infty}\left(\frac{a}{4}\right)^x=0$

㉠에서 $\displaystyle\lim_{x\to\infty}\frac{\left(\frac{a}{4}\right)^x}{\frac{1}{2}+\left(\frac{3}{4}\right)^x}=0$이므로 $b=0$

이때 조건 $b>0$을 만족시키지 못한다.

(ii) $\dfrac{a}{4}>1$일 때, $\displaystyle\lim_{x\to\infty}\left(\frac{a}{4}\right)^x=\infty$

㉠에서 $\displaystyle\lim_{x\to\infty}\frac{\left(\frac{a}{4}\right)^x}{\frac{1}{2}+\left(\frac{3}{4}\right)^x}=\infty$이므로 수렴하는 조건을 만족

시키지 못한다.

(iii) $\dfrac{a}{4}=1$일 때,

㉠에서 $\displaystyle\lim_{x\to\infty}\frac{1}{\frac{1}{2}+\left(\frac{3}{4}\right)^x}=2$이므로 $b=2$이다.

(i)~(iii)에 의하여 $a=4$, $b=2$이므로
$a+b=4+2=6$

답 6

04 $\displaystyle\lim_{x\to\infty}\left\{\log_2\left(\frac{1}{4}x+1\right)+\log_{\frac{1}{2}}(8x-1)\right\}$
$$=\lim_{x\to\infty}\left\{\log_2\left(\frac{1}{4}x+1\right)-\log_2(8x-1)\right\}$$
$$=\lim_{x\to\infty}\log_2\frac{\frac{1}{4}x+1}{8x-1}$$

$$= \lim_{x \to \infty} \log_2 \frac{\frac{1}{4}+\frac{1}{x}}{8-\frac{1}{x}}$$

$$= \log_2 \frac{\frac{1}{4}+0}{8-0}$$

$$= \log_2 \frac{1}{32}$$

$$= \log_2 2^{-5} = -5\log_2 2$$

$$= -5 \times 1 = -5$$

답 ①

05 $\lim_{x \to \infty} \{\log_3(ax+1) - \log_3(2x+3)\}$

$$= \lim_{x \to \infty} \log_3 \frac{ax+1}{2x+3}$$

$$= \lim_{x \to \infty} \log_3 \frac{a+\frac{1}{x}}{2+\frac{3}{x}}$$

$$= \log_3 \frac{a+0}{2+0}$$

$$= \log_3 \frac{a}{2}$$

이므로

$\log_3 \dfrac{a}{2}=2$에서 $\dfrac{a}{2}=3^2$, $a=2\times 3^2 = 18$

답 ⑤

06 $\lim_{x \to \infty} \{2\log_2(2^{x+1}+1) - \log_2(4^{x-1}+1)\}$

$$= \lim_{x \to \infty} \left\{ \log_2(2\times 2^x+1)^2 - \log_2\left(\frac{1}{4}\times 4^x+1\right) \right\}$$

$$= \lim_{x \to \infty} \log_2 \frac{(2\times 2^x+1)^2}{\frac{1}{4}\times 4^x+1}$$

$$= \lim_{x \to \infty} \log_2 \frac{4\times 4^x+4\times 2^x+1}{\frac{1}{4}\times 4^x+1}$$

$$= \lim_{x \to \infty} \log_2 \frac{4+4\times\left(\frac{1}{2}\right)^x+\left(\frac{1}{4}\right)^x}{\frac{1}{4}+\left(\frac{1}{4}\right)^x}$$

$$= \log_2 \frac{4+0+0}{\frac{1}{4}+0}$$

$$= \log_2 16 = \log_2 2^4$$

$$= 4\log_2 2 = 4\times 1 = 4$$

답 4

07 $\lim_{x \to \infty}\left(1+\frac{2}{x}+\frac{1}{x^2}\right)^{-x} = \lim_{x \to \infty}\left\{\left(1+\frac{1}{x}\right)^2\right\}^{-x}$

$$= \lim_{x \to \infty}\left(1+\frac{1}{x}\right)^{-2x}$$

$$= \lim_{x \to \infty}\left\{\left(1+\frac{1}{x}\right)^x\right\}^{-2}$$

$$= e^{-2} = \frac{1}{e^2}$$

답 ①

08 $x-1=t$로 놓으면 $x \to 1$일 때 $t \to 0$이고, $x=1+t$이므로

$$\lim_{x \to 1} x^{\frac{1}{2(1-x)}} = \lim_{t \to 0}(1+t)^{-\frac{1}{2t}}$$

$$= \lim_{t \to 0}\left\{(1+t)^{\frac{1}{t}}\right\}^{-\frac{1}{2}}$$

$$= e^{-\frac{1}{2}}$$

$$= \frac{1}{e^{\frac{1}{2}}}$$

$$= \frac{1}{\sqrt{e}}$$

답 ②

09 $3x-1=t$로 놓으면 $x \to \infty$일 때 $t \to \infty$이고, $3x=1+t$이므로

$$\lim_{x \to \infty}\left(\frac{3x}{3x-1}\right)^x = \lim_{x \to \infty}\left\{\left(\frac{3x}{3x-1}\right)^{3x}\right\}^{\frac{1}{3}}$$

$$= \lim_{t \to \infty}\left\{\left(\frac{1+t}{t}\right)^{1+t}\right\}^{\frac{1}{3}}$$

$$= \lim_{t \to \infty}\left\{\left(1+\frac{1}{t}\right)^{1+t}\right\}^{\frac{1}{3}}$$

$$= \lim_{t \to \infty}\left\{\left(1+\frac{1}{t}\right)^t \times \left(1+\frac{1}{t}\right)\right\}^{\frac{1}{3}}$$

$$= (e\times 1)^{\frac{1}{3}}$$

$$= \sqrt[3]{e}$$

답 ①

10 $\lim_{x \to 0} \frac{(e^{2x}-1)(e^{4x}-1)(e^{6x}-1)}{x^3}$

$$= \lim_{x \to 0}\left\{\frac{e^{2x}-1}{2x} \times \frac{e^{4x}-1}{4x} \times \frac{e^{6x}-1}{6x} \times 48\right\}$$

$$= 1 \times 1 \times 1 \times 48$$

$$= 48$$

답 48

11 $\displaystyle\lim_{x\to 0}\frac{e^{3x}-1}{3^{2x}-1}=\lim_{x\to 0}\frac{e^{3x}-1}{9^{x}-1}$

$\displaystyle=\lim_{x\to 0}\frac{\dfrac{e^{3x}-1}{3x}\times 3}{\dfrac{9^{x}-1}{x}}$

$\displaystyle=\frac{1\times 3}{\ln 9}=\frac{3}{2\ln 3}$

달 ③

12 $f(x)=3^{x}$에서

$f(-2x)=3^{-2x}=\dfrac{1}{3^{2x}}=\left(\dfrac{1}{3^2}\right)^{x}=\left(\dfrac{1}{9}\right)^{x}$

이므로

$\displaystyle\lim_{x\to 0}\frac{f(x)-f(-2x)}{3x^{2}+4x}$

$\displaystyle=\lim_{x\to 0}\frac{3^{x}-\left(\dfrac{1}{9}\right)^{x}}{3x^{2}+4x}$

$\displaystyle=\lim_{x\to 0}\frac{(3^{x}-1)-\left\{\left(\dfrac{1}{9}\right)^{x}-1\right\}}{x(3x+4)}$

$\displaystyle=\lim_{x\to 0}\left\{\frac{3^{x}-1}{x}-\frac{\left(\dfrac{1}{9}\right)^{x}-1}{x}\right\}\times\lim_{x\to 0}\frac{1}{3x+4}$

$\displaystyle=\left(\ln 3-\ln\dfrac{1}{9}\right)\times\dfrac{1}{4}$

$\displaystyle=(\ln 3+2\ln 3)\times\dfrac{1}{4}$

$\displaystyle=\frac{3\ln 3}{4}$

달 ③

13 $4x=t$로 놓으면 $x\to 0$일 때 $t\to 0$이므로

$\displaystyle\lim_{x\to 0}\frac{\ln(1+4x)}{3x}=\lim_{x\to 0}\left\{\frac{\ln(1+4x)}{4x}\times\frac{4}{3}\right\}$

$\displaystyle=\lim_{t\to 0}\left\{\frac{\ln(1+t)}{t}\times\frac{4}{3}\right\}$

$\displaystyle=1\times\frac{4}{3}=\frac{4}{3}$

달 ④

14 $\dfrac{1}{2x}=t$로 놓으면 $x\to\infty$일 때 $t\to 0$이므로

$\displaystyle\lim_{x\to\infty}\frac{e^{\frac{3}{x}}-1}{\ln\left(1+\dfrac{1}{2x}\right)}=\lim_{t\to 0}\frac{e^{6t}-1}{\ln(1+t)}$

$\displaystyle=\lim_{t\to 0}\frac{\dfrac{e^{6t}-1}{6t}\times 6}{\dfrac{\ln(1+t)}{t}}$

$\displaystyle=\frac{1\times 6}{1}=6$

달 ⑤

15 $\displaystyle\lim_{x\to a}\frac{\ln(3x+2a+b)}{x-a}=a$에서 $x\to a$일 때 (분모)$\to 0$

이고 극한값이 존재하므로 (분자)$\to 0$이어야 한다.

즉, $\displaystyle\lim_{x\to a}\ln(3x+2a+b)=0$이므로

$\ln(3a+2a+b)=0$, $5a+b=1$에서

$b=1-5a$ ...... ㉠

$\displaystyle\lim_{x\to a}\frac{\ln(3x+2a+b)}{x-a}=\lim_{x\to a}\frac{\ln(3x+2a+1-5a)}{x-a}$

$\displaystyle=\lim_{x\to a}\frac{\ln(3x-3a+1)}{x-a}$

이때 $x-a=t$로 놓으면 $x\to a$일 때 $t\to 0$이므로

$\displaystyle\lim_{x\to a}\frac{\ln(3x-3a+1)}{x-a}=\lim_{t\to 0}\frac{\ln\{3(t+a)-3a+1\}}{t}$

$\displaystyle=\lim_{t\to 0}\frac{\ln(1+3t)}{t}$

$\displaystyle=\lim_{t\to 0}\frac{\ln(1+3t)}{3t}\times 3$

$=1\times 3=3$

따라서 $a=3$이고, ㉠에서 $b=1-5\times 3=-14$이므로

$a-b=3-(-14)=17$

달 ③

16 $f(x)=e^{x}+6e^{-x}$에서

$\dfrac{d}{dx}(e^{-x})=\dfrac{d}{dx}\left\{\left(\dfrac{1}{e}\right)^{x}\right\}=\left(\dfrac{1}{e}\right)^{x}\ln\dfrac{1}{e}=-e^{-x}$이므로

$f'(x)=e^{x}-6e^{-x}=e^{x}-\dfrac{6}{e^{x}}$

$f'(a)=e^{a}-\dfrac{6}{e^{a}}=1$, $(e^{a})^{2}-e^{a}-6=0$

$e^{a}=t(t>0)$로 놓으면 $t^{2}-t-6=0$, $(t-3)(t+2)=0$

이때 $t>0$이므로 $t=3$

따라서 $e^{a}=3$, 즉 $a=\ln 3$

달 ②

17 $\lim\limits_{h\to 0}\dfrac{f(1+2h)-f(1-h)}{h}$

$=\lim\limits_{h\to 0}\dfrac{\{f(1+2h)-f(1)\}-\{f(1-h)-f(1)\}}{h}$

$=\lim\limits_{h\to 0}\dfrac{f(1+2h)-f(1)}{2h}\times 2+\lim\limits_{h\to 0}\dfrac{f(1-h)-f(1)}{-h}$

$=2f'(1)+f'(1)$

$=3f'(1)$

$f(x)=x^2+xe^x$에서

$f'(x)=2x+e^x+xe^x$

이므로

$3f'(1)=3(2+e+e)=3(2+2e)=6(1+e)$

답 ④

18 $(e^{x-1})'=\left(\dfrac{1}{e}\times e^x\right)'$

$\qquad\qquad=\dfrac{1}{e}(e^x)'$

$\qquad\qquad=\dfrac{1}{e}\times e^x=e^{x-1}$

이고,

$f(1)=(1^2+2\times 1+3)e^0=6\times 1=6$

$f'(x)=(2x+2)e^{x-1}+(x^2+2x+3)e^{x-1}$

이므로

$\lim\limits_{x\to 1}\dfrac{f(x)-6}{x-1}=\lim\limits_{x\to 1}\dfrac{f(x)-f(1)}{x-1}$

$\qquad\qquad\qquad=f'(1)$

$\qquad\qquad\qquad=4e^0+6e^0$

$\qquad\qquad\qquad=4+6=10$

답 ②

19 함수 $f(x)$가 실수 전체의 집합에서 미분가능하므로 $x=0$에서 연속이다.

$\lim\limits_{x\to 0-}f(x)=\lim\limits_{x\to 0-}(e^{2x}+1)=2$

$\lim\limits_{x\to 0+}f(x)=\lim\limits_{x\to 0+}(-x^2+ax+b)=b$

$f(0)=2$

이때 $\lim\limits_{x\to 0-}f(x)=\lim\limits_{x\to 0+}f(x)=f(0)$이므로

$b=2$

$\lim\limits_{h\to 0-}\dfrac{f(0+h)-f(0)}{h}=\lim\limits_{h\to 0-}\dfrac{(e^{2h}+1)-2}{h}$

$\qquad\qquad\qquad\qquad=\lim\limits_{h\to 0-}\left(\dfrac{e^{2h}-1}{2h}\times 2\right)=2$

$\lim\limits_{h\to 0+}\dfrac{f(0+h)-f(0)}{h}=\lim\limits_{h\to 0+}\dfrac{(-h^2+ah+b)-2}{h}$

$\qquad\qquad\qquad\qquad=\lim\limits_{h\to 0+}\dfrac{-h^2+ah}{h}$

$\qquad\qquad\qquad\qquad=\lim\limits_{h\to 0+}(-h+a)=a$

이때 $\lim\limits_{h\to 0-}\dfrac{f(0+h)-f(0)}{h}=\lim\limits_{h\to 0+}\dfrac{f(0+h)-f(0)}{h}$이므로

$a=2$

따라서 $f(x)=\begin{cases}e^{2x}+1 & (x\le 0)\\ -x^2+2x+2 & (x>0)\end{cases}$이므로

$f(2)=-4+4+2=2$

답 ④

20 $\lim\limits_{x\to 1}\dfrac{2f(x)+3}{x-1}=\ln(2e)^2$에서

$x\to 1$일 때 (분모) $\to 0$이고 극한값이 존재하므로 (분자) $\to 0$이어야 한다.

즉, $\lim\limits_{x\to 1}\{2f(x)+3\}=0$이고, 함수 $f(x)$가 실수 전체의 집합에서 미분가능하므로 함수 $f(x)$는 실수 전체의 집합에서 연속이다.

따라서 $\lim\limits_{x\to 1}\{2f(x)+3\}=2f(1)+3=0$에서 $f(1)=-\dfrac{3}{2}$

$\lim\limits_{x\to 1}\dfrac{2f(x)+3}{x-1}=2\lim\limits_{x\to 1}\dfrac{f(x)-\left(-\dfrac{3}{2}\right)}{x-1}$

$\qquad\qquad\qquad=2\lim\limits_{x\to 1}\dfrac{f(x)-f(1)}{x-1}$

$\qquad\qquad\qquad=2f'(1)$

이므로

$2f'(1)=\ln(2e)^2$, $f'(1)=\dfrac{1}{2}\ln(2e)^2=\ln 2e$

$g(x)=(2^x+1)f(x)$에서

$g'(x)=(2^x\ln 2)f(x)+(2^x+1)f'(x)$

따라서

$g'(1)=(2\ln 2)f(1)+3f'(1)$

$\qquad=(2\ln 2)\times\left(-\dfrac{3}{2}\right)+3\times\ln 2e$

$\qquad=(2\ln 2)\times\left(-\dfrac{3}{2}\right)+3\times(\ln 2+1)$

$\qquad=-3\ln 2+3\ln 2+3$

$\qquad=3$

답 ③

21 $f(x)=x^2+x\ln ax=x^2+x(\ln a+\ln x)$

$f'(x)=2x+(\ln a+\ln x)+x\times\dfrac{1}{x}$

$\qquad=2x+\ln a+\ln x+1$

$f'(1)=2+\ln a+\ln 1+1$

$\qquad=3+\ln a$

이므로 $f'(1)=5$에서

$3+\ln a=5,\ \ln a=2$

따라서 $a=e^2$

目 ③

22 $y=e^x\log_2 x$에서

$y'=e^x\log_2 x+e^x\times\dfrac{1}{x\ln 2}$ $\qquad$ ······ ㉠

곡선 $y=e^x\log_2 x$ 위의 점 $(1,\,0)$에서의 접선의 기울기는 ㉠에 $x=1$을 대입한 값과 같으므로

$e\log_2 1+e\times\dfrac{1}{\ln 2}=\dfrac{e}{\ln 2}$

目 ①

23 $f(e)=(e^2+e)\ln e=e^2+e$

이므로

$\displaystyle\lim_{h\to 0}\dfrac{f\left(e+\dfrac{h}{e}\right)-e^2-e}{h}=\lim_{h\to 0}\dfrac{f\left(e+\dfrac{h}{e}\right)-f(e)}{h}$

$\qquad\qquad=\displaystyle\lim_{h\to 0}\dfrac{f\left(e+\dfrac{h}{e}\right)-f(e)}{\dfrac{h}{e}}\times\dfrac{1}{e}$

$\qquad\qquad=f'(e)\times\dfrac{1}{e}$

이때 $f(x)=(x^2+x)\ln x$에서

$f'(x)=(2x+1)\ln x+(x^2+x)\times\dfrac{1}{x}$

$\qquad=(2x+1)\ln x+x+1$

이므로

$f'(e)\times\dfrac{1}{e}=\{(2e+1)\ln e+e+1\}\times\dfrac{1}{e}$

$\qquad\qquad=(3e+2)\times\dfrac{1}{e}$

$\qquad\qquad=3+\dfrac{2}{e}$

目 ④

24 $\displaystyle\lim_{x\to 1}\dfrac{e^{2(x-1)}+x+a}{\ln x}=b$에서

$x\to 1$일 때 (분모) $\to 0$이고 극한값이 존재하므로 (분자) $\to 0$이어야 한다.

즉, $\displaystyle\lim_{x\to 1}\{e^{2(x-1)}+x+a\}=0$이므로 $1+1+a=0,\ a=-2$

$f(x)=e^{2(x-1)}+x,\ g(x)=\ln x$로 놓으면

$f(1)=2,\ g(1)=0$이므로

$\displaystyle\lim_{x\to 1}\dfrac{e^{2(x-1)}+x+a}{\ln x}=\lim_{x\to 1}\dfrac{e^{2(x-1)}+x-2}{\ln x}$

$\qquad\qquad=\displaystyle\lim_{x\to 1}\left\{\dfrac{f(x)-f(1)}{x-1}\times\dfrac{x-1}{g(x)-g(1)}\right\}$

$\qquad\qquad=\displaystyle\lim_{x\to 1}\left\{\dfrac{f(x)-f(1)}{x-1}\times\dfrac{1}{\dfrac{g(x)-g(1)}{x-1}}\right\}$

$\qquad\qquad=f'(1)\times\dfrac{1}{g'(1)}$

한편 $f(x)=e^{2x}\times e^{-2}+x=e^{-2}\times(e^2)^x+x$에서

$f'(x)=e^{-2}(e^2)^x\ln e^2+1=2e^{2x-2}+1$이므로

$f'(1)=2+1=3$

또한 $g(x)=\ln x$에서 $g'(x)=\dfrac{1}{x}$이므로 $g'(1)=1$

따라서 $b=f'(1)\times\dfrac{1}{g'(1)}=3\times\dfrac{1}{1}=3$이므로

$a+b=-2+3=1$

目 ①

25 $\sin\theta=\dfrac{\sqrt{2}}{3}$이고 $0<\theta<\dfrac{\pi}{2}$이므로

$\cos\theta=\sqrt{1-\sin^2\theta}$

$\qquad=\sqrt{1-\left(\dfrac{\sqrt{2}}{3}\right)^2}$

$\qquad=\dfrac{\sqrt{7}}{3}$

따라서

$2\sin\left(\theta+\dfrac{\pi}{3}\right)-\sin\theta$

$=2\left(\sin\theta\cos\dfrac{\pi}{3}+\cos\theta\sin\dfrac{\pi}{3}\right)-\sin\theta$

$=2\left(\dfrac{1}{2}\sin\theta+\dfrac{\sqrt{3}}{2}\cos\theta\right)-\sin\theta$

$=\sqrt{3}\cos\theta$

$=\sqrt{3}\times\dfrac{\sqrt{7}}{3}$

$=\dfrac{\sqrt{21}}{3}$

目 ④

26 그림과 같이 두 직선 $y=2x$, $y=-3x+1$이 x축의 양의 방향과 이루는 각의 크기를 각각 α, β라 하면
$$\tan\alpha=2,\ \tan\beta=-3$$
이고, 두 직선이 이루는 예각의 크기가 θ이므로 $\theta=\beta-\alpha$이다.

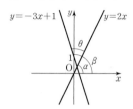

$$\tan\theta=\tan(\beta-\alpha)$$
$$=\frac{\tan\beta-\tan\alpha}{1+\tan\beta\tan\alpha}$$
$$=\frac{(-3)-2}{1+(-3)\times2}$$
$$=1$$
따라서 $\theta=\dfrac{\pi}{4}$이므로
$$\cos\theta=\cos\frac{\pi}{4}=\frac{\sqrt{2}}{2}$$

답 ③

27 $\angle PBC=\alpha$, $\angle ABP=\beta$라 하면
$$\tan\alpha=\frac{\sqrt{3}}{5}$$이고
$\alpha+\beta=\dfrac{\pi}{3}$에서 $\beta=\dfrac{\pi}{3}-\alpha$
따라서
$$\tan(\angle ABP)=\tan\beta$$
$$=\tan\left(\frac{\pi}{3}-\alpha\right)$$
$$=\frac{\tan\frac{\pi}{3}-\tan\alpha}{1+\tan\frac{\pi}{3}\tan\alpha}$$
$$=\frac{\sqrt{3}-\frac{\sqrt{3}}{5}}{1+\sqrt{3}\times\frac{\sqrt{3}}{5}}$$
$$=\frac{\frac{4\sqrt{3}}{5}}{\frac{8}{5}}$$
$$=\frac{\sqrt{3}}{2}$$

답 ③

28 $$\lim_{x\to0}\frac{\sin2x}{x+\sin x}=\lim_{x\to0}\frac{\dfrac{\sin2x}{2x}\times2}{1+\dfrac{\sin x}{x}}$$
$$=\frac{1\times2}{1+1}=1$$

답 ④

29 $$\lim_{x\to0}\frac{\sin3x}{\ln(1+6x)}=\lim_{x\to0}\frac{\dfrac{\sin3x}{3x}\times3}{\dfrac{\ln(1+6x)}{6x}\times6}$$
$$=\frac{1\times3}{1\times6}=\frac{1}{2}$$

답 ②

30 $$\lim_{x\to0}\frac{(3x-x^2)(e^{2x}-1)}{\sin2x\tan x}=\lim_{x\to0}\frac{\dfrac{3x-x^2}{x}\times\dfrac{e^{2x}-1}{2x}}{\dfrac{\sin2x}{2x}\times\dfrac{\tan x}{x}}$$
$$=\frac{3\times1}{1\times1}=3$$

답 ③

31 $$\lim_{x\to\frac{\pi}{2}}\left(\frac{2}{\cos^2x}-\frac{1}{1-\sin x}\right)$$
$$=\lim_{x\to\frac{\pi}{2}}\left\{\frac{2}{\cos^2x}-\frac{1+\sin x}{(1-\sin x)(1+\sin x)}\right\}$$
$$=\lim_{x\to\frac{\pi}{2}}\left(\frac{2}{1-\sin^2x}-\frac{1+\sin x}{1-\sin^2x}\right)$$
$$=\lim_{x\to\frac{\pi}{2}}\frac{1-\sin x}{1-\sin^2x}$$
$$=\lim_{x\to\frac{\pi}{2}}\frac{1-\sin x}{(1-\sin x)(1+\sin x)}$$
$$=\lim_{x\to\frac{\pi}{2}}\frac{1}{1+\sin x}$$
$$=\frac{1}{1+1}=\frac{1}{2}$$

답 ④

32 $$\lim_{x\to\frac{\pi}{2}}\frac{\cos x}{(1-\sin x)\tan x}$$
$$=\lim_{x\to\frac{\pi}{2}}\frac{\cos x}{(1-\sin x)\times\dfrac{\sin x}{\cos x}}$$

$$= \lim_{x \to \frac{\pi}{2}} \frac{\cos^2 x}{(1-\sin x)\sin x}$$

$$= \lim_{x \to \frac{\pi}{2}} \frac{1-\sin^2 x}{(1-\sin x)\sin x}$$

$$= \lim_{x \to \frac{\pi}{2}} \frac{(1+\sin x)(1-\sin x)}{(1-\sin x)\sin x}$$

$$= \lim_{x \to \frac{\pi}{2}} \frac{1+\sin x}{\sin x}$$

$$= \frac{1+1}{1} = 2$$

답 ④

33 $\lim_{x \to \frac{\pi}{4}} \dfrac{1-\tan x}{\sin x - \cos x}$

$$= \lim_{x \to \frac{\pi}{4}} \frac{1-\dfrac{\sin x}{\cos x}}{\sin x - \cos x}$$

$$= \lim_{x \to \frac{\pi}{4}} \frac{\cos x - \sin x}{\cos x (\sin x - \cos x)}$$

$$= -\lim_{x \to \frac{\pi}{4}} \frac{1}{\cos x}$$

$$= -\frac{1}{\dfrac{1}{\sqrt{2}}} = -\sqrt{2}$$

답 ④

34 $\lim_{x \to \frac{\pi}{2}} \dfrac{f(x)-4}{x-\dfrac{\pi}{2}} = 3$에서 $\qquad$ …… ㉠

$x \to \dfrac{\pi}{2}$일 때 (분모)$\to 0$이고 극한값이 존재하므로 (분자)$\to 0$

이어야 한다.

즉, $\lim\limits_{x \to \frac{\pi}{2}} \{f(x)-4\}=0$이고, 함수 $f(x)$가 실수 전체의 집합에

서 연속이므로

$$\lim_{x \to \frac{\pi}{2}} f(x) = f\left(\frac{\pi}{2}\right) = 4$$

이때 $f\left(\dfrac{\pi}{2}\right) = a\sin\dfrac{\pi}{2} + b\cos\dfrac{\pi}{2} = a$이므로 $a=4$

㉠에서

$$\lim_{x \to \frac{\pi}{2}} \frac{f(x)-4}{x-\dfrac{\pi}{2}} = \lim_{x \to \frac{\pi}{2}} \frac{f(x)-f\left(\dfrac{\pi}{2}\right)}{x-\dfrac{\pi}{2}} = f'\left(\dfrac{\pi}{2}\right)$$이므로

$$f'\left(\frac{\pi}{2}\right) = 3$$

이때 $f'(x) = a\cos x - b\sin x$이므로

$$f'\left(\frac{\pi}{2}\right) = a\cos\frac{\pi}{2} - b\sin\frac{\pi}{2} = -b$$에서 $b=-3$

따라서 $a+b=4+(-3)=1$

답 ①

35 곡선 $y=f(x)$ 위의 점 $(m, f(m))$에서의 접선의 기울기

가 1이므로 $f'(m)=1$이다.

$f'(x)=2\cos x$이고, $f'(m)=2\cos m$이므로

$2\cos m = 1$에서 $\cos m = \dfrac{1}{2}$

이때 $0<m<2\pi$이므로 $m=\dfrac{\pi}{3}$ 또는 $m=\dfrac{5}{3}\pi$이고, 그 합은

$$\frac{\pi}{3} + \frac{5}{3}\pi = \frac{6}{3}\pi = 2\pi$$

답 ③

36 $f'(0) = \lim_{h \to 0} \dfrac{f(0+h)-f(0)}{h}$

$$= \lim_{h \to 0} \frac{\dfrac{h^2\sin h}{1-\cos h} - 0}{h}$$

$$= \lim_{h \to 0} \frac{h\sin h}{1-\cos h}$$

$$= \lim_{h \to 0} \frac{h\sin h(1+\cos h)}{(1-\cos h)(1+\cos h)}$$

$$= \lim_{h \to 0} \frac{h\sin h(1+\cos h)}{1-\cos^2 h}$$

$$= \lim_{h \to 0} \frac{h\sin h(1+\cos h)}{\sin^2 h}$$

$$= \lim_{h \to 0} \frac{1+\cos h}{\dfrac{\sin h}{h}}$$

$$= \frac{1+1}{1} = 2$$

답 ②

서술형 연습장 본문 48쪽

01 32   **02** 4   **03** 1

01 $\lim\limits_{x \to 0} \dfrac{a^{2x}+2a^x-3}{2^{2x}-1}$

$=\lim\limits_{x \to 0} \dfrac{(a^x-1)(a^x+3)}{(2^x-1)(2^x+1)}$

$=\lim\limits_{x \to 0} \dfrac{a^x-1}{2^x-1} \times \lim\limits_{x \to 0} \dfrac{a^x+3}{2^x+1}$ ······ ❶

$=\lim\limits_{x \to 0} \dfrac{\dfrac{a^x-1}{x}}{\dfrac{2^x-1}{x}} \times \dfrac{a^0+3}{2^0+1}$

$=\dfrac{\ln a}{\ln 2} \times \dfrac{4}{2} = \dfrac{2\ln a}{\ln 2}$ ······ ❷

이므로 $\dfrac{2\ln a}{\ln 2}=10$에서

$\ln a = 5\ln 2 = \ln 2^5 = \ln 32$

따라서 $a=32$ ······ ❸

탑 32

단계	채점 기준	비율
❶	분모, 분자를 각각 인수분해하여 지수함수의 극한의 기본형으로 변형한 경우	30 %
❷	극한값을 구한 경우	50 %
❸	양수 a의 값을 구한 경우	20 %

02 $\lim\limits_{x \to 0-} f(x)$

$=\lim\limits_{x \to 0-} \dfrac{1-\cos ax}{x\sin x}$

$=\lim\limits_{x \to 0-} \dfrac{(1-\cos ax)(1+\cos ax)}{x\sin x(1+\cos ax)}$

$=\lim\limits_{x \to 0-} \dfrac{1-\cos^2 ax}{x\sin x(1+\cos ax)}$

$=\lim\limits_{x \to 0-} \dfrac{\sin^2 ax}{x\sin x(1+\cos ax)}$

$=\lim\limits_{x \to 0-} \left\{\left(\dfrac{\sin ax}{ax}\right)^2 \times \dfrac{1}{\dfrac{\sin x}{x}} \times \dfrac{a^2}{1+\cos ax}\right\}$

$=1^2 \times 1 \times \dfrac{a^2}{2} = \dfrac{a^2}{2}$ ······ ❶

$\lim\limits_{x \to 0+} f(x) = \lim\limits_{x \to 0+}(x^2-x+8)=8$ ······ ❷

$f(0)=8$ ······ ❸

함수 $f(x)$가 $x=0$에서 연속이므로

$\lim\limits_{x \to 0-} f(x) = \lim\limits_{x \to 0+} f(x) = f(0)$을 만족해야 한다.

$\dfrac{a^2}{2}=8$에서 $a^2=16$이고 $a>0$이므로 $a=4$ ······ ❹

탑 4

단계	채점 기준	비율
❶	좌극한 $\lim\limits_{x \to 0-} f(x)$의 값을 구한 경우	50 %
❷	우극한 $\lim\limits_{x \to 0+} f(x)$의 값을 구한 경우	20 %
❸	함숫값 $f(0)$을 구한 경우	10 %
❹	연속의 정의를 이용하여 양수 a의 값을 구한 경우	20 %

03 $f(x)=e^x \sin x$에서

$f'(x)=e^x \sin x + e^x \cos x$

$\quad = f(x) + e^x \cos x$

이므로

$g(x)=f'(x)-f(x)=e^x \cos x$ ······ ❶

$g(0)=e^0 \cos 0 = 1$이므로

$\lim\limits_{h \to 0} \dfrac{g(h)-1}{h} = \lim\limits_{h \to 0} \dfrac{g(0+h)-g(0)}{h} = g'(0)$ ······ ❷

$g'(x)=(e^x \cos x)' = e^x \cos x - e^x \sin x$

이므로 $g'(0)=e^0 \cos 0 - e^0 \sin 0 = 1$

따라서 $\lim\limits_{h \to 0} \dfrac{g(h)-1}{h}=1$ ······ ❸

탑 1

단계	채점 기준	비율
❶	함수 $g(x)$를 구한 경우	40 %
❷	$\lim\limits_{h \to 0} \dfrac{g(h)-1}{h}$을 $g'(0)$으로 변형한 경우	30 %
❸	극한값을 구한 경우	30 %

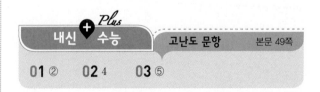

내신 Plus 수능 | 고난도 문항 | 본문 49쪽

01 ② **02** 4 **03** ⑤

01 두 점 A, B의 좌표는 A$(0,\ 2^t)$, B$\left(0,\ \left(\dfrac{1}{2}\right)^t\right)$이므로

$f(t)=\overline{AB}=2^t - \left(\dfrac{1}{2}\right)^t$

두 곡선의 교점 C의 x좌표는

$2^{x+t}=\left(\dfrac{1}{2}\right)^{x+t}$에서

$2^{x+t}=\dfrac{1}{2^{x+t}}$, $(2^{x+t})^2=1$

$(2^{x+t}-1)(2^{x+t}+1)=0$

$2^{x+t}+1>0$이므로 $2^{x+t}=1$에서 $x=-t$

따라서 C$(-t, 1)$이므로 $g(t)=-t$

$$\lim_{t\to 0+}\dfrac{f(t)}{g(t)}=\lim_{t\to 0+}\dfrac{2^t-\left(\dfrac{1}{2}\right)^t}{-t}$$

$$=-\lim_{t\to 0+}\dfrac{(2^t-1)-\left\{\left(\dfrac{1}{2}\right)^t-1\right\}}{t}$$

$$=-\lim_{t\to 0+}\dfrac{2^t-1}{t}+\lim_{t\to 0+}\dfrac{\left(\dfrac{1}{2}\right)^t-1}{t}$$

$$=-\ln 2+\ln \dfrac{1}{2}$$

$$=-\ln 2-\ln 2$$

$$=-2\ln 2$$

目 ②

02 원의 반지름의 길이를 r라 하면

$\angle CAB=\theta$이고, $\angle COB=2\theta$

이므로 삼각형 OBC의 넓이 $S(\theta)$는

$S(\theta)=\dfrac{1}{2}\times r^2 \sin 2\theta$　……　㉠

이등변삼각형 OAB에서

$\angle OAB=\angle OBA=\dfrac{\theta}{2}$

이므로

$\angle AOB=\pi-\left(\dfrac{\theta}{2}+\dfrac{\theta}{2}\right)=\pi-\theta$

에서 코사인법칙에 의하여

$4^2=r^2+r^2-2r^2\cos(\pi-\theta)$

$16=2r^2+2r^2\cos\theta$

$r^2=\dfrac{8}{1+\cos\theta}$

이를 ㉠에 대입하면

$S(\theta)=\dfrac{1}{2}\times\left(\dfrac{8}{1+\cos\theta}\right)\sin 2\theta$

$\quad=\dfrac{4\sin 2\theta}{1+\cos\theta}$

따라서

$$\lim_{\theta\to 0+}\dfrac{S(\theta)}{\theta}=\lim_{\theta\to 0+}\dfrac{\dfrac{4\sin 2\theta}{1+\cos\theta}}{\theta}$$

$$=\lim_{\theta\to 0+}\dfrac{4\sin 2\theta}{\theta(1+\cos\theta)}$$

$$=4\lim_{\theta\to 0+}\left(\dfrac{\sin 2\theta}{2\theta}\times\dfrac{2}{1+\cos\theta}\right)$$

$$=4\times\left(1\times\dfrac{2}{1+1}\right)=4$$

目 4

03 세기가 10인 빛을 이 호수의 수면 위에 비추었을 때, 호수의 수면을 기준으로 깊이가 x인 지점에서의 빛의 세기 $f(x)$는

$f(x)=10\times\left(\dfrac{4}{5}\right)^x$

이때 $f'(x)=10\times\left(\dfrac{4}{5}\right)^x\times\ln\dfrac{4}{5}$

호수의 수면을 기준으로 깊이가 2인 지점에서의 깊이에 대한 빛의 세기의 순간변화율은 $f'(2)$와 같으므로

$f'(2)=10\times\left(\dfrac{4}{5}\right)^2\times\ln\dfrac{4}{5}=\dfrac{32}{5}\ln\dfrac{4}{5}$

目 ⑤

Ⅱ. 미분법

04 여러 가지 미분법

기본 유형 익히기　유제　본문 53~56쪽

1. 3　**2.** 5　**3.** 14　**4.** ④　**5.** $-\dfrac{\pi}{3}$

6. 13　**7.** ②　**8.** ③

1. $f(x)=\dfrac{x+b}{x+a}$ 에서

$$f'(x)=\dfrac{(x+b)'(x+a)-(x+b)(x+a)'}{(x+a)^2}$$
$$=\dfrac{(x+a)-(x+b)}{(x+a)^2}$$
$$=\dfrac{a-b}{(x+a)^2}$$

이므로

$\dfrac{a-b}{(x+a)^2}=-\dfrac{2}{(x+3)^2}$ 에서 $a=3$

$a-b=-2$ 이므로 $b=a+2=3+2=5$

따라서 $f(x)=\dfrac{x+5}{x+3}$ 이므로

$$f(-2)=\dfrac{-2+5}{-2+3}=3$$

답 3

2. $\lim\limits_{x\to3}\dfrac{f(x)-1}{x-3}=2$　……㉠

$x\to3$일 때 (분모)$\to$0이고 수렴하므로 (분자)$\to$0이어야 한다.

즉, $\lim\limits_{x\to3}\{f(x)-1\}=0$에서 함수 $f(x)$가 미분가능하므로 연속함수이다.

따라서 $f(3)=1$이므로 ㉠에서

$$\lim\limits_{x\to3}\dfrac{f(x)-1}{x-3}=\lim\limits_{x\to3}\dfrac{f(x)-f(3)}{x-3}$$
$$=f'(3)=2$$

$g(x)=xf(2x+1)$에서

$$g'(x)=(x)'f(2x+1)+xf'(2x+1)(2x+1)'$$
$$=f(2x+1)+2xf'(2x+1)$$

이므로

$$g'(1)=f(3)+2f'(3)$$
$$=1+2\times2=5$$

답 5

3. $f(x)=\dfrac{\sin x}{1-\sin^2 x}$

$$=\dfrac{\sin x}{\cos^2 x}$$
$$=\dfrac{\sin x}{\cos x}\times\dfrac{1}{\cos x}$$
$$=\tan x \sec x$$

이므로

$$f'(x)=(\tan x)'\sec x+\tan x(\sec x)'$$
$$=\sec^2 x\sec x+\tan x\sec x\tan x$$
$$=\sec^3 x+\tan^2 x\sec x$$
$$=(\sec^2 x+\tan^2 x)\sec x$$

따라서

$$f'\left(\dfrac{\pi}{3}\right)=\left\{\left(\sec\dfrac{\pi}{3}\right)^2+\left(\tan\dfrac{\pi}{3}\right)^2\right\}\times\sec\dfrac{\pi}{3}$$
$$=\{2^2+(\sqrt{3})^2\}\times2$$
$$=7\times2=14$$

다른풀이

$f(x)=\dfrac{\sin x}{1-\sin^2 x}$ 에서

$$f'(x)=\dfrac{(\sin x)'(1-\sin^2 x)-(\sin x)(1-\sin^2 x)'}{(1-\sin^2 x)^2}$$
$$=\dfrac{(\cos x)(1-\sin^2 x)-(\sin x)(-2\sin x\cos x)}{(1-\sin^2 x)^2}$$
$$=\dfrac{\cos x-\sin^2 x\cos x+2\sin^2 x\cos x}{(1-\sin^2 x)^2}$$
$$=\dfrac{(1+\sin^2 x)\cos x}{(1-\sin^2 x)^2}$$

이므로

$$f'\left(\dfrac{\pi}{3}\right)=\dfrac{\left(1+\sin^2\dfrac{\pi}{3}\right)\cos\dfrac{\pi}{3}}{\left(1-\sin^2\dfrac{\pi}{3}\right)^2}$$
$$=\dfrac{\left\{1+\left(\dfrac{\sqrt{3}}{2}\right)^2\right\}\times\dfrac{1}{2}}{\left\{1-\left(\dfrac{\sqrt{3}}{2}\right)^2\right\}^2}$$
$$=\dfrac{\dfrac{7}{4}\times\dfrac{1}{2}}{\dfrac{1}{16}}=14$$

답 14

4. $f(x)=ax+b$ (a, b는 상수)라 하면

$f(1)=a+b=2$　……㉠

$g(x)=\ln|f(x)|=\ln|ax+b|$에서

$g'(x)=\dfrac{(ax+b)'}{ax+b}=\dfrac{a}{ax+b}$

이므로

$g'(1)=\dfrac{a}{a+b}=-2$ ...... ㉡

㉠을 ㉡에 대입하면 $\dfrac{a}{2}=-2$에서 $a=-4$

㉠에서 $b=2-a=2-(-4)=6$

따라서 $f(x)=-4x+6$이므로 $f(-2)=8+6=14$

답 ④

5. $x=2\cos t+1$에서 $\dfrac{dx}{dt}=-2\sin t$

$y=3\sin t+2$에서 $\dfrac{dy}{dt}=3\cos t$

$\dfrac{dy}{dx}=\dfrac{\dfrac{dy}{dt}}{\dfrac{dx}{dt}}=\dfrac{3\cos t}{-2\sin t}$

$=-\dfrac{3}{2}\times\dfrac{1}{\dfrac{\sin t}{\cos t}}$

$=-\dfrac{3}{2}\times\dfrac{1}{\tan t}$ (단, $t\neq0$)

이므로

$-\dfrac{3}{2}\times\dfrac{1}{\tan t}=\dfrac{\sqrt{3}}{2}$에서 $\tan t=-\sqrt{3}$

이때 $-\dfrac{\pi}{2}<t<\dfrac{\pi}{2}$이므로 $t=-\dfrac{\pi}{3}$

답 $-\dfrac{\pi}{3}$

6. 음함수 $x^2+3xy+y^2=2$의 양변의 각 항을 x에 대하여 미분하면

$\dfrac{d}{dx}(x^2)+\dfrac{d}{dx}(3xy)+\dfrac{d}{dx}(y^2)=\dfrac{d}{dx}(2)$

$2x+3y+3x\dfrac{d}{dx}(y)+\dfrac{d}{dx}(y^2)=0$

$2x+3y+3x\dfrac{d}{dy}(y)\dfrac{dy}{dx}+\dfrac{d}{dy}(y^2)\dfrac{dy}{dx}=0$

$2x+3y+3x\dfrac{dy}{dx}+2y\dfrac{dy}{dx}=0$

$(3x+2y)\dfrac{dy}{dx}=-(2x+3y)$

$\dfrac{dy}{dx}=\dfrac{-2x-3y}{3x+2y}$ (단, $3x+2y\neq0$)

따라서 $a=-2$, $b=3$이므로

$a^2+b^2=(-2)^2+3^2=13$

답 13

7. 점 $(-9, -3)$이 곡선 $y=g(x)$ 위의 점이므로

$g(-9)=-3$

함수 $f(x)$의 역함수가 $g(x)$이므로 $f(-3)=-9$

$f(-3)=-9+9a-3a^2+12=-9$

$3a^2-9a-12=0$

$a^2-3a-4=0$

$(a+1)(a-4)=0$

$a<0$이므로 $a=-1$

즉, $f(x)=\dfrac{1}{3}x^3-x^2+x+12$

곡선 $y=g(x)$ 위의 점 $(-9, -3)$에서의 접선의 기울기는

$g'(-9)=\dfrac{1}{f'(g(-9))}$

$=\dfrac{1}{f'(-3)}$

이때 $f(x)=\dfrac{1}{3}x^3-x^2+x+12$에서 $f'(x)=x^2-2x+1$이므로

$f'(-3)=9+6+1=16$

따라서 $g'(-9)=\dfrac{1}{f'(-3)}=\dfrac{1}{16}$

답 ②

8. $f(x)=x\cos 2x$에서

$f'(x)=(x)'\cos 2x+x(\cos 2x)'$

$=\cos 2x+x(-\sin 2x)\times 2$

$=\cos 2x-2x\sin 2x$

$f''(x)=(\cos 2x)'-(2x\sin 2x)'$

$=-2\sin 2x-2(\sin 2x+2x\cos 2x)$

$=-4\sin 2x-4x\cos 2x$

따라서

$f''\left(\dfrac{\pi}{4}\right)=-4\sin\dfrac{\pi}{2}-\pi\cos\dfrac{\pi}{2}$

$=-4\times1-\pi\times0$

$=-4$

답 ③

01 ④	**02** ③	**03** 11	**04** ④	**05** ⑤
06 32	**07** ⑤	**08** ④	**09** ①	**10** ②
11 ⑤	**12** ⑤	**13** 7	**14** ①	**15** ②
16 ②	**17** ①	**18** ②	**19** ①	**20** ③
21 ⑤	**22** ②	**23** ④	**24** ②	**25** ⑤
26 6	**27** ④	**28** ①	**29** ⑤	**30** ⑤

01 $f(x)=\dfrac{1}{x^2}+\dfrac{2x}{x^2+1}$에서

$$f'(x)=\frac{-(x^2)'}{(x^2)^2}+\frac{(2x)'(x^2+1)-2x(x^2+1)'}{(x^2+1)^2}$$

$$=-\frac{2}{x^3}+\frac{2(x^2+1)-2x(2x)}{(x^2+1)^2}$$

$$=-\frac{2}{x^3}+\frac{-2x^2+2}{(x^2+1)^2}$$

따라서 $f'(-1)=2+0=2$

답 ④

02 $\displaystyle\lim_{x\to2}\frac{f(2)-f(x)}{(x-2)f(2)f(x)}$

$$=\lim_{x\to2}\frac{\dfrac{f(2)-f(x)}{f(2)f(x)}}{x-2}$$

$$=\lim_{x\to2}\frac{\dfrac{1}{f(x)}-\dfrac{1}{f(2)}}{x-2}$$

이때 $g(x)=\dfrac{1}{f(x)}$이라 놓으면

$$\lim_{x\to2}\frac{\dfrac{1}{f(x)}-\dfrac{1}{f(2)}}{x-2}$$

$$=\lim_{x\to2}\frac{g(x)-g(2)}{x-2}=g'(2)$$

한편 $g(x)=\dfrac{1}{f(x)}=\dfrac{x^3}{e^x}$이므로

$$g'(x)=\frac{(x^3)'\,e^x-x^3(e^x)'}{(e^x)^2}$$

$$=\frac{x^2(3-x)}{e^x}$$

따라서 $g'(2)=\dfrac{4}{e^2}$, 즉 $\displaystyle\lim_{x\to2}\frac{f(2)-f(x)}{(x-2)f(2)f(x)}=\dfrac{4}{e^2}$

답 ③

03 직선 $x=t$와 직선 $y=x$, 곡선 $y=\dfrac{1}{x}$이 만나는 점 P, Q의 좌표는 $\mathrm{P}(t,\,t)$, $\mathrm{Q}\!\left(t,\,\dfrac{1}{t}\right)$이므로 $\overline{\mathrm{PQ}}=t-\dfrac{1}{t}$이다.

직선 $y=x$와 곡선 $y=\dfrac{1}{x}$이 제1사분면에서 만나는 점 R의 x좌표를 구하면

$x=\dfrac{1}{x}$에서 $x^2=1$, $x=-1$ 또는 $x=1$

이때 $x>0$이므로 $x=1$, 즉 $\mathrm{R}(1,\,1)$이므로 점 R와 직선 $x=t$ 사이의 거리는 $t-1$이다.

따라서 삼각형 PRQ의 넓이 $f(t)$는

$$f(t)=\frac{1}{2}\times\left(t-\frac{1}{t}\right)\times(t-1)$$

$$=\frac{1}{2}\left(t^2-t-1+\frac{1}{t}\right)$$

이고 $f'(t)=\dfrac{1}{2}\left(2t-1-\dfrac{1}{t^2}\right)$이므로

$$f'(2)=\frac{1}{2}\left(4-1-\frac{1}{4}\right)=\frac{11}{8}$$

따라서 $8f'(2)=8\times\dfrac{11}{8}=11$

답 11

04 $f(x)=(2\sin x+1)^3$에서

$$f'(x)=3(2\sin x+1)^2(2\sin x+1)'$$

$$=6(2\sin x+1)^2\cos x$$

$$f'\!\left(\frac{\pi}{6}\right)=6\left(2\sin\frac{\pi}{6}+1\right)^2\cos\frac{\pi}{6}$$

$$=6\left(2\times\frac{1}{2}+1\right)^2\times\frac{\sqrt{3}}{2}$$

$$=6\times4\times\frac{\sqrt{3}}{2}=12\sqrt{3}$$

답 ④

05 $h(x)=g(f(x))$라 하자.

$f(-1)=-1-2+1=-2$

$g(-2)=\dfrac{-2}{-2+1}=2$

이므로 $h(-1)=g(f(-1))=g(-2)=2$

$$\lim_{x\to-1}\frac{g(f(x))-2}{x+1}$$

$$=\lim_{x\to-1}\frac{h(x)-h(-1)}{x-(-1)}$$

$$=h'(-1)$$

한편

$f'(x) = 3x^2 + 2$

$g'(x) = \dfrac{(x+1) - x}{(x+1)^2} = \dfrac{1}{(x+1)^2}$

이므로

$h'(x) = g'(f(x))f'(x)$에서

$h'(-1) = g'(f(-1))f'(-1)$

$\qquad\quad = g'(-2)f'(-1)$

$\qquad\quad = 1 \times 5 = 5$

따라서 $\displaystyle\lim_{x \to -1} \dfrac{g(f(x)) - 2}{x + 1} = 5$

답 ⑤

06 곡선 $y = f(x)$ 위의 점 $(2, f(2))$에서의 접선의 기울기는 $f'(2)$이므로 이 점에서의 접선의 방정식은

$y - f(2) = f'(2)(x - 2)$

$y = f'(2)x - 2f'(2) + f(2)$

이때 접선의 방정식이 $y = 3x + 1$이므로

$f'(2) = 3$, $-2f'(2) + f(2) = 1$

따라서 $f'(2) = 3$, $f(2) = 7$

$g(x) = (x^2 + 1)f(3x - 1)$에서

$g'(x) = (x^2 + 1)'f(3x - 1) + (x^2 + 1)f'(3x - 1)(3x - 1)'$

$\qquad\quad = 2xf(3x - 1) + 3(x^2 + 1)f'(3x - 1)$

이므로

$g'(1) = 2f(2) + 3 \times 2f'(2)$

$\qquad\quad = 2 \times 7 + 6 \times 3 = 32$

답 32

07 $f(x) = \tan(e^{3x} - 1)$에서

$f'(x) = \sec^2(e^{3x} - 1)(e^{3x} - 1)'$

$\qquad\quad = \sec^2(e^{3x} - 1) 3e^{3x}$

이므로

$f'(0) = 3\sec^2 0 = \dfrac{3}{\cos^2 0} = \dfrac{3}{1} = 3$

답 ⑤

08 $f(x) = 3x + \cot 2x$에서

$f'(x) = 3 + (-\csc^2 2x)(2x)'$

$\qquad\quad = 3 - 2\csc^2 2x$

방정식 $f'(x) = -1$에서

$3 - 2\csc^2 2x = -1$, $\csc^2 2x - 2 = 0$

$(\csc 2x + \sqrt{2})(\csc 2x - \sqrt{2}) = 0$

$\csc 2x = -\sqrt{2}$ 또는 $\csc 2x = \sqrt{2}$

(ⅰ) $\csc 2x = -\sqrt{2}$일 때,

$\dfrac{1}{\sin 2x} = -\sqrt{2}$에서 $\sin 2x = -\dfrac{1}{\sqrt{2}}$

이때 $0 < 2x < 2\pi$이므로 $2x = \dfrac{5}{4}\pi$ 또는 $2x = \dfrac{7}{4}\pi$

따라서 $x = \dfrac{5}{8}\pi$ 또는 $x = \dfrac{7}{8}\pi$

(ⅱ) $\csc 2x = \sqrt{2}$일 때,

$\dfrac{1}{\sin 2x} = \sqrt{2}$에서 $\sin 2x = \dfrac{1}{\sqrt{2}}$

이때 $0 < 2x < 2\pi$이므로 $2x = \dfrac{\pi}{4}$ 또는 $2x = \dfrac{3}{4}\pi$

따라서 $x = \dfrac{\pi}{8}$ 또는 $x = \dfrac{3}{8}\pi$

(ⅰ), (ⅱ)에 의하여 방정식 $f'(x) = -1$의 서로 다른 모든 실근은

$\dfrac{\pi}{8}$, $\dfrac{3}{8}\pi$, $\dfrac{5}{8}\pi$, $\dfrac{7}{8}\pi$이므로 그 합은

$\dfrac{\pi}{8} + \dfrac{3}{8}\pi + \dfrac{5}{8}\pi + \dfrac{7}{8}\pi = \dfrac{16}{8}\pi = 2\pi$이다.

답 ④

09 함수 $f(x) = \begin{cases} a + \sin \pi x & \left(x \le \dfrac{1}{2}\right) \\ bx^2 + 2x & \left(x > \dfrac{1}{2}\right) \end{cases}$ 가 $x = \dfrac{1}{2}$에서 미분가

능하려면 $x = \dfrac{1}{2}$에서 연속이어야 한다.

즉, $\displaystyle\lim_{x \to \frac{1}{2}^-} f(x) = \lim_{x \to \frac{1}{2}^+} f(x) = f\left(\dfrac{1}{2}\right)$

$\displaystyle\lim_{x \to \frac{1}{2}^-} f(x) = \lim_{x \to \frac{1}{2}^-} (a + \sin \pi x)$

$\qquad\qquad\qquad = a + \sin \dfrac{\pi}{2} = a + 1$

$\displaystyle\lim_{x \to \frac{1}{2}^+} f(x) = \lim_{x \to \frac{1}{2}^+} (bx^2 + 2x) = \dfrac{1}{4}b + 1$

$f\left(\dfrac{1}{2}\right) = a + \sin \dfrac{\pi}{2} = a + 1$

이므로

$a + 1 = \dfrac{1}{4}b + 1$에서 $a = \dfrac{1}{4}b$ ······ ㉠

함수 $f(x)$가 $x = \dfrac{1}{2}$에서 미분가능하므로

$\displaystyle\lim_{h \to 0^-} \dfrac{f\left(\dfrac{1}{2} + h\right) - f\left(\dfrac{1}{2}\right)}{h} = \lim_{h \to 0^+} \dfrac{f\left(\dfrac{1}{2} + h\right) - f\left(\dfrac{1}{2}\right)}{h}$

$$\lim_{h \to 0^-} \frac{f\left(\frac{1}{2}+h\right)-f\left(\frac{1}{2}\right)}{h}$$

$$= \lim_{h \to 0^-} \frac{a+\sin\left(\frac{1}{2}+h\right)\pi-\left(a+\sin\frac{\pi}{2}\right)}{h}$$

$$= \lim_{h \to 0^-} \frac{\cos h\pi-1}{h}$$

$$= \lim_{h \to 0^-} \frac{-(1-\cos h\pi)(1+\cos h\pi)}{h(1+\cos h\pi)}$$

$$= \lim_{h \to 0^-} \frac{-\sin^2 h\pi}{h(1+\cos h\pi)}$$

$$= \lim_{h \to 0^-} \left(-\frac{\sin h\pi}{h\pi} \times \frac{\pi\sin h\pi}{1+\cos h\pi}\right)$$

$$= -1 \times \frac{0}{2} = 0$$

$$\lim_{h \to 0^+} \frac{f\left(\frac{1}{2}+h\right)-f\left(\frac{1}{2}\right)}{h}$$

$$= \lim_{h \to 0^+} \frac{b\left(\frac{1}{2}+h\right)^2+2\left(\frac{1}{2}+h\right)-\left(a+\sin\frac{\pi}{2}\right)}{h}$$

$$= \lim_{h \to 0^+} \frac{b\left(\frac{1}{4}+h+h^2\right)+(1+2h)-(a+1)}{h}$$

$$= \lim_{h \to 0^+} \frac{bh^2+(b+2)h-\left(a-\frac{b}{4}\right)}{h}$$

$$= \lim_{h \to 0^+} \{bh+(b+2)\}$$

$$= b+2$$

이므로 $b+2=0$에서 $b=-2$

㉠에서 $a=\frac{1}{4}b=\frac{1}{4}\times(-2)=-\frac{1}{2}$

따라서 $a+b=-\frac{1}{2}+(-2)=-\frac{5}{2}$

답 ①

10 $f(x)=e^{x-1}+e^{2x-1}+e^{3x-1}$에서

$f'(x)=(x-1)'\,e^{x-1}+(2x-1)'\,e^{2x-1}+(3x-1)'\,e^{3x-1}$

$\quad\quad =e^{x-1}+2e^{2x-1}+3e^{3x-1}$

이므로

$f'(0)=e^{-1}+2e^{-1}+3e^{-1}$

$\quad\quad =\frac{1}{e}+\frac{2}{e}+\frac{3}{e}$

$\quad\quad =\frac{6}{e}$

답 ②

11 $f(x)=xe^{2x^2-5x+1}$에서

$f'(x)=e^{2x^2-5x+1}+xe^{2x^2-5x+1}(4x-5)$

$\quad\quad =e^{2x^2-5x+1}\{1+x(4x-5)\}$

$\quad\quad =e^{2x^2-5x+1}(4x^2-5x+1)$

$e^{2x^2-5x+1}>0$이므로 $f'(x)=0$에서

$4x^2-5x+1=0$

$(4x-1)(x-1)=0$

$x=\frac{1}{4}$ 또는 $x=1$

따라서 방정식 $f'(x)=0$의 서로 다른 모든 실근의 합은

$\frac{1}{4}+1=\frac{5}{4}$

답 ⑤

12 점 $(2,\,-1)$이 곡선 $y=f(x)$ 위의 점이므로

$f(2)=-1$이고, 곡선 $y=f(x)$ 위의 점 $(2,\,-1)$에서의 접선

의 기울기가 3이므로 $f'(2)=3$이다.

따라서 함수 $g(x)=e^{f(3x-1)}$에서

$g'(x)=e^{f(3x-1)} \times f'(3x-1) \times 3$이므로

$g'(1)=e^{f(2)} \times f'(2) \times 3$

$\quad\quad =e^{-1} \times 3 \times 3=\frac{9}{e}$

답 ⑤

13 이차함수 $f(x)$의 이차항의 계수를 a라 하면

$f(-1)=1$, $f(3)=1$이므로

$f(x)=a(x+1)(x-3)+1$

$\quad\quad =a(x^2-2x-3)+1$

$f'(x)=a(2x-2)$

따라서 $f'(3)=4a$이고, $g'(x)=e^{f(x)}f'(x)$이므로

$g'(3)=e^{f(3)}f'(3)=e^1 \times 4a=4ae$

즉, $4ae=2e$에서 $a=\frac{1}{2}$이고,

$f(x)=\frac{1}{2}(x^2-2x-3)+1$

$f(5)=\frac{1}{2}(25-10-3)+1=7$

답 7

14 $f(x)=\ln(2x^2+ax+1)$에서

$f'(x)=\frac{4x+a}{2x^2+ax+1}$

이므로

$$f'(1)=\frac{a+4}{a+3}=\frac{9}{7}$$

$7(a+4)=9(a+3)$, $2a=1$에서 $a=\dfrac{1}{2}$

답 ①

15 $f(e^x-1)=\dfrac{x}{e^{2x-1}}$에서 $e^x-1=t$로 놓으면

$e^x=t+1$에서 $x=\ln(t+1)$

$e^{2x-1}=\dfrac{e^{2x}}{e}=\dfrac{(t+1)^2}{e}$

이므로

$$f(t)=\frac{\ln(t+1)}{\dfrac{(t+1)^2}{e}}$$

$$=\frac{e\ln(t+1)}{(t+1)^2}$$

$$f'(t)=e\times\frac{\dfrac{1}{t+1}\times(t+1)^2-\ln(t+1)\times2(t+1)}{(t+1)^4}$$

$$=e\times\frac{(t+1)-\ln(t+1)\times2(t+1)}{(t+1)^4}$$

$$=e\times\frac{1-2\ln(t+1)}{(t+1)^3}$$

따라서 $f'(1)=\dfrac{e(1-2\ln2)}{8}$

답 ②

[다른풀이]

$f(e^x-1)=\dfrac{x}{e^{2x-1}}$의 양변을 x에 대하여 미분하면

$$e^xf'(e^x-1)=\frac{e^{2x-1}-2xe^{2x-1}}{(e^{2x-1})^2}$$

$$=\frac{\dfrac{1}{e}(e^x)^2-\dfrac{2}{e}x(e^x)^2}{\dfrac{1}{e^2}(e^x)^4}$$

$$=\frac{e(1-2x)}{(e^x)^2}\qquad\cdots\cdots\text{㉠}$$

이때 $e^x-1=1$에서 $e^x=2$, $x=\ln2$이고, 이를 ㉠에 대입하면

$$2f'(2-1)=\frac{e(1-2\ln2)}{2^2}$$

따라서 $f'(1)=\dfrac{e(1-2\ln2)}{8}$

16 $f(e)=e^{\ln e}=e$이므로

$$\lim_{h\to0}\frac{f(e+2h)-e}{h}$$

$$=\lim_{h\to0}\frac{f(e+2h)-f(e)}{2h}\times2$$

$$=2f'(e)$$

$f(x)=x^{\ln x}\ (x>0)$의 양변에 자연로그를 취하면

$\ln f(x)=\ln x^{\ln x}$, $\ln f(x)=(\ln x)^2$

양변을 x에 대하여 미분하면

$$\frac{f'(x)}{f(x)}=2\ln x\times\frac{1}{x}=\frac{2}{x}\ln x$$

이므로

$$f'(x)=\frac{2}{x}\ln x\times f(x)=\frac{2}{x}\ln x\times x^{\ln x}$$

따라서 $f'(e)=\dfrac{2}{e}\ln e\times e^{\ln e}=\dfrac{2}{e}\times e=2$이므로

$2f'(e)=2\times2=4$

답 ②

17 $g(x)=f(x)\ln|f(x)|$에서

$$g'(x)=f'(x)\ln|f(x)|+f(x)\times\frac{f'(x)}{f(x)}$$

$$=f'(x)\{\ln|f(x)|+1\}$$

이므로 $g'(x)=0$에서

$f'(x)=0$ 또는 $\ln|f(x)|+1=0$

(i) $f'(x)=0$의 해

　$f(x)=x^2+2x+\dfrac{1}{e}$에서 $f'(x)=2x+2$이므로

　$2x+2=0$에서 $x=-1$

(ii) $\ln|f(x)|+1=0$의 해

　$|f(x)|=\dfrac{1}{e}$에서 $f(x)=-\dfrac{1}{e}$ 또는 $f(x)=\dfrac{1}{e}$

　ㄱ) $f(x)=-\dfrac{1}{e}$에서 $x^2+2x+\dfrac{1}{e}=-\dfrac{1}{e}$

　　$x^2+2x+\dfrac{2}{e}=0$에서 근의 공식에 의하여

　　$x=-1-\sqrt{1-\dfrac{2}{e}}$ 또는 $x=-1+\sqrt{1-\dfrac{2}{e}}$

　ㄴ) $f(x)=\dfrac{1}{e}$에서 $x^2+2x+\dfrac{1}{e}=\dfrac{1}{e}$

　　$x^2+2x=0$, $x(x+2)=0$

　　$x=-2$ 또는 $x=0$

(i), (ii)에 의하여 방정식 $g'(x)=0$의 서로 다른 모든 실근은

-1, $-1-\sqrt{1-\dfrac{2}{e}}$, $-1+\sqrt{1-\dfrac{2}{e}}$, -2, 0이다.

따라서 구하는 모든 실근의 합은

$$-1+\left(-1-\sqrt{1-\frac{2}{e}}\right)+\left(-1+\sqrt{1-\frac{2}{e}}\right)+(-2)+0=-5$$

답 ①

18 곡선 $y=\ln(2x-3)$을 x축의 방향으로 -1만큼 평행이 동한 곡선은

$y=\ln\{2(x+1)-3\}=\ln(2x-1)$이므로

$g(x)=\ln(2x-1)$

2보다 큰 실수 t에 대하여 직선 $x=t$와 두 곡선 $y=f(x)$, $y=g(x)$가 만나는 점이 각각 P, Q이므로

$P(t, \ln(2t-3)), Q(t, \ln(2t-1))$

따라서 $h(t)=\overline{PQ}=\ln(2t-1)-\ln(2t-3)$이고,

$h'(t)=\dfrac{2}{2t-1}-\dfrac{2}{2t-3}$이므로

$$\sum_{t=3}^{11} h'(t)=2\sum_{t=3}^{11}\left(\frac{1}{2t-1}-\frac{1}{2t-3}\right)$$
$$=2\left\{\left(\frac{1}{5}-\frac{1}{3}\right)+\left(\frac{1}{7}-\frac{1}{5}\right)+\left(\frac{1}{9}-\frac{1}{7}\right)+\right.$$
$$\left.\cdots+\left(\frac{1}{21}-\frac{1}{19}\right)\right\}$$
$$=2\left(-\frac{1}{3}+\frac{1}{21}\right)$$
$$=2\times\left(-\frac{2}{7}\right)=-\frac{4}{7}$$

답 ②

19 $x=at^2+1$에서 $\dfrac{dx}{dt}=2at$

$y=\dfrac{1}{3}t^3+2t+1$에서 $\dfrac{dy}{dt}=t^2+2$

$\dfrac{dy}{dx}=\dfrac{\frac{dy}{dt}}{\frac{dx}{dt}}=\dfrac{t^2+2}{2at}$ (단, $at\neq 0$)이므로

$t=1$일 때, $\dfrac{dy}{dx}=\dfrac{3}{2a}=6$

따라서 $a=\dfrac{3}{2}\times\dfrac{1}{6}=\dfrac{1}{4}$

답 ①

20 $x=t-a\sqrt{t}$에서 $\dfrac{dx}{dt}=1-\dfrac{a}{2\sqrt{t}}$ (단, $t\neq 0$)

$y=a\sqrt{t}$에서 $\dfrac{dy}{dt}=\dfrac{a}{2\sqrt{t}}$ (단, $t\neq 0$)

$$\frac{dy}{dx}=\frac{\frac{dy}{dt}}{\frac{dx}{dt}}=\frac{\frac{a}{2\sqrt{t}}}{1-\frac{a}{2\sqrt{t}}}$$
$$=\frac{a}{2\sqrt{t}-a}$$ (단, $2\sqrt{t}-a\neq 0$)

······ ㉠

이므로 $t=4$에 대응하는 점에서의 접선의 기울기는 $t=4$를 ㉠ 에 대입한 값과 같다.

즉, $\dfrac{dy}{dx}=\dfrac{a}{2\sqrt{4}-a}=\dfrac{a}{4-a}$

따라서 $\dfrac{a}{4-a}=\dfrac{3}{5}$에서

$5a=3(4-a)$, $8a=12$

$a=\dfrac{12}{8}=\dfrac{3}{2}$

답 ③

21 $x=\sec\theta+\cos\theta$에서

$$\frac{dx}{d\theta}=\sec\theta\tan\theta-\sin\theta$$
$$=\frac{1}{\cos\theta}\times\frac{\sin\theta}{\cos\theta}-\sin\theta$$
$$=\left(\frac{1}{\cos^2\theta}-1\right)\sin\theta$$
$$=\frac{1-\cos^2\theta}{\cos^2\theta}\times\sin\theta$$
$$=\frac{\sin^3\theta}{\cos^2\theta}$$

$y=\tan\theta$에서 $\dfrac{dy}{d\theta}=\sec^2\theta=\dfrac{1}{\cos^2\theta}$

따라서

$$\frac{dy}{dx}=\frac{\frac{dy}{d\theta}}{\frac{dx}{d\theta}}=\frac{\frac{1}{\cos^2\theta}}{\frac{\sin^3\theta}{\cos^2\theta}}=\frac{1}{\sin^3\theta}$$

······ ㉠

곡선 위의 점 $\left(\dfrac{5}{2}, \sqrt{3}\right)$에서의 접선의 기울기를 구하려면

$x=\sec\theta+\cos\theta=\dfrac{5}{2}$, $y=\tan\theta=\sqrt{3}$

이고, $0<\theta<\dfrac{\pi}{2}$이므로 $\theta=\dfrac{\pi}{3}$에서 이를 ㉠에 대입하면 구하는 접선의 기울기는

$$\frac{dy}{dx} = \frac{1}{\sin^3 \theta} = \frac{1}{\sin^3 \dfrac{\pi}{3}}$$

$$= \frac{1}{\left(\dfrac{\sqrt{3}}{2}\right)^3} = \frac{8}{3\sqrt{3}} = \frac{8\sqrt{3}}{9}$$

답 ⑤

22

$\dfrac{e^x}{\ln y} = 2$에서 $e^x = 2\ln y$

이 식의 양변의 각 항을 x에 대하여 미분하면

$$\frac{d}{dx}(e^x) = \frac{d}{dx}(2\ln y)$$

$$e^x = \frac{d}{dy}(2\ln y)\frac{dy}{dx}, \ e^x = \frac{2}{y} \times \frac{dy}{dx}$$

$$\frac{dy}{dx} = \frac{e^x y}{2} \qquad \cdots\cdots \ \text{㉠}$$

곡선 위의 점 $(0, \sqrt{e})$에서의 접선의 기울기는 ㉠에 $x=0$, $y=\sqrt{e}$ 를 대입한 값과 같다.

따라서 $\dfrac{dy}{dx} = \dfrac{e^0 \sqrt{e}}{2} = \dfrac{\sqrt{e}}{2}$

답 ②

23

점 $(1, 1)$이 곡선 $x^2 + 2xy - ay^2 = b$ 위의 점이므로

$1 + 2 - a = b$에서 $a + b = 3$ $\qquad \cdots\cdots \ \text{㉠}$

$x^2 + 2xy - ay^2 = b$의 양변의 각 항을 x에 대하여 미분하면

$$\frac{d}{dx}(x^2) + \frac{d}{dx}(2xy) - a\frac{d}{dx}(y^2) = \frac{d}{dx}(b)$$

$$2x + \left\{2y + 2x\frac{d}{dy}(y)\frac{dy}{dx}\right\} - a\frac{d}{dy}(y^2)\frac{dy}{dx} = 0$$

$$2x + 2y + 2x\frac{dy}{dx} - 2ay\frac{dy}{dx} = 0$$

$$2(x - ay)\frac{dy}{dx} = -2(x + y)$$

$$\frac{dy}{dx} = -\frac{x+y}{x-ay} \ (단, \ x - ay \neq 0) \qquad \cdots\cdots \ \text{㉡}$$

곡선 위의 점 $(1, 1)$에서의 접선의 기울기는 ㉡에 $x=1$, $y=1$ 을 대입한 값과 같다.

즉, $\dfrac{dy}{dx} = -\dfrac{2}{1-a}$이므로

$-\dfrac{2}{1-a} = \dfrac{2}{3}$에서 $-1 + a = 3$, $a = 4$

㉠에서 $b = 3 - a = 3 - 4 = -1$

따라서 $ab = 4 \times (-1) = -4$

답 ④

24

$x^3 + y^3 - 7(x+y) = 0$의 양변의 각 항을 x에 대하여 미분하면

$$\frac{d}{dx}(x^3) + \frac{d}{dx}(y^3) - 7\frac{d}{dx}(x) - 7\frac{d}{dx}(y) = \frac{d}{dx}(0)$$

$$3x^2 + \frac{d}{dy}(y^3)\frac{dy}{dx} - 7 - 7\frac{d}{dy}(y)\frac{dy}{dx} = 0$$

$$3x^2 + 3y^2\frac{dy}{dx} - 7 - 7\frac{dy}{dx} = 0$$

$$(3y^2 - 7)\frac{dy}{dx} = 7 - 3x^2$$

$$\frac{dy}{dx} = \frac{7 - 3x^2}{3y^2 - 7} \ (단, \ 3y^2 - 7 \neq 0) \qquad \cdots\cdots \ \text{㉠}$$

곡선 위의 점 $(3, 1)$에서의 접선의 기울기는 ㉠에 $x=3$, $y=1$ 을 대입한 값과 같다.

즉, $\dfrac{dy}{dx} = \dfrac{7-27}{3-7} = \dfrac{20}{4} = 5$

따라서 이 접선과 수직인 직선의 기울기는 $-\dfrac{1}{5}$이고, 점 $(10, 1)$ 을 지나는 직선 l의 방정식은

$$y - 1 = -\frac{1}{5}(x - 10), \ y = -\frac{1}{5}x + 3$$

이므로 직선 l이 x축, y축과 만나는 두 점 A, B의 좌표는 A$(15, 0)$, B$(0, 3)$이다.

따라서 삼각형 OAB의 넓이는

$$\frac{1}{2} \times 15 \times 3 = \frac{45}{2}$$

답 ②

25

점 $(\ln 7, 2)$가 함수 $y = g(x)$의 그래프 위의 점이므로 $g(\ln 7) = 2$

함수 $f(x)$의 역함수가 $g(x)$이므로 $f(2) = \ln 7$

따라서 $f(2) = \ln(4+a) = \ln 7$, $4 + a = 7$이므로

$a = 3$이고 $f(x) = \ln(x^2 + 3)$

함수 $y = g(x)$의 그래프 위의 점 $(\ln 7, 2)$에서의 접선의 기울기는

$$g'(\ln 7) = \frac{1}{f'(g(\ln 7))} = \frac{1}{f'(2)}$$

이때 $f(x) = \ln(x^2 + 3)$에서 $f'(x) = \dfrac{2x}{x^2 + 3}$이므로

$$f'(2) = \frac{4}{7}$$

따라서 $g'(\ln 7) = \dfrac{1}{f'(2)} = \dfrac{7}{4}$

답 ⑤

26 $\lim\limits_{x\to3}\dfrac{f(x)-2}{x-3}=\dfrac{1}{6}$에서

$x\to3$일 때 (분모)$\to0$이고 극한값이 존재하므로 (분자)$\to0$
이어야 한다.

즉, $\lim\limits_{x\to3}\{f(x)-2\}=0$이고 함수 $f(x)$가 미분가능하므로 연
속함수이다.

따라서 $\lim\limits_{x\to3}\{f(x)-2\}=\lim\limits_{x\to3}f(x)-2=f(3)-2=0$이므로

$f(3)=2$이고 $g(2)=3$이다.

또한 주어진 식에서

$\lim\limits_{x\to3}\dfrac{f(x)-2}{x-3}=\lim\limits_{x\to3}\dfrac{f(x)-f(3)}{x-3}=f'(3)$이므로

$f'(3)=\dfrac{1}{6}$

따라서 역함수의 미분법에 의하여

$g'(2)=\dfrac{1}{f'(g(2))}=\dfrac{1}{f'(3)}=\dfrac{1}{\frac{1}{6}}=6$

답 6

27 $g\left(\dfrac{1}{2}\right)=a$라 하면 $f(a)=\dfrac{1}{2}$이므로

$\sqrt{3}\sin a-1=\dfrac{1}{2}$에서 $\sin a=\dfrac{\sqrt{3}}{2}$

이때 $0\le a\le\dfrac{\pi}{2}$이므로 $a=\dfrac{\pi}{3}$

즉, $g\left(\dfrac{1}{2}\right)=\dfrac{\pi}{3}$

한편 $f(x)=\sqrt{3}\sin x-1$에서 $f'(x)=\sqrt{3}\cos x$이므로 역함
수의 미분법에 의하여

$g'\left(\dfrac{1}{2}\right)=\dfrac{1}{f'\left(g\left(\frac{1}{2}\right)\right)}=\dfrac{1}{f'\left(\frac{\pi}{3}\right)}$

$=\dfrac{1}{\sqrt{3}\cos\frac{\pi}{3}}=\dfrac{1}{\sqrt{3}\times\frac{1}{2}}$

$=\dfrac{2}{\sqrt{3}}=\dfrac{2\sqrt{3}}{3}$

답 ④

28 $f(x)=e^x+\dfrac{1}{x^2}$에서

$f'(x)=e^x-\dfrac{2}{x^3}$, $f''(x)=e^x+\dfrac{6}{x^4}$

두 곡선 $y=f(x)$, $y=f''(x)$가 점 $(a, f(a))$에서 만나므로
$f(a)=f''(a)$를 만족한다.

즉, $e^a+\dfrac{1}{a^2}=e^a+\dfrac{6}{a^4}$, $\dfrac{1}{a^2}-\dfrac{6}{a^4}=0$

$\dfrac{a^2-6}{a^4}=0$, $a^2-6=0$

$(a+\sqrt{6})(a-\sqrt{6})=0$, $a=-\sqrt{6}$ 또는 $a=\sqrt{6}$

이때 $a>0$이므로 $a=\sqrt{6}$

답 ①

29 $f(x)=2\ln(3-x)+\dfrac{1}{2}x^2$에서

$f'(x)=-\dfrac{2}{3-x}+x=\dfrac{2}{x-3}+x$

$f''(x)=-\dfrac{2}{(x-3)^2}+1$

이므로 $f''(x)=0$에서

$-\dfrac{2}{(x-3)^2}+1=0$, $\dfrac{2}{(x-3)^2}=1$

$(x-3)^2=2$, $x^2-6x+7=0$

근의 공식에 의하여 이 이차방정식의 실근을 구하면

$x=3-\sqrt{2}$ 또는 $x=3+\sqrt{2}$

이때 함수 $f(x)=2\ln(3-x)+\dfrac{1}{2}x^2$에서 $3-x>0$, 즉 $x<3$

이어야 하므로 방정식 $f''(x)=0$의 실근은 $x=3-\sqrt{2}$이다.

답 ⑤

30 $f(x)=\dfrac{\sin x}{e^x}$에서

$f'(x)=\dfrac{e^x\cos x-e^x\sin x}{(e^x)^2}=\dfrac{e^x(\cos x-\sin x)}{(e^x)^2}$

$=\dfrac{\cos x-\sin x}{e^x}$

$f''(x)=\dfrac{(-\sin x-\cos x)e^x-(\cos x-\sin x)e^x}{(e^x)^2}$

$=\dfrac{-2\cos x}{e^x}$

$f'(\theta)=f''(\theta)$에서

$\dfrac{\cos\theta-\sin\theta}{e^\theta}=\dfrac{-2\cos\theta}{e^\theta}$

$\cos\theta-\sin\theta=-2\cos\theta$

$\sin\theta=3\cos\theta$ $\qquad\cdots\cdots$ ㉠

이때 $-\dfrac{\pi}{2}<\theta<\dfrac{\pi}{2}$이므로 $0<\cos\theta\le1$이다.

따라서 ㉠의 양변을 $\cos\theta$로 나누면

$\dfrac{\sin\theta}{\cos\theta}=3$이므로 $\tan\theta=3$

답 ⑤

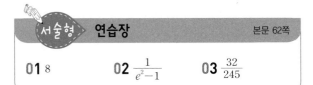

서술형 연습장   본문 62쪽

01 8   **02** $\dfrac{1}{e^2-1}$ **03** $\dfrac{32}{245}$

01 $\lim\limits_{x\to1}\dfrac{f(g(x))-2}{x^2-1}$에서 $h(x)=f(g(x))$라 하면

$g(1)=2\sqrt{4\times1-3}=2$, $f(2)=2^3-8\times2+10=2$이므로

$h(1)=f(g(1))=f(2)=2$

$\lim\limits_{x\to1}\dfrac{f(g(x))-2}{x^2-1}=\lim\limits_{x\to1}\dfrac{h(x)-h(1)}{x^2-1}$

$\qquad\qquad=\lim\limits_{x\to1}\left\{\dfrac{h(x)-h(1)}{x-1}\times\dfrac{1}{x+1}\right\}$

$\qquad\qquad=\dfrac{1}{2}h'(1)$ $\qquad\cdots\cdots$ **❶**

$h(x)=f(g(x))$에서

$h'(x)=f'(g(x))g'(x)$이므로

$h'(1)=f'(g(1))g'(1)$ $\qquad\cdots\cdots$ ㉠ $\qquad\cdots\cdots$ **❷**

$f'(x)=3x^2-8$이므로

$f'(g(1))=f'(2)=12-8=4$

$g'(x)=2\times\dfrac{4}{2\sqrt{4x-3}}=\dfrac{4}{\sqrt{4x-3}}$이므로

$g'(1)=\dfrac{4}{\sqrt{4-3}}=4$ $\qquad\cdots\cdots$ **❸**

㉠에서

$h'(1)=f'(g(1))g'(1)=4\times4=16$

따라서 $\dfrac{1}{2}h'(1)=\dfrac{1}{2}\times16=8$ $\qquad\cdots\cdots$ **❹**

답 8

단계	채점 기준	비율
❶	$\lim\limits_{x\to1}\dfrac{f(g(x))-2}{x^2-1}$를 변형하여 미분계수로 표현한 경우	30 %
❷	합성함수의 미분법을 이용하여 식을 만든 경우	30 %
❸	$f'(g(1))$, $g'(1)$의 값을 구한 경우	30 %
❹	$\lim\limits_{x\to1}\dfrac{f(g(x))-2}{x^2-1}$의 값을 구한 경우	10 %

02 $x=2-e^{-t}$에서 $\dfrac{dx}{dt}=e^{-t}$

$y=e^t-e^{-t}$에서 $\dfrac{dy}{dt}=e^t+e^{-t}$

$\dfrac{dy}{dx}=\dfrac{\dfrac{dy}{dt}}{\dfrac{dx}{dt}}=\dfrac{e^t+e^{-t}}{e^{-t}}=e^{2t}+1$ $\qquad\cdots\cdots$ **❶**

$t=n$에 대응하는 점에서의 접선의 기울기 a_n은

$a_n=e^{2n}+1$ $\qquad\cdots\cdots$ **❷**

$\dfrac{1}{a_n-1}=\dfrac{1}{(e^{2n}+1)-1}=\dfrac{1}{e^{2n}}=\left(\dfrac{1}{e^2}\right)^n$

따라서

$\sum\limits_{n=1}^{\infty}\dfrac{1}{a_n-1}=\sum\limits_{n=1}^{\infty}\left(\dfrac{1}{e^2}\right)^n$

$\qquad\qquad=\dfrac{\dfrac{1}{e^2}}{1-\dfrac{1}{e^2}}=\dfrac{1}{e^2-1}$ $\qquad\cdots\cdots$ **❸**

답 $\dfrac{1}{e^2-1}$

단계	채점 기준	비율
❶	$\dfrac{dx}{dt}$, $\dfrac{dy}{dt}$를 구하고, 이를 이용하여 $\dfrac{dy}{dx}$를 구한 경우	50 %
❷	$t=n$에 대응하는 점에서의 접선의 기울기 a_n을 구한 경우	10 %
❸	급수 $\sum\limits_{n=1}^{\infty}\dfrac{1}{a_n-1}$의 값을 구한 경우	40 %

03 $h(x)=\dfrac{g(x)}{f(x)}$에서

$h'(x)=\dfrac{g'(x)f(x)-g(x)f'(x)}{\{f(x)\}^2}$이므로

$h'(1)=\dfrac{g'(1)f(1)-g(1)f'(1)}{\{f(1)\}^2}$ $\qquad\cdots\cdots$ ㉠ $\qquad\cdots\cdots$ **❶**

$f(x)=x^3+2x+4$에서

$f(1)=1+2+4=7$

$f'(x)=3x^2+2$이므로

$f'(1)=3+2=5$ $\qquad\cdots\cdots$ **❷**

$g(1)=a$라 하면 $f(a)=1$이므로

$a^3+2a+4=1$, $a^3+2a+3=0$

$(a+1)(a^2-a+3)=0$

$a=-1$ 또는 $a^2-a+3=0$

이때 $a^2-a+3=0$의 판별식을 D라 하면

$D=(-1)^2-4\times1\times3<0$이므로 허근을 갖는다.

따라서 $a=-1$, 즉 $g(1)=-1$

역함수의 미분법에 의하여

$$g'(1)=\frac{1}{f'(g(1))}=\frac{1}{f'(-1)}=\frac{1}{5}$$ ······ ❸

㉠에서

$$h'(1)=\frac{\frac{1}{5}\times 7-(-1)\times 5}{7^2}$$

$$=\frac{\frac{7}{5}+5}{49}$$

$$=\frac{32}{245}$$ ······ ❹

답 $\dfrac{32}{245}$

단계	채점 기준	비율
❶	$h'(1)$을 식으로 나타낸 경우	20 %
❷	$f(1)$, $f'(1)$의 값을 구한 경우	20 %
❸	$g(1)$, $g'(1)$의 값을 구한 경우	40 %
❹	$h'(1)$의 값을 구한 경우	20 %

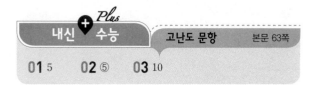

내신 ✚ 수능 Plus

고난도 문항 　본문 63쪽

01 5　**02** ⑤　**03** 10

01 이차함수 $f(x)$를 $f(x)=ax^2+bx+c$ (a, b, c는 상수)
라 하면

$f'(x)=2ax+b$

$f(0)=2$이므로 $c=2$

$g(x)=\dfrac{e^{f(x)}}{x+1}$에서

$$g'(x)=\frac{\{e^{f(x)}\}'(x+1)-e^{f(x)}(x+1)'}{(x+1)^2}$$

$$=\frac{e^{f(x)}f'(x)(x+1)-e^{f(x)}}{(x+1)^2}$$

$$=\frac{e^{f(x)}\{f'(x)(x+1)-1\}}{(x+1)^2}$$

$$=\frac{e^{f(x)}\{(2ax+b)(x+1)-1\}}{(x+1)^2}$$

$$=\frac{e^{f(x)}\{2ax^2+(2a+b)x+b-1\}}{(x+1)^2}$$

이때 $e^{f(x)}>0$이고, $g'(x)=0$의 근이 $x=-3$ 또는 $x=1$이므로
$2ax^2+(2a+b)x+b-1=0$의 근이 $x=-3$ 또는 $x=1$이다.

$2ax^2+(2a+b)x+b-1=2a(x+3)(x-1)$

$$=2a(x^2+2x-3)$$

$$=2ax^2+4ax-6a$$

$2a+b=4a$에서 $b=2a$ ······ ㉠

$b-1=-6a$ ······ ㉡

㉠을 ㉡에 대입하면

$2a-1=-6a$에서 $8a=1$, $a=\dfrac{1}{8}$이고 $b=\dfrac{1}{4}$

따라서 $f(x)=\dfrac{1}{8}x^2+\dfrac{1}{4}x+2$이고, $f(4)=2+1+2=5$

답 5

02 점 $P(t,\ e^t-1)$ ($t>1$)을 직선 $y=x$에 대하여 대칭이동
한 점 P'의 좌표는 $P'(e^t-1,\ t)$
점 P'을 지나고 x축과 수직인 직선의 방정식은 $x=e^t-1$이므
로 두 점 Q, R의 좌표는
$Q(e^t-1,\ \ln(e^t-1))$, $R(e^t-1,\ 0)$
따라서 선분 QR의 길이 $f(t)$는 $f(t)=\ln(e^t-1)$
$g(2)=a$라 하면 $f(a)=2$이므로
$\ln(e^a-1)=2$에서
$e^a-1=e^2$, $e^a=e^2+1$, $a=\ln(e^2+1)$
즉, $g(2)=\ln(e^2+1)$
한편 $f(t)=\ln(e^t-1)$에서

$$f'(t)=\frac{e^t}{e^t-1}$$이고,

$$f'(\ln(e^2+1))=\frac{e^{\ln(e^2+1)}}{e^{\ln(e^2+1)}-1}$$

$$=\frac{e^2+1}{(e^2+1)-1}$$

$$=\frac{e^2+1}{e^2}$$

이므로 역함수의 미분법에 의하여

$$g'(2)=\frac{1}{f'(g(2))}$$

$$=\frac{1}{f'(\ln(e^2+1))}$$

$$=\frac{1}{\frac{e^2+1}{e^2}}=\frac{e^2}{e^2+1}$$

답 ⑤

03 $y=100\times\sqrt{2^{-x}}=100\times(2^{-x})^{\frac{1}{2}}=100\times 2^{-\frac{1}{2}x}$

이므로 x에 대한 y의 순간변화율은

$\dfrac{dy}{dx}=100\times\left(-\dfrac{1}{2}\right)\times 2^{-\frac{1}{2}x}\times\ln 2$

$\qquad =-50\times\ln 2\times 2^{-\frac{1}{2}x}$

$x=t$를 대입하면

$-50\times\ln 2\times 2^{-\frac{1}{2}t}=\dfrac{25}{16}\ln\dfrac{1}{2}$

$50\times 2^{-\frac{1}{2}t}=\dfrac{25}{16}$

$2^{-\frac{1}{2}t}=\dfrac{25}{16}\times\dfrac{1}{50}$

$2^{-\frac{1}{2}t}=\dfrac{1}{32}$

$2^{-\frac{1}{2}t}=\dfrac{1}{2^5}$

$2^{-\frac{1}{2}t}=2^{-5}$

$-\dfrac{1}{2}t=-5$

따라서 $t=10$

답 10

---

05 도함수의 활용

기본 유형 익히기 　유제　　본문 69~74쪽

1. $y=2x+4$　　**2.** -4　　**3.** 36　　**4.** -1

5. ④　　　**6.** $-e^2$　　**7.** $1\leq k<\dfrac{\pi}{2}$

8. $0<a<\dfrac{1}{e}$　　**9.** 풀이 참조　　**10.** ③

11. 속도: 3, 가속도: 1

12. 속도: $(2e^2,\,2)$, 가속도: $(4e^2,\,0)$

1. $f(x)=e^{2x}+3$이라 하면

$f'(x)=2e^{2x}$

접점의 좌표를 $(a,\,f(a))$라 하면

$f'(a)=2e^{2a}=2$에서 $a=0$

이때 $f(0)=e^0+3=4$이므로 접점의 좌표는 $(0,\,4)$이다.

따라서 구하는 접선의 방정식은

$y-4=2(x-0)$, $y=2x+4$

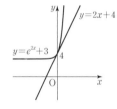

답 $y=2x+4$

2. $f(x)=4\sin x+ax$에서

$f'(x)=4\cos x+a$

함수 $y=f(x)$가 열린구간 $\left(-\dfrac{\pi}{2},\,\dfrac{\pi}{2}\right)$에서 감소하려면 이 구간에서 $f'(x)\leq 0$이어야 한다.

이때 주어진 구간에서 $0<\cos x\leq 1$이므로

$a<4\cos x+a\leq 4+a$

따라서 $4+a\leq 0$, $a\leq -4$이므로 실수 a의 최댓값은 -4이다.

답 -4

3. $f(x)=x+\dfrac{4}{x}$에서

$f'(x)=1-\dfrac{4}{x^2}=\dfrac{x^2-4}{x^2}=\dfrac{(x-2)(x+2)}{x^2}$

$f'(x)=0$에서

$x=-2$ 또는 $x=2$

함수 $f(x)$의 증가와 감소를 표로 나타내면 다음과 같다.

x	$\cdots$	-2	$\cdots$	(0)	$\cdots$	2	$\cdots$
$f'(x)$	$+$	0	$-$		$-$	0	$+$
$f(x)$	↗	극대	↘		↘	극소	↗

함수 $y=f(x)$는 $x=-2$일 때 극댓값 $f(-2)=-4$를 갖고,

$x=2$일 때 극솟값 $f(2)=4$를 갖는다.

따라서 $m=4$, $M=-4$이므로

$10m+M=10\times4+(-4)=36$

답 36

참고 함수 $y=f(x)$의 그래프는 다음 그림과 같다.

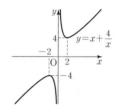

4. $f(x)=xe^{2x}$으로 놓으면

$f'(x)=e^{2x}+x\times2e^{2x}$

$\qquad=(1+2x)e^{2x}$

$f''(x)=2e^{2x}+(1+2x)\times2e^{2x}$

$\qquad=4(1+x)e^{2x}$

$f''(x)=0$에서 $x=-1$

$x<-1$일 때,

$f''(x)<0$이므로 이 구간에서 주어진 곡선은 위로 볼록하다.

$x>-1$일 때,

$f''(x)>0$이므로 이 구간에서 주어진 곡선은 아래로 볼록하다.

따라서 $a\geq-1$이므로 a의 최솟값은 -1이다.

답 -1

참고 $f'(x)=0$에서 $x=-\dfrac{1}{2}$

함수 $f(x)$의 증가와 감소를 표로 나타내면 다음과 같다.

x	$\cdots$	-1	$\cdots$	$-\dfrac{1}{2}$	$\cdots$
$f'(x)$	$-$	$-$	$-$	0	$+$
$f''(x)$	$-$	0	$+$	$+$	$+$
$f(x)$	↘	변곡점	↘	극소	↗

이때 함수 $y=f(x)$의 그래프는 다음 그림과 같다.

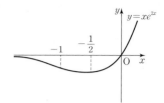

5. $f(x)=\dfrac{e^x}{\sqrt{2}\sin x}$에서

$f'(x)=\dfrac{e^x\times\sqrt{2}\sin x-e^x\times\sqrt{2}\cos x}{(\sqrt{2}\sin x)^2}$

$\qquad=\dfrac{(\sin x-\cos x)e^x}{\sqrt{2}\sin^2 x}$

$f'(x)=0$에서

$\sin x-\cos x=0$, $\sin x=\cos x$

$0<x<\pi$이므로 $x=\dfrac{\pi}{4}$

$0<x<\pi$에서 함수 $f(x)$의 증가와 감소를 표로 나타내면 다음과 같다.

x	(0)	$\cdots$	$\dfrac{\pi}{4}$	$\cdots$	(π)
$f'(x)$		$-$	0	$+$	
$f(x)$		↘	극소	↗	

함수 $f(x)$는 $x=\dfrac{\pi}{4}$에서 극소이고, 동시에 최솟값을 가진다.

따라서 함수 $f(x)$의 최솟값은

$f\left(\dfrac{\pi}{4}\right)=\dfrac{e^{\frac{\pi}{4}}}{\sqrt{2}\sin\dfrac{\pi}{4}}=e^{\frac{\pi}{4}}$

답 ④

6. $f(x)=x\ln x-2x$에서

$f'(x)=\ln x+x\times\dfrac{1}{x}-2=\ln x-1$

$f'(x)=0$에서

$\ln x-1=0$, $\ln x=1$, $x=e$

닫힌구간 $[1, e^3]$에서 함수 $f(x)$의 증가와 감소를 표로 나타내면 다음과 같다.

x	1	$\cdots$	e	$\cdots$	e^3
$f'(x)$		$-$	0	$+$	
$f(x)$	$f(1)$	↘	극소	↗	$f(e^3)$

$f(1)=\ln 1-2=-2$

$f(e)=e\ln e-2e=-e$

$f(e^3)=e^3\ln e^3-2e^3=e^3$

이므로 함수 $y=f(x)$의 그래프는 다음 그림과 같다.

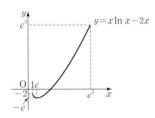

닫힌구간 $[1,\ e^3]$에서 함수 $f(x)$의 최댓값은 e^3, 최솟값은 $-e$
이므로

$M=e^3,\ m=-e$

따라서 $\dfrac{M}{m}=\dfrac{e^3}{-e}=-e^2$

$\boxed{\text{답}}\ -e^2$

7. 방정식 $\cos x+x\sin x=k$에서

$f(x)=\cos x+x\sin x$로 놓으면

$f'(x)=-\sin x+\sin x+x\cos x=x\cos x$

$f'(x)=0$에서

$x\cos x=0$

$0\le x\le\pi$이므로 $x=0$ 또는 $x=\dfrac{\pi}{2}$

함수 $f(x)$의 증가와 감소를 표로 나타내면 다음과 같다.

x	0	$\cdots$	$\dfrac{\pi}{2}$	$\cdots$	π
$f'(x)$		$+$	0	$-$	
$f(x)$	$f(0)$	$\nearrow$	극대	$\searrow$	$f(\pi)$

$f(0)=1$, $f(\pi)=-1$, $f\left(\dfrac{\pi}{2}\right)=\dfrac{\pi}{2}$이므로 함수 $y=f(x)$의 그
래프는 다음 그림과 같다.

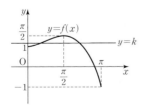

주어진 방정식은 닫힌구간 $[0,\ \pi]$에서 서로 다른 두 실근을 가
져야 하므로 함수 $y=f(x)$의 그래프와 직선 $y=k$가 서로 다른
두 점에서 만나야 한다.

따라서 $1\le k<\dfrac{\pi}{2}$

$\boxed{\text{답}}\ 1\le k<\dfrac{\pi}{2}$

8. 방정식 $x^2-ae^{x^2}=0$, 즉 $x^2=ae^{x^2}$에서

$e^{x^2}>0$이므로 $\dfrac{x^2}{e^{x^2}}=a$

이때 $f(x)=\dfrac{x^2}{e^{x^2}}$으로 놓으면

$f'(x)=\dfrac{2xe^{x^2}-x^2\times 2xe^{x^2}}{(e^{x^2})^2}$

$\quad\ \ =-\dfrac{2x(x+1)(x-1)}{e^{x^2}}$

$f'(x)=0$에서

$x=-1$ 또는 $x=0$ 또는 $x=1$

함수 $f(x)$의 증가와 감소를 표로 나타내면 다음과 같다.

x	$\cdots$	-1	$\cdots$	0	$\cdots$	1	$\cdots$
$f'(x)$	$+$	0	$-$	0	$+$	0	$-$
$f(x)$	$\nearrow$	극대	$\searrow$	극소	$\nearrow$	극대	$\searrow$

함수 $f(x)$는 $x=-1$, $x=1$에서 극대이고, $x=0$에서 극소이
다.

이때 $f(-1)=\dfrac{1}{e}$, $f(1)=\dfrac{1}{e}$, $f(0)=0$이고

$\lim\limits_{x\to\infty}f(x)=0$, $\lim\limits_{x\to-\infty}f(x)=0$이다.

또, $x\ne 0$인 모든 실수 x에 대하여 $f(x)>0$이므로 함수 $f(x)$
의 그래프는 다음 그림과 같다.

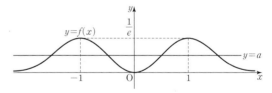

따라서 주어진 방정식이 서로 다른 네 실근을 가지려면 함수
$y=f(x)$의 그래프와 직선 $y=a$가 서로 다른 네 점에서 만나야
하므로 구하는 a의 값의 범위는

$0<a<\dfrac{1}{e}$

$\boxed{\text{답}}\ 0<a<\dfrac{1}{e}$

9. 부등식 $x>\ln(1+x)$, 즉 $x-\ln(1+x)>0$에서

$f(x)=x-\ln(1+x)$로 놓으면

$f'(x)=1-\dfrac{1}{x+1}=\dfrac{x}{x+1}$

$x>0$에서 $f'(x)>0$이므로 함수 $f(x)$는 이 구간에서 증가한다.

이때 $f(0)=0-\ln 1=0$이므로

$x>0$일 때, $f(x)>0$

따라서 $x>0$에서 부등식 $x>\ln(1+x)$가 성립한다.

답 풀이 참조

10. 부등식 $e^{2x}+2\cos x+k>0$에서

$f(x)=e^{2x}+2\cos x+k$로 놓으면

$f'(x)=2e^{2x}-2\sin x$

$f''(x)=4e^{2x}-2\cos x$

$x>0$에서 $4e^{2x}>4$, $-2<2\cos x<2$이므로

$f''(x)>0$

이때 함수 $f'(x)$는 이 구간에서 증가함수이고,

$f'(0)=2e^0-2\sin 0=2>0$이므로 $f'(x)>0$이다.

이 구간에서 함수 $f(x)$는 증가함수이므로 주어진 부등식이 성립하려면

$f(0)=e^0+2\cos 0+k\geq0$

즉, $k\geq-3$이어야 한다.

따라서 실수 k의 최솟값은 -3이다.

답 ③

11. 점 P의 시각 t에서의 속도를 v, 가속도를 a라 하면

$v=\dfrac{dx}{dt}=2t+\dfrac{4}{(t+1)^2}$

$a=\dfrac{dv}{dt}=2-\dfrac{8}{(t+1)^3}$

따라서 $t=1$에서의 점 P의 속도와 가속도는

$(\text{속도})=2\times1+\dfrac{4}{2^2}=3$

$(\text{가속도})=2-\dfrac{8}{2^3}=1$

답 속도: 3, 가속도: 1

12. $x=e^{2t}-1$, $y=\ln(1+2t^3)$에서

$\dfrac{dx}{dt}=2e^{2t}$, $\dfrac{dy}{dt}=\dfrac{6t^2}{1+2t^3}$

시각 $t=1$에서의 점 P의 속도는 $(2e^2,\ 2)$

한편

$\dfrac{d^2x}{dt^2}=4e^{2t}$

$\dfrac{d^2y}{dt^2}=\dfrac{12t(1+2t^3)-6t^2\times6t^2}{(1+2t^3)^2}$

$\qquad=-\dfrac{12t(t^3-1)}{(1+2t^3)^2}$

이므로 시각 $t=1$에서의 점 P의 가속도는 $(4e^2,\ 0)$

답 속도: $(2e^2,\ 2)$, 가속도 : $(4e^2,\ 0)$

유형 확인 　　　　本문 75~79쪽

01 ③	**02** ④	**03** ③	**04** 11	**05** ③
06 ④	**07** ②	**08** ②	**09** ①	**10** ④
11 6	**12** 3	**13** ②	**14** ③	**15** $2\sqrt{65}$
16 1	**17** ②	**18** ④	**19** ①	**20** 1
21 ②	**22** ③	**23** ②	**24** $\sqrt{3}-\dfrac{4}{3}\pi<k<0$	
25 ②	**26** $0<k\leq\sqrt{e}$	**27** ⑤	**28** $4e^2$	
29 ④	**30** $2e^{\frac{\pi}{4}}$			

01 $f(x)=e^{-4x}$이라 하면

$f'(x)=-4e^{-4x}$

곡선 $y=f(x)$ 위의 점 $(0, 1)$에서의 접선의 기울기는

$f'(0)=-4e^0=-4$

이때 접선의 방정식은

$y-1=-4(x-0)$

즉, $y=-4x+1$

이 접선이 점 $(1, a)$를 지나므로

$a=-4\times1+1=-3$

답 ③

02 $f(x)=\ln(x^2+4)$라 하면

$f'(x)=\dfrac{2x}{x^2+4}$

접점의 좌표를 $(a, f(a))$라 하면

$f'(a)=\dfrac{2a}{a^2+4}=\dfrac{1}{2}$에서 $a^2+4=4a$

$a^2-4a+4=0$

$(a-2)^2=0$, $a=2$

이때 $f(2)=\ln(2^2+4)=\ln 8=\ln 2^3=3\ln 2$이므로

접선의 방정식은 $y-3\ln 2=\dfrac{1}{2}(x-2)$

즉, $y=\dfrac{1}{2}x-1+3\ln 2$

따라서 $k=-1+3\ln 2$이므로
$$e^{k+1}=e^{-1+3\ln 2+1}=e^{3\ln 2}=e^{\ln 8}=8$$
🖪 ④

03 $f(x)=\sin 2x$라 하면
$$f'(x)=2\cos 2x$$
$$f'(\pi)=2\cos 2\pi=2$$
접선에 수직인 직선의 기울기를 m이라 하면
$$m\times 2=-1,\ m=-\dfrac{1}{2}$$
이때 점 A를 지나고 기울기가 $-\dfrac{1}{2}$인 직선의 방정식은
$$y-0=-\dfrac{1}{2}(x-\pi),\ 즉\ y=-\dfrac{1}{2}x+\dfrac{\pi}{2}$$
따라서 구하는 y절편은 $\dfrac{\pi}{2}$
🖪 ③

04 $x=t^3+1,\ y=t^2+4t$에서
$x=2$일 때
$$t^3+1=2,\ 즉\ t^3=1에서\ t=1$$
이때 $y=1^2+4\times 1=5$이므로 $a=5$
한편
$$\dfrac{dx}{dt}=3t^2,\ \dfrac{dy}{dt}=2t+4$$
이므로
$$\dfrac{dy}{dx}=\dfrac{\dfrac{dy}{dt}}{\dfrac{dx}{dt}}=\dfrac{2t+4}{3t^2}\ (단,\ t\neq 0)$$
$t=1$일 때 접선의 기울기는
$$\dfrac{2\times 1+4}{3\times 1^2}=2$$
점 $(2, 5)$를 지나고 기울기가 2인 접선의 방정식은
$$y-5=2(x-2),\ 즉\ y=2x+1$$
따라서 $f(x)=2x+1$이므로
$$f(5)=2\times 5+1=11$$
🖪 11

05 곡선 $x^3-x^2+y^2=1$의 양변을 x에 대하여 미분하면
$$3x^2-2x+2y\dfrac{dy}{dx}=0$$
$$\dfrac{dy}{dx}=\dfrac{-3x^2+2x}{2y}\ (단,\ y\neq 0)$$

$x=1,\ y=1$일 때,
$$\dfrac{dy}{dx}=\dfrac{-3\times 1^2+2\times 1}{2\times 1}=-\dfrac{1}{2}$$
주어진 곡선 위의 점 $(1, 1)$에서의 접선의 방정식은
$$y-1=-\dfrac{1}{2}(x-1)$$
즉, $y=-\dfrac{1}{2}x+\dfrac{3}{2}$
이 접선이 x축, y축과 만나는 두 점 P, Q의 좌표는
$$\text{P}(3, 0),\ \text{Q}\left(0, \dfrac{3}{2}\right)$$
따라서 삼각형 OPQ의 넓이는
$$\dfrac{1}{2}\times\overline{\text{OP}}\times\overline{\text{OQ}}=\dfrac{1}{2}\times 3\times\dfrac{3}{2}=\dfrac{9}{4}$$
🖪 ③

06 직선 l은 원 $x^2-2x+y^2=0$, 즉 $(x-1)^2+y^2=1$의 넓이를 이등분하므로 원의 중심 $(1, 0)$을 지난다.
또, 직선 l은 점 $(1, 0)$에서 곡선 $y=\dfrac{1}{x}$ (단, $x>0$)에 그은 접선이다.
$f(x)=\dfrac{1}{x}$ (단, $x>0$)이라 하면
$$f'(x)=-\dfrac{1}{x^2}$$
점 $(1, 0)$에서 곡선 $f(x)=\dfrac{1}{x}$ (단, $x>0$)에 그은 접선의 접점의 좌표를 $\left(t, \dfrac{1}{t}\right)$ (단, $t>0$)이라 하면 이 점에서의 접선의 기울기는
$$f'(t)=-\dfrac{1}{t^2}$$
이므로 접선의 방정식은
$$y-\dfrac{1}{t}=-\dfrac{1}{t^2}(x-t),\ 즉\ y=-\dfrac{1}{t^2}x+\dfrac{2}{t}$$
이 접선이 점 $(1, 0)$을 지나므로
$$0=-\dfrac{1}{t^2}+\dfrac{2}{t},\ \dfrac{-1+2t}{t^2}=0,\ -1+2t=0$$
$$t=\dfrac{1}{2}$$
이때 접점의 좌표는 $\left(\dfrac{1}{2}, 2\right)$이고 접선의 기울기는
$$f'\left(\dfrac{1}{2}\right)=-4$$이므로 직선 l의 방정식은
$$y-2=(-4)\times\left(x-\dfrac{1}{2}\right)$$
$$4x+y-4=0$$

따라서 원점과 직선 l 사이의 거리는

$$\frac{|-4|}{\sqrt{4^2+1^2}}=\frac{4\sqrt{17}}{17}$$

답 ④

07 $f(x)=e^{2x}-8x$에서

$f'(x)=2e^{2x}-8$

$f'(x)=0$에서

$2e^{2x}-8=0$, $e^{2x}=4$

$2x=\ln 4$, $x=\ln 2$

함수 $f(x)$의 증가와 감소를 표로 나타내면 다음과 같다.

x	$\cdots$	$\ln 2$	$\cdots$
$f'(x)$	$-$	0	$+$
$f(x)$	↘	극소	↗

구간 $(\ln 2, \infty)$에서 $f'(x)>0$이므로 $f(x)$는 증가한다.
따라서 a의 최솟값은 $\ln 2$이다.

답 ②

08 $f(x)=-x^2+4x+(a-6)\ln x$에서

$f'(x)=-2x+4+\dfrac{a-6}{x}=\dfrac{-2x^2+4x+a-6}{x}$

구간 $(0, \infty)$에서 함수 $f(x)$가 감소하기 위해서는 $f'(x)\le 0$
이어야 한다.
이때 $x>0$이므로

$f'(x)=\dfrac{-2x^2+4x+a-6}{x}\le 0$에서

$-2x^2+4x+a-6\le 0$

$2(x-1)^2-a+4\ge 0$ $\cdots\cdots$ ㉠

모든 양수 x에 대하여 ㉠이 성립해야 하므로

$-a+4\ge 0$, $a\le 4$

따라서 자연수 a는 1, 2, 3, 4이고 그 개수는 4이다.

답 ②

09 $f(x)=\dfrac{2x}{x^2+1}$에서

$f'(x)=\dfrac{2(x^2+1)-2x\times 2x}{(x^2+1)^2}$

$\quad\ =\dfrac{-2x^2+2}{(x^2+1)^2}$

$\quad\ =\dfrac{-2(x+1)(x-1)}{(x^2+1)^2}$

$f'(x)=0$에서 $x=-1$ 또는 $x=1$

함수 $f(x)$의 증가와 감소를 표로 나타내면 다음과 같다.

x	$\cdots$	-1	$\cdots$	1	$\cdots$
$f'(x)$	$-$	0	$+$	0	$-$
$f(x)$	↘	극소	↗	극대	↘

구간 $(-1, 1)$에서 $f'(x)>0$이므로 이 구간에서 함수
$y=f(x)$는 증가한다.
따라서 $a=-1$, $b=1$일 때, $b-a$의 최댓값은

$1-(-1)=2$

답 ①

10 $f(x)=-2x^2+a^2\ln x$에서

$f'(x)=-4x+\dfrac{a^2}{x}$

$\quad\ =-\dfrac{4x^2-a^2}{x}$

$\quad\ =-\dfrac{(2x+a)(2x-a)}{x}$

이때 $x>0$, $a>0$이므로

$f'(x)=0$에서 $x=\dfrac{a}{2}$

함수 $f(x)$의 증가와 감소를 표로 나타내면 다음과 같다.

x	(0)	$\cdots$	$\dfrac{a}{2}$	$\cdots$
$f'(x)$		$+$	0	$-$
$f(x)$		↗	극대	↘

함수 $f(x)$는 $x=\dfrac{a}{2}$에서 극대이고, 극댓값이 $\dfrac{a^2}{2}$이므로

$f\!\left(\dfrac{a}{2}\right)=-\dfrac{a^2}{2}+a^2\ln\dfrac{a}{2}=\dfrac{a^2}{2}$

$a^2\ln\dfrac{a}{2}=a^2$, $\ln\dfrac{a}{2}=1$

$\dfrac{a}{2}=e$, $a=2e$

답 ④

참고 함수 $y=f(x)$의 그래프는 다음 그림과 같다.

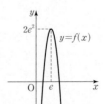

11 $f(x)=x+\dfrac{1}{x-1}$ (단, $x>1$)에서

$f'(x)=1-\dfrac{1}{(x-1)^2}$

$\qquad=\dfrac{(x-1)^2-1}{(x-1)^2}=\dfrac{x^2-2x}{(x-1)^2}$

$\qquad=\dfrac{x(x-2)}{(x-1)^2}$

$f'(x)=0$에서 $x>1$이므로 $x=2$

함수 $f(x)$의 증가와 감소를 표로 나타내면 다음과 같다.

x	(1)	$\cdots$	2	$\cdots$
$f'(x)$		$-$	0	$+$
$f(x)$		$\searrow$	극소	$\nearrow$

함수 $y=f(x)$는 $x=2$에서 극소이고, 극솟값은

$f(2)=2+\dfrac{1}{2-1}=3$

따라서 $a=2$, $b=3$이므로 $ab=6$

답 6

참고 함수 $y=f(x)$의 그래프는 다음 그림과 같다.

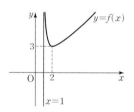

12 $f(x)=4\sin x\cos x+a$에서

$f'(x)=4\cos x\cos x+4\sin x(-\sin x)$

$\qquad=4(\cos^2 x-\sin^2 x)$

$\qquad=4\{\cos^2 x-(1-\cos^2 x)\}$

$\qquad=4(2\cos^2 x-1)$

$f'(x)=0$에서 $4(2\cos^2 x-1)=0$

$\cos x=\dfrac{\sqrt{2}}{2}$ 또는 $\cos x=-\dfrac{\sqrt{2}}{2}$

이때 $0<x<\pi$이므로

$\cos x=\dfrac{\sqrt{2}}{2}$에서 $x=\dfrac{\pi}{4}$

$\cos x=-\dfrac{\sqrt{2}}{2}$에서 $x=\dfrac{3}{4}\pi$

$0<x<\pi$에서 정의된 함수 $f(x)$의 증가와 감소를 표로 나타내면 다음과 같다.

x	(0)	$\cdots$	$\dfrac{\pi}{4}$	$\cdots$	$\dfrac{3}{4}\pi$	$\cdots$	(π)
$f'(x)$		$+$	0	$-$	0	$+$	
$f(x)$		$\nearrow$	극대	$\searrow$	극소	$\nearrow$	

함수 $f(x)$는 $x=\dfrac{\pi}{4}$에서 극대이고, 극댓값이 7이므로

$f\left(\dfrac{\pi}{4}\right)=4\sin\dfrac{\pi}{4}\cos\dfrac{\pi}{4}+a=2+a=7$, $a=5$

함수 $f(x)$는 $x=\dfrac{3}{4}\pi$에서 극소이고, 극솟값은

$f\left(\dfrac{3}{4}\pi\right)=4\sin\dfrac{3}{4}\pi\cos\dfrac{3}{4}\pi+5$

$\qquad=-2+5=3$

답 3

13 $f(x)=x^2e^{-x}$에서

$f'(x)=2xe^{-x}-x^2e^{-x}=-x(x-2)e^{-x}$

이때 모든 실수 x에 대하여 $e^{-x}>0$이므로

$f'(x)=0$에서 $x=0$ 또는 $x=2$

함수 $f(x)$의 증가와 감소를 표로 나타내면 다음과 같다.

x	$\cdots$	0	$\cdots$	2	$\cdots$
$f'(x)$	$-$	0	$+$	0	$-$
$f(x)$	$\searrow$	극소	$\nearrow$	극대	$\searrow$

함수 $f(x)$는 $x=0$에서 극소, $x=2$에서 극대이다.

$f(0)=0$, $f(2)=4e^{-2}$

이므로 $\mathrm{A}(0,0)$, $\mathrm{B}(2,4e^{-2})$

점 B에서 x축에 내린 수선의 발을 C라 하면

$\mathrm{C}(2,0)$이고, $\theta=\angle\mathrm{BAC}$이다.

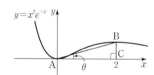

따라서 $\tan\theta=\dfrac{\overline{\mathrm{BC}}}{\overline{\mathrm{AC}}}=\dfrac{4e^{-2}}{2}=2e^{-2}$

답 ②

14 $f(x)=x^4+ax^3+6x^2-2x-8$이라 하면

$f'(x)=4x^3+3ax^2+12x-2$

$f''(x)=12x^2+6ax+12=6(2x^2+ax+2)$

구간 $(-\infty,\infty)$에서 곡선 $y=f(x)$가 아래로 볼록하므로

$f''(x)\geq0$이어야 한다.

이때 이차방정식 $2x^2+ax+2=0$의 판별식을 D라 하면

$D=a^2-4\times2\times2\le0$에서

$a^2-16\le0$, $(a+4)(a-4)\le0$

$-4\le a\le4$

따라서 정수 a는 -4, -3, -2, $\cdots$, 4이고, 그 개수는 9이다.

답 ③

15 $f(x)=x^4-6x^2+8x+10$이라 하면

$f'(x)=4x^3-12x+8$

$f''(x)=12x^2-12=12(x+1)(x-1)$

$f''(x)=0$에서 $x=-1$ 또는 $x=1$

즉, $f''(-1)=0$, $f''(1)=0$이고 $x=-1$과 $x=1$의 좌우에서

$f''(x)$의 부호가 바뀌므로 곡선 $y=f(x)$의 변곡점은

$(-1,\ f(-1))$, $(1,\ f(1))$이다.

이때

$f(-1)=1-6-8+10=-3$

$f(1)=1-6+8+10=13$

이므로 A$(-1,\ -3)$, B$(1,\ 13)$으로 놓을 수 있다.

따라서

$\overline{\text{AB}}=\sqrt{\{1-(-1)\}^2+\{13-(-3)\}^2}$

$\qquad=\sqrt{4+256}=\sqrt{260}$

$\qquad=2\sqrt{65}$

답 $2\sqrt{65}$

참고 함수 $y=f(x)$의 증가와 감소 및 오목과 블록을 표로 나
타내면 다음과 같다.

x	$\cdots$	-2	$\cdots$	-1	$\cdots$	1	$\cdots$
$f'(x)$	$-$	0	$+$	$+$	$+$	0	$+$
$f''(x)$	$+$	$+$	$+$	0	$-$	0	$+$
$f(x)$	↘	극소	↗	변곡점	↗	변곡점	↗

따라서 함수 $y=f(x)$의 그래프는 다음 그림과 같다.

16 $f(x)=e^{-x}\sin x$에서

$f'(x)=-e^{-x}\sin x+e^{-x}\cos x$

$\qquad=e^{-x}(\cos x-\sin x)$

$f''(x)=-e^{-x}(\cos x-\sin x)+e^{-x}(-\sin x-\cos x)$

$\qquad=-2e^{-x}\cos x$

모든 실수 x에 대하여 $e^{-x}>0$이므로

$f''(x)=0$에서 $\cos x=0$

이때 $0<x<\pi$이므로 $x=\dfrac{\pi}{2}$

즉, $f''\left(\dfrac{\pi}{2}\right)=0$이고 $x=\dfrac{\pi}{2}$의 좌우에서 $f''(x)$의 부호가 바뀌

므로 함수 $y=f(x)$의 그래프의 변곡점은 $\left(\dfrac{\pi}{2},\ f\left(\dfrac{\pi}{2}\right)\right)$이다.

$f\left(\dfrac{\pi}{2}\right)=e^{-\frac{\pi}{2}}$이므로

$a=\dfrac{\pi}{2}$, $b=e^{-\frac{\pi}{2}}$

따라서

$\cos(a+\ln b)=\cos\left(\dfrac{\pi}{2}+\ln e^{-\frac{\pi}{2}}\right)$

$\qquad\qquad\quad=\cos\left(\dfrac{\pi}{2}-\dfrac{\pi}{2}\right)$

$\qquad\qquad\quad=\cos 0$

$\qquad\qquad\quad=1$

답 1

참고 모든 실수 x에 대하여 $e^{-x}>0$이므로

$f'(x)=0$에서

$\cos x-\sin x=0$, $\cos x=\sin x$

이때 $0<x<\pi$이므로 $x=\dfrac{\pi}{4}$

함수 $y=f(x)$의 증가와 감소 및 오목과 볼록을 표로 나타내면
다음과 같다.

x	(0)	$\cdots$	$\dfrac{\pi}{4}$	$\cdots$	$\dfrac{\pi}{2}$	$\cdots$	(π)
$f'(x)$		$+$	0	$-$	$-$	$-$	
$f''(x)$		$-$	$-$	$-$	0	$+$	
$f(x)$		↗	극대	↘	변곡점	↘	

따라서 열린구간 $(0,\ \pi)$에서 함수 $y=f(x)$의 그래프는 다음
그림과 같다.

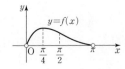

17 $f(x)=ax^2+5x+6\sin x$라 하면

$f'(x)=2ax+5+6\cos x$

$f''(x)=2a-6\sin x$

주어진 곡선이 변곡점을 갖기 위해서는 $f''(\alpha)=0$을 만족시키는 α의 값이 열린구간 $(0,\ 2\pi)$에서 존재하고, $x=\alpha$의 좌우에서 $f''(x)$의 부호가 바뀌어야 한다.

즉, 열린구간 $(0,\ 2\pi)$에서 $f''(x)$의 최댓값은 양수, 최솟값은 음수이어야 한다.

(i) ($f''(x)$의 최댓값)$=2a+6>0$에서

$a>-3$

(ii) ($f''(x)$의 최솟값)$=2a-6<0$에서

$a<3$

(i), (ii)에서

$-3<a<3$

따라서 정수 a는 -2, -1, 0, 1, 2이고, 그 개수는 5이다.

🖩 ②

18 함수 $f(x)=\dfrac{a}{x}+\ln x$에서

$f'(x)=-\dfrac{a}{x^2}+\dfrac{1}{x}=\dfrac{x-a}{x^2}$

조건 (가)에서

함수 $y=f(x)$가 $x=2$에서 극소이므로

$f'(2)=\dfrac{2-a}{2^2}=0$, $a=2$

$f''(x)=\dfrac{x^2-(x-2)\times 2x}{x^4}=\dfrac{4-x}{x^3}$

조건 (나)에서

함수 $y=f(x)$의 그래프의 변곡점의 x좌표가 b이므로

$f''(b)=\dfrac{4-b}{b^3}=0$, $b=4$

따라서 $a+b=2+4=6$

🖩 ④

19 $f(x)=\dfrac{\ln x}{x^2}$에서

$f'(x)=\dfrac{\dfrac{1}{x}\times x^2-\ln x\times 2x}{x^4}=\dfrac{1-2\ln x}{x^3}$

$f'(x)=0$에서

$1-2\ln x=0$, $x=\sqrt{e}$

함수 $f(x)$의 증가와 감소를 표로 나타내면 다음과 같다.

x	(0)	$\cdots$	$\sqrt{e}$	$\cdots$
$f'(x)$		$+$	0	$-$
$f(x)$		↗	극대	↘

함수 $y=f(x)$는 $x=\sqrt{e}$에서 극대이고, 극댓값은

$f(\sqrt{e})=\dfrac{\ln\sqrt{e}}{(\sqrt{e})^2}=\dfrac{1}{2e}$

함수 $y=f(x)$의 그래프는 다음 그림과 같다.

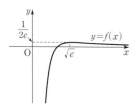

따라서 구하는 최댓값은 $\dfrac{1}{2e}$

🖩 ①

20 함수 $f(x)=x^2\sqrt{2x+5}+1$에서

$f'(x)=2x\sqrt{2x+5}+x^2\times\dfrac{2}{2\sqrt{2x+5}}$

$\qquad\quad=\dfrac{5x(x+2)}{\sqrt{2x+5}}$

$f'(x)=0$에서 $x=-2$ 또는 $x=0$

닫힌구간 $[-2,\ 2]$에서 함수 $f(x)$의 증가와 감소를 표로 나타내면 다음과 같다.

x	-2	$\cdots$	0	$\cdots$	2
$f'(x)$	0	$-$	0	$+$	
$f(x)$	$f(-2)$	↘	극소	↗	$f(2)$

함수 $f(x)$는 $x=0$에서 극솟값 $f(0)=1$을 갖고,

$f(-2)=5$, $f(2)=13$이므로 함수 $y=f(x)$의 그래프는 다음 그림과 같다.

닫힌구간 $[-2,\ 2]$에서 함수 $y=f(x)$는 $x=0$에서 최솟값 1을 갖는다.

따라서 $a=0$, $b=1$이므로
$a+b=0+1=1$

답 1

21 $f(x)=\dfrac{x^2-x-1}{e^x}$에서

$f'(x)=\dfrac{(2x-1)e^x-(x^2-x-1)e^x}{(e^x)^2}$

$\quad\;\;=-\dfrac{x(x-3)}{e^x}$

모든 실수 x에 대하여 $e^x>0$이므로
$f'(x)=0$에서 $x=0$ 또는 $x=3$
$-1\le x\le 3$에서 함수 $f(x)$의 증가와 감소를 표로 나타내면 다음과 같다.

x	-1	$\cdots$	0	$\cdots$	3
$f'(x)$		$-$	0	$+$	0
$f(x)$	$f(-1)$	$\searrow$	극소	$\nearrow$	$f(3)$

함수 $f(x)$는 $x=0$에서 극솟값 $f(0)=-1$을 갖고,
$f(3)=\dfrac{5}{e^3}$, $f(-1)=e$이므로 함수 $y=f(x)$의 그래프는 다음 그림과 같다.

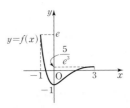

이때 $f(-1)>f(3)$이므로 주어진 구간에서 함수 $f(x)$의 최댓값은 $M=e$, 최솟값은 $m=-1$이다.
따라서 $M-m=e-(-1)=e+1$

답 ②

22 방정식 $e^x-ex+n-9=0$에서
$f(x)=e^x-ex+n-9$라 하자.
$f'(x)=e^x-e$
$f'(x)=0$에서 $e^x-e=0$
즉, $e^x=e$이므로 $x=1$
함수 $f(x)$의 증가와 감소를 표로 나타내면 다음과 같다.

x	$\cdots$	1	$\cdots$
$f'(x)$	$-$	0	$+$
$f(x)$	$\searrow$	극소	$\nearrow$

함수 $f(x)$는 $x=1$에서 극소이고, 극솟값은 $f(1)=n-9$이므로 함수 $y=f(x)$의 그래프의 개형은 다음 그림과 같다.

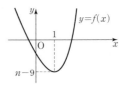

주어진 방정식이 서로 다른 두 실근을 가지려면 함수 $y=f(x)$의 그래프와 x축이 서로 다른 두 점에서 만나야 하므로
$n-9<0$, 즉 $n<9$이어야 한다.
따라서 자연수 n은 $1, 2, 3, \cdots, 8$이고, 그 개수는 8이다.

답 ③

23 방정식 $x^2\ln x=k$에서
$f(x)=x^2\ln x$라 하면
$f'(x)=2x\ln x+x=x(2\ln x+1)$
$f'(x)=0$에서 $x>0$이므로
$2\ln x+1=0$, $x=e^{-\frac{1}{2}}$
함수 $f(x)$의 증가와 감소를 표로 나타내면 다음과 같다.

x	(0)	$\cdots$	$e^{-\frac{1}{2}}$	$\cdots$
$f'(x)$		$-$	0	$+$
$f(x)$		$\searrow$	극소	$\nearrow$

함수 $y=f(x)$는 $x=e^{-\frac{1}{2}}$에서 극소이고, 극솟값은
$f(e^{-\frac{1}{2}})=-\dfrac{1}{2e}$이다.
이때 $\lim\limits_{x\to 0+}(x^2\ln x)=0$이므로 함수 $y=f(x)$의 그래프는 다음 그림과 같다.

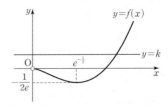

x에 대한 방정식 $x^2\ln x=k$가 실근을 가지려면
함수 $y=f(x)$의 그래프와 직선 $y=k$가 만나야 하므로
$k\ge -\dfrac{1}{2e}$

따라서 실수 k의 최솟값은 $-\dfrac{1}{2e}$

답 ②

24 방정식 $\tan x - 4x = k$에서

$f(x) = \tan x - 4x$라 하면

$f'(x) = \sec^2 x - 4$

$f'(x) = 0$에서

$\sec^2 x = 4$, $\dfrac{1}{\cos^2 x} = 4$, $\cos^2 x = \dfrac{1}{4}$

이때 $0 < x < \dfrac{\pi}{2}$이므로 $\cos x = \dfrac{1}{2}$

따라서 $x = \dfrac{\pi}{3}$

$0 < x < \dfrac{\pi}{2}$에서 함수 $f(x)$의 증가와 감소를 표로 나타내면 다음과 같다.

x	(0)	$\cdots$	$\dfrac{\pi}{3}$	$\cdots$	$\left(\dfrac{\pi}{2}\right)$
$f'(x)$		$-$	0	$+$	
$f(x)$		$\searrow$	극소	$\nearrow$	

함수 $f(x)$는 $x = \dfrac{\pi}{3}$에서 극소이고, 극솟값은

$f\left(\dfrac{\pi}{3}\right) = \tan\dfrac{\pi}{3} - 4 \times \dfrac{\pi}{3} = \sqrt{3} - \dfrac{4}{3}\pi$이므로 함수 $y = f(x)$의 그래프는 다음 그림과 같다.

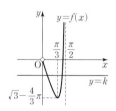

$0 < x < \dfrac{\pi}{2}$에서 주어진 방정식이 서로 다른 두 실근을 가지려면 함수 $y = f(x)$의 그래프와 직선 $y = k$가 서로 다른 두 점에서 만나야 하므로 실수 k의 값의 범위는

$\sqrt{3} - \dfrac{4}{3}\pi < k < 0$

🔲 $\sqrt{3} - \dfrac{4}{3}\pi < k < 0$

25 부등식 $e^{2x} \geq k\sqrt{x}$에서 $x > 0$일 때 $\sqrt{x} > 0$이므로 $\dfrac{e^{2x}}{\sqrt{x}} \geq k$

이다.

$f(x) = \dfrac{e^{2x}}{\sqrt{x}}$이라 하면

$f'(x) = \dfrac{2e^{2x} \times \sqrt{x} - e^{2x} \times \dfrac{1}{2\sqrt{x}}}{(\sqrt{x})^2}$

$\qquad = \dfrac{e^{2x}(4x-1)}{2x\sqrt{x}}$

$f'(x) = 0$에서

$e^{2x} > 0$이므로

$4x - 1 = 0$, $x = \dfrac{1}{4}$

함수 $f(x)$의 증가와 감소를 표로 나타내면 다음과 같다.

x	(0)	$\cdots$	$\dfrac{1}{4}$	$\cdots$
$f'(x)$		$-$	0	$+$
$f(x)$		$\searrow$	극소	$\nearrow$

함수 $f(x)$는 $x = \dfrac{1}{4}$에서 극소이고, 극솟값은 $f\left(\dfrac{1}{4}\right) = 2\sqrt{e}$이다.

이때 $x > 0$에서 함수 $f(x)$의 최솟값은 $2\sqrt{e}$이므로 주어진 부등식이 성립하려면 $k \leq 2\sqrt{e}$이어야 한다.

따라서 실수 k의 최댓값은 $2\sqrt{e}$

🔲 ②

26 부등식 $2\ln kx - x^2 \leq 0$에서

$f(x) = 2\ln kx - x^2$이라 하면

$f'(x) = \dfrac{2}{x} - 2x$

$\qquad = -\dfrac{2(x+1)(x-1)}{x}$

$f'(x) = 0$에서

$x > 0$이므로 $x = 1$

함수 $f(x)$의 증가와 감소를 표로 나타내면 다음과 같다.

x	(0)	$\cdots$	1	$\cdots$
$f'(x)$		$+$	0	$-$
$f(x)$		$\nearrow$	극대	$\searrow$

함수 $f(x)$는 $x = 1$에서 극대이고, 동시에 최댓값을 가진다.

이때 $f(1) = 2\ln k - 1$이므로 주어진 부등식이 성립하려면 $2\ln k - 1 \leq 0$이어야 한다.

즉, $\ln k \leq \dfrac{1}{2}$에서 $k \leq \sqrt{e}$

따라서 $k > 0$이므로 구하는 k의 값의 범위는

$0 < k \leq \sqrt{e}$

🔲 $0 < k \leq \sqrt{e}$

27 점 P의 시각 t에서의 속도를 v_1이라 하면

$$v_1 = \frac{dx_1}{dt} = \cos t$$

점 Q의 시각 t에서의 속도를 v_2라 하면

$$v_2 = \frac{dx_2}{dt} = -2\cos t \sin t$$

점 P의 속도와 점 Q의 속도가 같으므로

$\cos t = -2\cos t \sin t$, $\cos t(2\sin t + 1) = 0$

$\cos t = 0$ 또는 $\sin t = -\dfrac{1}{2}$

$0 < t < 2\pi$이므로

(i) $\cos t = 0$에서

$\qquad t = \dfrac{\pi}{2}$ 또는 $t = \dfrac{3}{2}\pi$

(ii) $\sin t = -\dfrac{1}{2}$에서

$\qquad t = \dfrac{7}{6}\pi$ 또는 $t = \dfrac{11}{6}\pi$

(i), (ii)에서 모든 t의 값의 합은

$\dfrac{\pi}{2} + \dfrac{3}{2}\pi + \dfrac{7}{6}\pi + \dfrac{11}{6}\pi = 5\pi$

目 ⑤

28 $x = \left(t^2 - t - \dfrac{1}{2}\right)e^{2t}$에서 점 P의 시각 t에서의 속도를 v라 하면

$$v = \frac{dx}{dt} = (2t-1)e^{2t} + \left(t^2 - t - \frac{1}{2}\right) \times 2e^{2t}$$
$$= 2(t^2-1)e^{2t}$$

점 P가 운동 방향을 바꾸는 순간의 점 P의 속도는 0이므로

$v = 0$에서

$2(t^2-1)e^{2t} = 0$

$2(t-1)(t+1)e^{2t} = 0$

$t > 0$이므로 $t = 1$

즉, 점 P는 출발 후 시각 $t = 1$에서 처음으로 운동 방향을 바꾼다.

한편 점 P의 시각 t에서의 가속도를 a라 하면

$$a = \frac{dv}{dt} = 4te^{2t} + 2(t^2-1) \times 2e^{2t}$$
$$= 4(t^2 + t - 1)e^{2t}$$

따라서 $t = 1$에서의 점 P의 가속도는

$4(1^2 + 1 - 1)e^2 = 4e^2$

目 $4e^2$

29 $x = 4\ln(t+1)$, $y = t^2 + 3t$에서

$$\frac{dx}{dt} = \frac{4}{t+1}$$

$$\frac{dy}{dt} = 2t + 3$$

점 P의 시각 $t = a$에서의 속도는

$$\left(\frac{4}{a+1}, \ 2a+3\right)$$

$\dfrac{4}{a+1} = 2$에서

$2(a+1) = 4$, $a+1 = 2$, $a = 1$

$2a+3 = b$에서

$b = 2 \times 1 + 3 = 5$

따라서 $a + b = 1 + 5 = 6$

目 ④

30 $x = e^t \cos t$에서

$$\frac{dx}{dt} = e^t \cos t - e^t \sin t$$
$$= e^t(\cos t - \sin t)$$

$$\frac{d^2x}{dt^2} = e^t(\cos t - \sin t) + e^t(-\sin t - \cos t)$$
$$= -2e^t \sin t$$

$y = e^t \sin t$에서

$$\frac{dy}{dt} = e^t \sin t + e^t \cos t = e^t(\sin t + \cos t)$$

$$\frac{d^2y}{dt^2} = e^t(\sin t + \cos t) + e^t(\cos t - \sin t)$$
$$= 2e^t \cos t$$

따라서 $t = \dfrac{\pi}{4}$에서의 점 P의 가속도는

$$\left(-\sqrt{2}e^{\frac{\pi}{4}}, \ \sqrt{2}e^{\frac{\pi}{4}}\right)$$

이므로 구하는 점 P의 가속도의 크기는

$$\sqrt{\left(-\sqrt{2}e^{\frac{\pi}{4}}\right)^2 + \left(\sqrt{2}e^{\frac{\pi}{4}}\right)^2} = 2e^{\frac{\pi}{4}}$$

目 $2e^{\frac{\pi}{4}}$

서술형 **연습장**　　　본문 80쪽

01 $y = ex$　　**02** 20　　**03** $k > 1$

01 곡선 $y = e \ln x$에서

$y' = \dfrac{e}{x}$

이므로 점 $(1, 0)$에서의 접선의 기울기는

$\dfrac{e}{1} = e$ ...... ❶

한편 $y = e^x$에서 $y' = e^x$

이 곡선에 접하는 접선의 기울기가 e이므로

$e^x = e$에서 $x = 1$

$x = 1$일 때, $y = e$ ...... ❷

따라서 접점의 좌표가 $(1, e)$이고 기울기가 e이므로 구하는 직선의 방정식은

$y - e = e(x - 1)$

즉, $y = ex$ ...... ❸

답 $y = ex$

단계	채점 기준	비율
❶	접선의 기울기를 구한 경우	40 %
❷	접점의 좌표를 구한 경우	40 %
❸	접선의 방정식을 구한 경우	20 %

02 $f(x) = x^3 + 3x^2 - x + 2$라 하면

$f'(x) = 3x^2 + 6x - 1$

$f''(x) = 6x + 6$

$f''(x) = 0$에서 $6x + 6 = 0$, $x = -1$

$x = -1$의 좌우에서 $f''(x)$의 부호가 바뀌므로

점 $(-1, f(-1))$, 즉 점 $(-1, 5)$는 곡선 $y = f(x)$의 변곡점이다. ...... ❶

한편 변곡점에서의 접선의 기울기는

$f'(-1) = 3 \times (-1)^2 + 6 \times (-1) - 1 = -4$ ...... ❷

따라서 $a = -1$, $b = 5$, $c = -4$이므로

$abc = (-1) \times 5 \times (-4) = 20$ ...... ❸

답 20

단계	채점 기준	비율
❶	변곡점의 좌표를 구한 경우	40 %
❷	변곡점에서의 접선의 기울기를 구한 경우	30 %
❸	abc의 값을 구한 경우	30 %

03 방정식 $\dfrac{1}{x^2} + 2 \ln x - k = 0$, 즉 $\dfrac{1}{x^2} + 2 \ln x = k$에서

$f(x) = \dfrac{1}{x^2} + 2 \ln x$라 하자.

$f'(x) = -\dfrac{2}{x^3} + \dfrac{2}{x}$

$= \dfrac{-2 + 2x^2}{x^3}$

$= \dfrac{2(x+1)(x-1)}{x^3}$

$f'(x) = 0$에서

$x > 0$이므로 $x = 1$ ...... ❶

함수 $f(x)$의 증가와 감소를 표로 나타내면 다음과 같다.

x	(0)	$\cdots$	1	$\cdots$
$f'(x)$		$-$	0	$+$
$f(x)$		$\searrow$	극소	$\nearrow$

함수 $f(x)$는 $x = 1$에서 극소이고, 극솟값은

$f(1) = \dfrac{1}{1} + 2 \ln 1 = 1$ ...... ❷

이때 함수 $y = f(x)$의 그래프는 다음 그림과 같다.

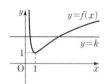

주어진 방정식이 서로 다른 두 실근을 가지려면 곡선 $y = f(x)$와 직선 $y = k$가 서로 다른 두 점에서 만나야 한다.

따라서 실수 k의 값의 범위는 $k > 1$ ...... ❸

답 $k > 1$

단계	채점 기준	비율
❶	$f'(x) = 0$을 만족시키는 x의 값을 구한 경우	40 %
❷	함수 $y = f(x)$의 극솟값을 구한 경우	30 %
❸	실수 k의 값의 범위를 구한 경우	30 %

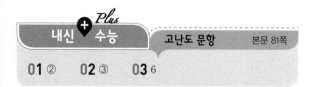

내신+수능 Plus 고난도 문항 본문 81쪽

01 ② **02** ③ **03** 6

01 곡선 $y = -\ln x$ 위의 점 P가 제1사분면에 있으므로 점 P의 좌표를 P$(t, -\ln t)$ (단, $0 < t < 1$)이라 하자.

한편 $y'=-\dfrac{1}{x}$이므로 곡선 $y=-\ln x$ 위의 점 P에서의 접선의 기울기는 $-\dfrac{1}{t}$

따라서 접선의 방정식은

$$y-(-\ln t)=-\frac{1}{t}(x-t),\ y=-\frac{1}{t}x+1-\ln t$$

$y=0$일 때, $x=t(1-\ln t)$이므로

점 Q의 좌표는 $(t(1-\ln t),\ 0)$

$x=0$일 때, $y=1-\ln t$이므로

점 R의 좌표는 $(0,\ 1-\ln t)$

삼각형 OQR의 넓이를 $S(t)$라 하면

$$S(t)=\frac{1}{2}\times t(1-\ln t)\times(1-\ln t)$$

$$=\frac{t(1-\ln t)^2}{2}$$

$$S'(t)=\frac{-(1+\ln t)(1-\ln t)}{2}$$

$S'(t)=0$에서

$\ln t=-1$ 또는 $\ln t=1$

$t=\dfrac{1}{e}$ 또는 $t=e$

이때 $0<t<1$이므로 $t=\dfrac{1}{e}$

함수 $S(t)$의 증가와 감소를 표로 나타내면 다음과 같다.

t	(0)	$\cdots$	$\dfrac{1}{e}$	$\cdots$	(1)
$S'(t)$		$+$	0	$-$	
$S(t)$		$\nearrow$	극대	$\searrow$	

함수 $S(t)$는 $t=\dfrac{1}{e}$일 때 극대이고, 동시에 최댓값을 가진다.

따라서 $S(t)$의 최댓값은

$$S\left(\frac{1}{e}\right)=\frac{1}{2}\times\frac{1}{e}\times\left(1-\ln\frac{1}{e}\right)^2$$

$$=\frac{1}{2}\times\frac{1}{e}\times 2^2$$

$$=\frac{2}{e}$$

답 ②

02 ㄱ. $f(x)=xe^x$에서

$f'(x)=e^x+xe^x=(x+1)e^x$

$f''(x)=e^x+(x+1)e^x=(x+2)e^x$

$f'(x)=0$에서

$(x+1)e^x=0,\ x=-1$

$f''(x)=0$에서

$(x+2)e^x=0,\ x=-2$

함수 $y=f(x)$의 증가와 감소 및 오목과 볼록을 표로 나타내면 다음과 같다.

x	$\cdots$	-2	$\cdots$	-1	$\cdots$
$f'(x)$	$-$	$-$	$-$	0	$+$
$f''(x)$	$-$	0	$+$	$+$	$+$
$f(x)$	$\searrow$	변곡점	$\searrow$	극소	$\nearrow$

따라서 구간 $(-2,\ \infty)$에서 $f''(x)>0$이므로 함수 $y=f(x)$의 그래프는 이 구간에서 아래로 볼록하다. (참)

ㄴ. 함수 $y=f(x)$의 그래프는 다음 그림과 같다.

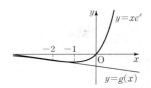

함수 $y=f(x)$의 변곡점이 $(-2,\ f(-2))$이므로

함수 $|f(x)-g(x)|$는 실수 전체의 집합에서 미분가능하다.

따라서 $h(-2)=0$ (거짓)

ㄷ.

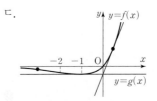

$t<-2$일 때, $h(t)=1$

$t=-2$일 때, $h(-2)=0$

$-2<t<-1$일 때, $h(t)=1$

$t\geq-1$일 때, $h(t)=0$

이때 함수 $y=h(t)$의 그래프는 다음 그림과 같다.

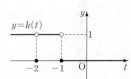

따라서 함수 $y=h(t)$는 $t=-2,\ t=-1$에서만 불연속이므로 함수 $y=h(t)$의 불연속인 점의 개수는 2이다. (참)

따라서 〈보기〉에서 옳은 것은 ㄱ, ㄷ이다.

답 ③

03 이차함수 $y=f(x)$의 최고차항의 계수가 1이므로

$f(x)=x^2+ax+b$ (단, a, b는 상수)

이때 $g(x)=(x^2+ax+b)e^{-x}$이므로

$g'(x)=(2x+a)e^{-x}+(x^2+ax+b)\times(-e^{-x})$
$\quad\quad=-\{x^2+(a-2)x-a+b\}e^{-x}$

조건 (가)에서

$g'(0)=0$이므로

$g'(0)=-(-a+b)e^0=a-b=0$

$a=b$ ...... ㉠

한편

$g''(x)=-(2x+a-2)e^{-x}-\{x^2+(a-2)x\}\times(-e^{-x})$
$\quad\quad=\{x^2+(a-4)x-a+2\}e^{-x}$

조건 (나)에서

$g''(2-\sqrt{2})=0$, $g''(2+\sqrt{2})=0$이고,

$e^{-(2-\sqrt{2})}>0$, $e^{-(2+\sqrt{2})}>0$이므로

이차방정식 $x^2+(a-4)x-a+2=0$의 두 근은

$2-\sqrt{2}$, $2+\sqrt{2}$이다.

이때 근과 계수의 관계에 의해 두 근의 합은

$(2-\sqrt{2})+(2+\sqrt{2})=-(a-4)$

$4=-a+4$

$a=0$ ...... ㉡

㉡을 ㉠에 대입하면

$b=0$

따라서 $g(x)=x^2e^{-x}$이고

$g'(x)=-(x^2-2x)e^{-x}=-x(x-2)e^{-x}$

이때 $g'(x)=0$에서

$x=0$ 또는 $x=2$

함수 $y=g(x)$의 증가와 감소 및 오목과 볼록을 표로 나타내면
다음과 같다.

x	$\cdots$	0	$\cdots$	$2-\sqrt{2}$	$\cdots$	2	$\cdots$	$2+\sqrt{2}$	$\cdots$
$g'(x)$	$-$	0	$+$	$+$	$+$	0	$-$	$-$	$-$
$g''(x)$	$+$	$+$	$+$	0	$-$	$-$	$-$	0	$+$
$g(x)$	↘	극소	↗	변곡점	⌒	극대	↘	변곡점	↘

함수 $y=g(x)$는 $x=0$에서 극소이고 극솟값은 $g(0)=0$이고,

$x=2$에서 극대이고 극댓값은 $g(2)=2^2\times e^{-2}=4e^{-2}$

이때 함수 $y=g(x)$의 그래프는 다음 그림과 같다.

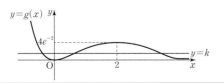

방정식 $g(x)=k$가 서로 다른 세 실근을 가지려면 함수
$y=g(x)$의 그래프와 직선 $y=k$가 서로 다른 세 점에서 만나야
하므로 $0<k<4e^{-2}$이어야 한다.

이때 $\alpha=0$, $\beta=4e^{-2}$이므로

$\alpha+\beta=4e^{-2}$

따라서 $p=4$, $q=2$이므로 $p+q=6$

답 6

대단원 종합 문제 본문 82~85쪽

01 ③	**02** ④	**03** ①	**04** ③	**05** ⑤
06 ②	**07** $\dfrac{3+\sqrt{21}}{8}$		**08** ①	**09** ④
10 ③	**11** ②	**12** $-\dfrac{9}{4}\ln 2$		**13** ①
14 $0<k<\dfrac{e}{2}$		**15** -1	**16** 4	**17** 4
18 ③	**19** 23	**20** 5	**21** 324	

01 $\displaystyle\lim_{x\to 0}\frac{x+\ln(1+2x)}{x}=1+2\lim_{x\to 0}\frac{\ln(1+2x)}{2x}$
$\qquad\qquad\qquad\qquad\qquad\quad=1+2\times 1=3$

답 ③

02 $0\leq\alpha\leq\dfrac{\pi}{2}$이고 $\cos\alpha=\dfrac{\sqrt{3}}{3}$이므로

$\sin\alpha=\sqrt{1-\cos^2\alpha}$
$\quad\quad=\sqrt{1-\left(\dfrac{\sqrt{3}}{3}\right)^2}=\dfrac{\sqrt{6}}{3}$

따라서

$\sin\left(\alpha-\dfrac{\pi}{6}\right)+\sin\left(\alpha+\dfrac{\pi}{6}\right)$

$=\left(\sin\alpha\cos\dfrac{\pi}{6}-\cos\alpha\sin\dfrac{\pi}{6}\right)$
$\qquad\qquad\qquad\quad+\left(\sin\alpha\cos\dfrac{\pi}{6}+\cos\alpha\sin\dfrac{\pi}{6}\right)$

$=2\sin\alpha\cos\dfrac{\pi}{6}$

$=2\times\dfrac{\sqrt{6}}{3}\times\dfrac{\sqrt{3}}{2}=\sqrt{2}$

답 ④

03 $f(x)=e^x-2x+3$에서
$f(0)=e^0-2\times0+3=4$
이때
$$\lim_{h\to0}\frac{f(h)-4}{h}=\lim_{h\to0}\frac{f(h)-f(0)}{h}=f'(0)$$
한편 $f'(x)=e^x-2$
따라서 $f'(0)=e^0-2=-1$

📄 ①

04 $x^3-3xy^2=2$의 양변의 각 항을 x에 대하여 미분하면
$$3x^2-3y^2-6xy\frac{dy}{dx}=0$$
$$\frac{dy}{dx}=\frac{x^2-y^2}{2xy}\ (단,\ xy\neq0)$$
따라서 점 $(2,1)$에서의 접선의 기울기는
$$\frac{2^2-1^2}{2\times2\times1}=\frac{3}{4}$$

📄 ③

05 $f(x)=\dfrac{5\ln x}{x}$에서
$$f'(x)=\frac{5\times\dfrac{1}{x}\times x-5\ln x}{x^2}$$
$$=\frac{5(1-\ln x)}{x^2}$$
$f'(x)=0$에서
$1-\ln x=0,\ \ln x=1$
$x=e$
함수 $f(x)$의 증가와 감소를 표로 나타내면 다음과 같다.

x	(0)	$\cdots$	e	$\cdots$
$f'(x)$		$+$	0	$-$
$f(x)$		↗	극대	↘

함수 $y=f(x)$는 $x=e$에서 극대이고, 극댓값은
$f(e)=\dfrac{5\ln e}{e}=\dfrac{5}{e}$이다.

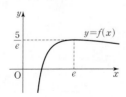

따라서 $a=e,\ b=\dfrac{5}{e}$이므로
$$ab=e\times\frac{5}{e}=5$$

📄 ⑤

06 점 P의 시각 t에서의 속도를 v라 하면
$$v=\frac{dx}{dt}=\frac{2(t+1)-2t\times1}{(t+1)^2}$$
$$=\frac{2}{(t+1)^2}$$
이때 $v=\dfrac{1}{8}$이므로
$\dfrac{2}{(t+1)^2}=\dfrac{1}{8}$에서
$(t+1)^2=16$
$t^2+2t-15=0$
$(t+5)(t-3)=0$
이때 $t>0$이므로 $t=3$
한편 점 P의 시각 t에서의 가속도를 a라 하면
$$a=\frac{dv}{dt}=\frac{-4(t+1)}{(t+1)^4}$$
$$=-\frac{4}{(t+1)^3}$$
따라서 시각 $t=3$에서의 점 P의 가속도는
$$-\frac{4}{(3+1)^3}=-\frac{1}{16}$$

📄 ②

07

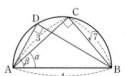

삼각형 ACB에서
$\angle ACB=\dfrac{\pi}{2}$
이고, $\overline{AB}=4$, $\overline{AC}=3$이므로
$\overline{BC}=\sqrt{\overline{AB}^2-\overline{AC}^2}=\sqrt{4^2-3^2}=\sqrt{7}$
이때 $\angle CAB=\alpha$라 하면
$\sin\alpha=\dfrac{\sqrt{7}}{4}$, $\cos\alpha=\dfrac{3}{4}$
또, 삼각형 ABD에서
$\angle ADB=\dfrac{\pi}{2}$

이고, $\sqrt{3}\times\overline{AD}=\overline{BD}$이므로

$\overline{AD}=k$, $\overline{BD}=\sqrt{3}k$ (단, $k>0$)이라 하면

$4^2=k^2+(\sqrt{3}k)^2$, $k^2=4$

$k=2$

이때 $\overline{AD}=2$, $\overline{BD}=2\sqrt{3}$이므로

$\angle DAB=\beta$라 하면

$\sin\beta=\dfrac{2\sqrt{3}}{4}=\dfrac{\sqrt{3}}{2}$, $\cos\beta=\dfrac{2}{4}=\dfrac{1}{2}$

따라서 $\theta=\beta-\alpha$이므로

$\cos\theta=\cos(\beta-\alpha)$

$\qquad=\cos\beta\cos\alpha+\sin\beta\sin\alpha$

$\qquad=\dfrac{1}{2}\times\dfrac{3}{4}+\dfrac{\sqrt{3}}{2}\times\dfrac{\sqrt{7}}{4}$

$\qquad=\dfrac{3+\sqrt{21}}{8}$

답 $\dfrac{3+\sqrt{21}}{8}$

08 함수 $f(x)=x^3+2x-1$에서

$f(0)=-1$이므로 $g(-1)=0$이다.

$\displaystyle\lim_{x\to-1}\dfrac{g(x)}{x^2-1}$

$=\displaystyle\lim_{x\to-1}\dfrac{g(x)-g(-1)}{x-(-1)}\times\lim_{x\to-1}\dfrac{1}{x-1}$

$=g'(-1)\times\left(-\dfrac{1}{2}\right)$ ······ ㉠

한편 $f'(x)=3x^2+2$이고,

$f'(0)=2$이므로

$g'(-1)=\dfrac{1}{f'(g(-1))}=\dfrac{1}{f'(0)}=\dfrac{1}{2}$ ······ ㉡

㉠, ㉡에서

$\displaystyle\lim_{x\to-1}\dfrac{g(x)}{x^2-1}=g'(-1)\times\left(-\dfrac{1}{2}\right)$

$\qquad\qquad\qquad=\dfrac{1}{2}\times\left(-\dfrac{1}{2}\right)$

$\qquad\qquad\qquad=-\dfrac{1}{4}$

답 ①

09 $x=\dfrac{1-e^t}{1+e^t}$, $y=\dfrac{e^{2t}}{1+e^t}$에서

$t=\ln 2$일 때,

$x=\dfrac{1-e^{\ln 2}}{1+e^{\ln 2}}=\dfrac{1-2}{1+2}=-\dfrac{1}{3}$

$y=\dfrac{e^{2\ln 2}}{1+e^{\ln 2}}=\dfrac{4}{1+2}=\dfrac{4}{3}$

한편

$\dfrac{dx}{dt}=\dfrac{-e^t(1+e^t)-(1-e^t)e^t}{(1+e^t)^2}=\dfrac{-2e^t}{(1+e^t)^2}$

$\dfrac{dy}{dt}=\dfrac{2e^{2t}(1+e^t)-e^{2t}e^t}{(1+e^t)^2}=\dfrac{(2+e^t)e^{2t}}{(1+e^t)^2}$

이므로

$\dfrac{dy}{dx}=\dfrac{\dfrac{dy}{dt}}{\dfrac{dx}{dt}}=\dfrac{\dfrac{(2+e^t)e^{2t}}{(1+e^t)^2}}{\dfrac{-2e^t}{(1+e^t)^2}}=-\dfrac{(2+e^t)e^t}{2}$

$t=\ln 2$에 대응하는 점에서의 접선의 기울기는

$-\dfrac{(2+e^{\ln 2})e^{\ln 2}}{2}=-\dfrac{(2+2)\times 2}{2}=-4$

따라서 구하는 접선은 점 $\left(-\dfrac{1}{3},\ \dfrac{4}{3}\right)$를 지나고 기울기가 -4

인 직선이므로 접선의 방정식은

$y-\dfrac{4}{3}=-4\left(x+\dfrac{1}{3}\right)$

즉, $y=-4x$

이 접선이 점 $(2,\ a)$를 지나므로

$a=-8$

답 ④

10 $(f\circ g)(x)=3x+e^{3x}$에서

양변의 각 항을 x에 대하여 미분하면

$f'(g(x))g'(x)=3+3e^{3x}$ ······ ㉠

한편 $g(x)=x^3+1$에서

$g(1)=2$

㉠의 양변에 $x=1$을 대입하면

$f'(g(1))g'(1)=3+3e^3$

$f'(2)g'(1)=3(1+e^3)$ ······ ㉡

이때 $g'(x)=3x^2$이므로

$g'(1)=3$ ······ ㉢

㉡, ㉢에서

$f'(2)\times 3=3(1+e^3)$

따라서 $f'(2)=1+e^3$

답 ③

11 $f(x)=e^x$이라 하면

$f'(x)=e^x$

접점을 $(a, f(a))$라 하면

$f'(a)=1$에서

$e^a=1$, $a=0$

이때 $f(0)=e^0=1$이므로 접점의 좌표는 $(0, 1)$이다.

따라서 접선 l_1의 방정식은

$y-1=1\times(x-0)$, $y=x+1$

또, $g(x)=\sqrt{2x-3}$이라 하면

$g'(x)=\dfrac{2}{2\sqrt{2x-3}}$

$=\dfrac{1}{\sqrt{2x-3}}$

접점을 $(b, g(b))$라 하면

$g'(b)=1$에서

$\dfrac{1}{\sqrt{2b-3}}=1$, $2b-3=1$, $b=2$

이때 $g(2)=\sqrt{4-3}=1$이므로 접점의 좌표는 $(2, 1)$이다.

따라서 접선 l_2의 방정식은

$y-1=1\times(x-2)$, $y=x-1$

직선 l_1 위의 점 $(0, 1)$에서 직선 l_2, 즉 $x-y-1=0$ 사이의 거리는

$\dfrac{|0-1-1|}{\sqrt{1^2+(-1)^2}}=\sqrt{2}$

따라서 두 직선 l_1, l_2 사이의 거리는 $\sqrt{2}$이다.

답 ②

12 함수 $f(x)=\dfrac{x^2-8}{8x}-\dfrac{3}{4}\ln x$에서

$f'(x)=\dfrac{2x\times 8x-(x^2-8)\times 8}{(8x)^2}-\dfrac{3}{4}\times\dfrac{1}{x}$

$=\dfrac{x^2-6x+8}{8x^2}$

$=\dfrac{(x-2)(x-4)}{8x^2}$

$f'(x)=0$에서 $x=2$ 또는 $x=4$

함수 $f(x)$의 증가와 감소를 표로 나타내면 다음과 같다.

x	(0)	$\cdots$	2	$\cdots$	4	$\cdots$
$f'(x)$		$+$	0	$-$	0	$+$
$f(x)$		↗	극대	↘	극소	↗

함수 $y=f(x)$는 $x=2$에서 극대이고, $x=4$에서 극소이다.

따라서

$M=f(2)=\dfrac{2^2-8}{8\times 2}-\dfrac{3}{4}\ln 2$

$=-\dfrac{1}{4}-\dfrac{3}{4}\ln 2$

$m=f(4)=\dfrac{4^2-8}{8\times 4}-\dfrac{3}{4}\ln 4$

$=\dfrac{1}{4}-\dfrac{3}{2}\ln 2$

이므로

$M+m=\left(-\dfrac{1}{4}-\dfrac{3}{4}\ln 2\right)+\left(\dfrac{1}{4}-\dfrac{3}{2}\ln 2\right)$

$=-\dfrac{9}{4}\ln 2$

답 $-\dfrac{9}{4}\ln 2$

13 $f(x)=\ln(2x^2+8)$이라 하면

$f'(x)=\dfrac{4x}{2x^2+8}=\dfrac{2x}{x^2+4}$

$f''(x)=\dfrac{2(x^2+4)-2x(2x)}{(x^2+4)^2}$

$=\dfrac{-2(x+2)(x-2)}{(x^2+4)^2}$

$f'(x)=0$에서 $x=0$

$f''(x)=0$에서 $x=-2$ 또는 $x=2$

함수 $y=f(x)$의 증가와 감소 및 오목과 볼록을 표로 나타내면 다음과 같다.

x	$\cdots$	-2	$\cdots$	0	$\cdots$	2	$\cdots$
$f'(x)$	$-$	$-$	$-$	0	$+$	$+$	$+$
$f''(x)$	$-$	0	$+$	$+$	$+$	0	$-$
$f(x)$	⤷	변곡점	⤸	극소	⤴	변곡점	⤵

함수 $y=f(x)$는 $x=0$에서 극소이고, 극솟값은

$f(0)=\ln 8=3\ln 2$이다.

또, 함수 $y=f(x)$의 그래프의 변곡점은

$(-2, f(-2))$, $(2, f(2))$이다.

이때 함수 $y=f(x)$의 그래프는 다음 그림과 같다.

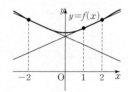

함수 $y=f(x)$는 열린구간 $(-2, 2)$에서 아래로 볼록하므로
$-2 \le a \le 1$

한편 $f'(a)$는 $x=a$에서의 곡선 $y=f(x)$의 접선의 기울기와 같으므로

$a=-2$일 때 $f'(a)$는 최소이고, $a=1$일 때 $f'(a)$는 최대이다.

이때 $f'(-2)=-\dfrac{1}{2}$, $f'(1)=\dfrac{2}{5}$이므로 $f'(a)$의 최댓값은

$\dfrac{2}{5}$이고, 최솟값은 $-\dfrac{1}{2}$이다.

따라서 구하는 최댓값과 최솟값의 합은

$\dfrac{2}{5}+\left(-\dfrac{1}{2}\right)=-\dfrac{1}{10}$

답 ①

14 방정식 $x^2(1-\ln x)=k$에서

$f(x)=x^2(1-\ln x)$로 놓으면

$f'(x)=2x(1-\ln x)+x^2 \times \left(-\dfrac{1}{x}\right)$

$\qquad = x(1-2\ln x)$

$f'(x)=0$에서 $x>0$이므로

$1-2\ln x=0$, $\ln x=\dfrac{1}{2}$

$x=\sqrt{e}$

함수 $f(x)$의 증가와 감소를 표로 나타내면 다음과 같다.

x	(0)	$\cdots$	$\sqrt{e}$	$\cdots$
$f'(x)$		$+$	0	$-$
$f(x)$		↗	극대	↘

함수 $f(x)$는 $x=\sqrt{e}$에서 극대이고, 극댓값은

$f(\sqrt{e})=(\sqrt{e})^2(1-\ln \sqrt{e})$

$\qquad = e\left(1-\dfrac{1}{2}\right)=\dfrac{e}{2}$

이때 $f(x)=\lim\limits_{x \to 0+}x^2(1-\ln x)=0$이므로 함수 $y=f(x)$의 그래프는 다음 그림과 같다.

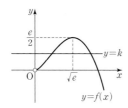

이때 주어진 방정식이 서로 다른 두 실근을 가지려면 함수 $y=f(x)$의 그래프와 직선 $y=k$가 서로 다른 두 점에서 만나야 한다.

따라서 실수 k의 값의 범위는

$0<k<\dfrac{e}{2}$

답 $0<k<\dfrac{e}{2}$

15 $x=t+\sin t$, $y=1+\cos t$에서

$\dfrac{dx}{dt}=1+\cos t$

$\dfrac{dy}{dt}=-\sin t$

점 P의 시각 t에서의 속력은

$\sqrt{(1+\cos t)^2+(-\sin t)^2}=\sqrt{1+2\cos t+\cos^2 t+\sin^2 t}$
$\qquad\qquad\qquad\qquad\qquad\qquad = \sqrt{2(1+\cos t)}$

점 P의 속력은 $\cos t=1$, 즉 $t=2n\pi$ (단, n은 자연수)일 때 최대이다.

한편

$\dfrac{d^2x}{dt^2}=-\sin t$

$\dfrac{d^2y}{dt^2}=-\cos t$

이므로

$t=2n\pi$ (단, n은 자연수)일 때, 점 P의 가속도는 $(-\sin 2n\pi, -\cos 2n\pi)$, 즉 $(0, -1)$이다.

따라서 $a=0$, $b=-1$이므로

$a+b=0+(-1)=-1$

답 -1

16 점 P에서 x축에 내린 수선의 발을 R라 하자.

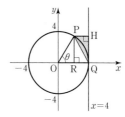

$\overline{HQ}=\overline{PR}$
$\qquad = \overline{OP} \times \sin \theta$
$\qquad = 4\sin \theta$

$\overline{PH}=\overline{RQ}=\overline{OQ}-\overline{OR}$
$\qquad = 4-\overline{OP} \times \cos \theta$
$\qquad = 4-4\cos \theta$
$\qquad = 4(1-\cos \theta)$

이때 삼각형 PQH의 넓이 $S(\theta)$는

$$S(\theta) = \frac{1}{2} \times \overline{HQ} \times \overline{PH}$$
$$= \frac{1}{2} \times 4 \sin \theta \times 4(1 - \cos \theta)$$
$$= 8 \sin \theta (1 - \cos \theta)$$

따라서

$$\lim_{\theta \to 0+} \frac{S(\theta)}{\theta^3} = \lim_{\theta \to 0+} \frac{8 \sin \theta (1 - \cos \theta)}{\theta^3}$$
$$= \lim_{\theta \to 0+} \frac{8 \sin \theta (1 - \cos \theta)(1 + \cos \theta)}{\theta^3 (1 + \cos \theta)}$$
$$= \lim_{\theta \to 0+} \frac{8 \sin \theta (1 - \cos^2 \theta)}{\theta^3 (1 + \cos \theta)}$$
$$= \lim_{\theta \to 0+} \frac{8 \sin^3 \theta}{\theta^3 (1 + \cos \theta)}$$
$$= 8 \lim_{\theta \to 0+} \frac{\sin^3 \theta}{\theta^3} \times \lim_{\theta \to 0+} \frac{1}{1 + \cos \theta}$$
$$= 8 \times 1^3 \times \frac{1}{2} = 4$$

冒 4

17 $f(x) = x^2 + ax + b$ (단, a, b는 상수)라 하자.
$g(x) = f(x)e^x = (x^2 + ax + b)e^x$에서
$g'(x) = (2x + a)e^x + (x^2 + ax + b)e^x$
$\quad = \{x^2 + (a+2)x + a + b\}e^x$
$g''(x) = (2x + a + 2)e^x + \{x^2 + (a+2)x + a + b\}e^x$
$\quad = \{x^2 + (a+4)x + 2a + b + 2\}e^x$
이때 $g''(-\sqrt{2}) = 0$, $g''(\sqrt{2}) = 0$이고, $e^x > 0$이므로
이차방정식 $x^2 + (a+4)x + 2a + b + 2 = 0$의 두 근은
$x = -\sqrt{2}$ 또는 $x = \sqrt{2}$이다.
이차방정식의 근과 계수의 관계에 의하여
$-\sqrt{2} + \sqrt{2} = -(a+4)$
$-\sqrt{2} \times \sqrt{2} = 2a + b + 2$
이므로 $a = -4$, $b = 4$
따라서 $g(x) = (x^2 - 4x + 4)e^x$이므로
$g'(x) = (x^2 - 2x)e^x$
$\quad = x(x-2)e^x$
$g'(x) = 0$에서 $x = 0$ 또는 $x = 2$
함수 $y = g(x)$의 증가와 감소를 표로 나타내면 다음과 같다.

x	$\cdots$	0	$\cdots$	2	$\cdots$
$g'(x)$	$+$	0	$-$	0	$+$
$g(x)$	↗	극대	↘	극소	↗

곡선 $y = g(x)$는 $x = 0$에서 극대이고, 극댓값은 $g(0) = 4$이다.

또, 곡선 $y = g(x)$는 $x = 2$에서 극소이고, 극솟값은 $g(2) = 0$이다.
따라서 극댓값과 극솟값의 합은
$4 + 0 = 4$

冒 4

참고 함수 $y = g(x)$의 그래프의 개형은 다음 그림과 같다.

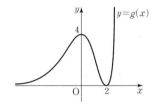

18 ㄱ. 삼차함수 $y = f(x)$의 증가와 감소를 표로 나타내면 다음과 같다.

x	$\cdots$	0	$\cdots$	2	$\cdots$
$f'(x)$	$+$	0	$-$	0	$+$
$f(x)$	↗	극대	↘	극소	↗

이때 $f(0) = 0$이므로 함수 $y = f(x)$의 그래프의 개형은 다음 그림과 같다.

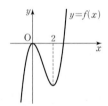

함수 $y = f(x)$의 그래프와 x축이 서로 다른 두 점에서 만나므로 방정식 $f(x) = 0$은 서로 다른 두 실근을 갖는다. (참)

ㄴ. 삼차함수 $y = f(x)$의 도함수 $y = f'(x)$는 이차함수이고 $f'(0) = f'(2)$이므로 곡선 $y = f'(x)$는 직선 $x = 1$에 대하여 대칭이다.
따라서 열린구간 $(0, 1)$에서 $f''(x) < 0$이므로 이 열린구간에서 곡선 $y = f(x)$는 위로 볼록하다.
또, 열린구간 $(1, 2)$에서 $f''(x) > 0$이므로 이 구간에서 곡선 $y = f(x)$는 아래로 볼록하다. (거짓)

ㄷ. $g(x) = \dfrac{f(x)}{x^2 + 1}$에서
$$g'(x) = \frac{f'(x)(x^2 + 1) - f(x) \times 2x}{(x^2 + 1)^2}$$

이때
$$g'(0)=\frac{f'(0)(0^2+1)-f(0)\times(2\times0)}{(0^2+1)^2}=0$$
한편
$$g''(x)=\frac{f''(x)}{x^2+1}-\frac{4xf'(x)}{(x^2+1)^2}+\frac{2(3x^2-1)f(x)}{(x^2+1)^3}$$
이므로
$$g''(0)=f''(0)<0$$
이때 $g'(0)=0$, $g''(0)<0$이므로 함수 $y=g(x)$는 $x=0$에서 극대이다. (참)

따라서 보기에서 옳은 것은 ㄱ, ㄷ이다.

답 ③

19 $f(x)=\sin^2 x$에서
$$f'(x)=2\sin x\cos x$$
$$\begin{aligned}f''(x)&=2\cos x\cos x+2\sin x(-\sin x)\\&=2\cos^2 x-2\sin^2 x\\&=2\cos^2 x-2(1-\cos^2 x)\\&=2(2\cos^2 x-1)\end{aligned}$$
$f'(x)=0$에서
$$2\sin x\cos x=0$$
이때 $0<x<\pi$에서 $\sin x>0$이므로
$$\cos x=0,\ x=\frac{\pi}{2}$$
또, $f''(x)=0$에서
$$2\cos^2 x-1=0,\ \cos^2 x=\frac{1}{2}$$
$$\cos x=\frac{\sqrt{2}}{2}\ \text{또는}\ \cos x=-\frac{\sqrt{2}}{2}$$
(i) $\cos x=\dfrac{\sqrt{2}}{2}$일 때 $x=\dfrac{\pi}{4}$

(ii) $\cos x=-\dfrac{\sqrt{2}}{2}$일 때 $x=\dfrac{3}{4}\pi$

열린구간 $(0,\pi)$에서 함수 $f(x)$의 증가와 감소 및 오목과 볼록을 표로 나타내면 다음과 같다.

x	(0)	$\cdots$	$\dfrac{\pi}{4}$	$\cdots$	$\dfrac{\pi}{2}$	$\cdots$	$\dfrac{3}{4}\pi$	$\cdots$	(π)
$f'(x)$		$+$	$+$	$+$	0	$-$	$-$	$-$	
$f''(x)$		$+$	0	$-$	$-$	$-$	0	$+$	
$f(x)$		↗	변곡점	↗	극대	↘	변곡점	↘	

열린구간 $(0,\pi)$에서 함수 $y=f(x)$는 $x=\dfrac{\pi}{2}$에서 극대이고,

극댓값은 $f\left(\dfrac{\pi}{2}\right)=\sin^2\dfrac{\pi}{2}=1$이다.

또, $f\left(\dfrac{\pi}{4}\right)=\sin^2\dfrac{\pi}{4}=\dfrac{1}{2}$, $f\left(\dfrac{3}{4}\pi\right)=\sin^2\dfrac{3}{4}\pi=\dfrac{1}{2}$이므로

열린구간 $(0,\pi)$에서 곡선 $y=f(x)$의 변곡점은 $\left(\dfrac{\pi}{4},\dfrac{1}{2}\right)$, $\left(\dfrac{3}{4}\pi,\dfrac{1}{2}\right)$이다.

따라서 함수 $y=f(x)$의 그래프는 다음 그림과 같다.

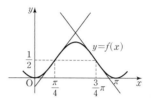

조건 (가)에서 함수 $|f(x)-g(x)|$가 미분가능하려면 직선 $y=g(x)$가 곡선 $y=f(x)$의 극점 $\left(\dfrac{\pi}{2},1\right)$에서의 접선이거나 곡선 $y=f(x)$의 변곡점 $\left(\dfrac{\pi}{4},\dfrac{1}{2}\right)$ 또는 $\left(\dfrac{3}{4}\pi,\dfrac{1}{2}\right)$에서의 접선이어야 한다.

(i) 점 $\left(\dfrac{\pi}{2},1\right)$에서의 접선의 기울기는 $f'\left(\dfrac{\pi}{2}\right)=0$이므로 접선의 방정식은 $y=1$

(ii) 점 $\left(\dfrac{\pi}{4},\dfrac{1}{2}\right)$에서의 접선의 기울기는
$$f'\left(\frac{\pi}{4}\right)=2\sin\frac{\pi}{4}\cos\frac{\pi}{4}=2\times\frac{\sqrt{2}}{2}\times\frac{\sqrt{2}}{2}=1$$
이므로 접선의 방정식은
$$y-\frac{1}{2}=1\times\left(x-\frac{\pi}{4}\right),\ \text{즉}\ y=x-\frac{\pi}{4}+\frac{1}{2}$$

(iii) 점 $\left(\dfrac{3}{4}\pi,\dfrac{1}{2}\right)$에서의 접선의 기울기는
$$\begin{aligned}f'\left(\frac{3}{4}\pi\right)&=2\sin\frac{3}{4}\pi\cos\frac{3}{4}\pi\\&=2\times\frac{\sqrt{2}}{2}\times\left(-\frac{\sqrt{2}}{2}\right)=-1\end{aligned}$$
이므로 접선의 방정식은
$$y-\frac{1}{2}=-1\times\left(x-\frac{3}{4}\pi\right),\ \text{즉}\ y=-x+\frac{3}{4}\pi+\frac{1}{2}$$
조건 (나)에서
$$g'\left(\frac{1}{2}\right)>0$$
이므로
$$g(x)=x-\frac{\pi}{4}+\frac{1}{2}$$

따라서 $a=\dfrac{\pi}{4}$이고 $g(x)=x-\dfrac{\pi}{4}+\dfrac{1}{2}$이므로

$g(a)+g'(a)=\left(\dfrac{\pi}{4}-\dfrac{\pi}{4}+\dfrac{1}{2}\right)+1=\dfrac{3}{2}$

따라서 $p=2$, $q=3$이므로

$10p+q=10\times2+3=23$

目 23

20 함수 $f(x)=\begin{cases}e^x+a & (x<0)\\ b\ln(2x+1) & (x\geq0)\end{cases}$ 이 모든 실수 x에

서 미분가능하려면 $x=0$에서 연속이어야 한다.

즉, $\displaystyle\lim_{x\to0-}f(x)=\lim_{x\to0+}f(x)=f(0)$이므로

$e^0+a=b\ln1=f(0)$, $1+a=0=f(0)$

$a=-1$, $f(0)=0$ ...... **❶**

또, 함수 $f(x)$가 $x=0$에서 미분가능해야 한다.

$\displaystyle\lim_{x\to0-}\dfrac{f(x)-f(0)}{x}=\lim_{x\to0-}\dfrac{e^x-1}{x}=1$

$\displaystyle\lim_{x\to0+}\dfrac{f(x)-f(0)}{x}=\lim_{x\to0+}\dfrac{b\ln(2x+1)}{x}$

$\qquad\qquad\qquad=2b\displaystyle\lim_{x\to0+}\dfrac{\ln(2x+1)}{2x}=2b$

이므로

$2b=1$, $b=\dfrac{1}{2}$ ...... **❷**

따라서

$4(a^2+b^2)=4\left\{(-1)^2+\left(\dfrac{1}{2}\right)^2\right\}=5$ ...... **❸**

目 5

단계	채점 기준	비율
❶	함수 $f(x)$가 $x=0$에서 연속임을 이용하여 a의 값을 구한 경우	40%
❷	함수 $f(x)$가 $x=0$에서 미분가능함을 이용하여 b의 값을 구한 경우	40%
❸	$4(a^2+b^2)$의 값을 구한 경우	20%

21 조건 (가)에서

$\displaystyle\lim_{x\to e}\dfrac{f(x)-f(e)}{x-e}=12$이므로

$f'(e)=12$ ...... ㉠

한편 함수 $f(x)=2ax\ln x$에서

$f'(x)=2a\ln x+2ax\times\dfrac{1}{x}$

$\qquad=2a(\ln x+1)$ ...... ㉡

㉠, ㉡에서

$f'(e)=2a(\ln e+1)=4a=12$

$a=3$ ...... **❶**

한편 $f'(x)=0$에서

$\ln x+1=0$, $\ln x=-1$

$x=\dfrac{1}{e}$

함수 $y=f(x)$의 증가와 감소를 표로 나타내면 다음과 같다.

x	(0)	$\cdots$	$\dfrac{1}{e}$	$\cdots$
$f'(x)$		$-$	0	$+$
$f(x)$		$\searrow$	극소	$\nearrow$

함수 $y=f(x)$는 $x=\dfrac{1}{e}$에서 극소이고, 극솟값은

$f\left(\dfrac{1}{e}\right)=2\times3\times\dfrac{1}{e}\ln\dfrac{1}{e}=-\dfrac{6}{e}$

조건 (나)에서

함수 $y=f(x)$는 $x=b$에서 극솟값 c를 가지므로

$b=\dfrac{1}{e}$, $c=-\dfrac{6}{e}$ ...... **❷**

따라서

$\left(\dfrac{ac}{b}\right)^2=\left\{\dfrac{3\times\left(-\dfrac{6}{e}\right)}{\dfrac{1}{e}}\right\}^2=324$ ...... **❸**

目 324

단계	채점 기준	비율
❶	조건 (가)를 이용하여 a의 값을 구한 경우	40%
❷	함수 $f(x)$의 극솟값을 구한 후 b와 c의 값을 구한 경우	40%
❸	$\left(\dfrac{ac}{b}\right)^2$의 값을 구한 경우	20%

06 여러 가지 적분법

기본 유형 익히기   유제   본문 89~91쪽

1. $\dfrac{7}{3}$　　**2.** 5　　**3.** (1) 2　(2) $\sqrt{3}$

4. (1) $\dfrac{1}{2}$　(2) $\dfrac{1}{4}$　　**5.** 1　　**6.** -8

---

1. $f(x)=\displaystyle\int \dfrac{x-1}{\sqrt{x}+1}\,dx$

$\qquad =\displaystyle\int \dfrac{(\sqrt{x}-1)(\sqrt{x}+1)}{\sqrt{x}+1}\,dx$

$\qquad =\displaystyle\int (\sqrt{x}-1)\,dx$

$\qquad =\dfrac{2}{3}x\sqrt{x}-x+C$ (단, C는 적분상수)

이때 $f(0)=C=1$이므로

$f(x)=\dfrac{2}{3}x\sqrt{x}-x+1$

따라서 $f(4)=\dfrac{2}{3}\times 4\sqrt{4}-4+1=\dfrac{7}{3}$

答 $\dfrac{7}{3}$

2. $\displaystyle\int_0^1 (2^x+2^{-x})\,dx=\left[\dfrac{2^x}{\ln 2}-\dfrac{2^{-x}}{\ln 2}\right]_0^1$

$\qquad\qquad =\left(\dfrac{2}{\ln 2}-\dfrac{2^{-1}}{\ln 2}\right)-\left(\dfrac{1}{\ln 2}-\dfrac{1}{\ln 2}\right)$

$\qquad\qquad =\dfrac{3}{2\ln 2}$

따라서 $a=2$, $b=3$이므로

$a+b=2+3=5$

答 5

3. (1) $\displaystyle\int_0^{\pi} \sin x\,dx=\Big[-\cos x\Big]_0^{\pi}$

$\qquad\qquad =-\cos \pi-(-\cos 0)$

$\qquad\qquad =-(-1)-(-1)=2$

(2) $\displaystyle\int_0^{\frac{\pi}{3}} \sec^2 x\,dx=\Big[\tan x\Big]_0^{\frac{\pi}{3}}$

$\qquad\qquad =\tan\dfrac{\pi}{3}-\tan 0$

$\qquad\qquad =\sqrt{3}-0=\sqrt{3}$

答 (1) 2　(2) $\sqrt{3}$

4. (1) $\displaystyle\int_1^e \dfrac{\ln x}{x}\,dx$에서

$\ln x=t$로 놓으면 $\dfrac{1}{x}=\dfrac{dt}{dx}$이고

$x=1$일 때, $t=\ln 1=0$

$x=e$일 때, $t=\ln e=1$

따라서

$\displaystyle\int_1^e \dfrac{\ln x}{x}\,dx=\int_1^e \left(\ln x\times \dfrac{1}{x}\right)dx$

$\qquad\qquad =\displaystyle\int_0^1 t\,dt$

$\qquad\qquad =\left[\dfrac{1}{2}t^2\right]_0^1=\dfrac{1}{2}$

(2) $\displaystyle\int_0^{\frac{\pi}{2}} \sin^3 x\cos x\,dx$에서

$\sin x=t$로 놓으면 $\cos x=\dfrac{dt}{dx}$이고

$x=0$일 때, $t=\sin 0=0$

$x=\dfrac{\pi}{2}$일 때, $t=\sin\dfrac{\pi}{2}=1$

따라서

$\displaystyle\int_0^{\frac{\pi}{2}} \sin^3 x\cos x\,dx=\int_0^1 t^3\,dt$

$\qquad\qquad\qquad =\left[\dfrac{1}{4}t^4\right]_0^1=\dfrac{1}{4}$

答 (1) $\dfrac{1}{2}$　(2) $\dfrac{1}{4}$

5. 곡선 $y=f(x)$ 위의 점 $(t, f(t))$에서의 접선의 기울기가 $\ln t$이므로

$f'(t)=\ln t$, 즉 $f'(x)=\ln x$

이때 $u=\ln x$, $v'=1$로 놓으면

$u'=\dfrac{1}{x}$, $v=x$이므로

$f(x)=\displaystyle\int f'(x)\,dx=\int \ln x\,dx$

$\qquad =x\ln x-\displaystyle\int 1\,dx$

$\qquad =x\ln x-x+C$ (단, C는 적분상수)

곡선 $y=f(x)$가 점 $(1, 0)$을 지나므로

$f(1)=\ln 1-1+C=0$

$C=1$

따라서 $f(x)=x\ln x-x+1$이므로

$f(e)=e\ln e-e+1=1$

答 1

6. $\displaystyle\lim_{x \to 2}\frac{1}{x-2}\int_2^x t^3\cos\frac{\pi}{2}t\,dt$에서

$f(x)=x^3\cos\dfrac{\pi}{2}x$로 놓고 $F'(x)=f(x)$라 하면

$\displaystyle\lim_{x \to 2}\frac{1}{x-2}\int_2^x t^3\cos\frac{\pi}{2}t\,dt$에서

$\displaystyle\lim_{x \to 2}\frac{F(x)-F(2)}{x-2}=F'(2)=f(2)$

$\qquad\qquad\qquad\qquad\ =2^3\times\cos\pi$

$\qquad\qquad\qquad\qquad\ =8\times(-1)$

$\qquad\qquad\qquad\qquad\ =-8$

답 -8

유형 확인

본문 92~95쪽

01 ③ **02** ④ **03** ⑤ **04** $\dfrac{\ln 2}{2}+3$

05 ② **06** ① **07** ⑤ **08** ④ **09** ①

10 ② **11** 8 **12** ④ **13** ② **14** ③

15 32 **16** ⑤ **17** ④ **18** 4 **19** ②

20 $\dfrac{\pi}{2}$ **21** $4e^4$ **22** ④ **23** ④ **24** $3e^2$

01 $\displaystyle\int_1^4\left(\sqrt{x}+\frac{1}{\sqrt{x}}\right)dx$

$=\left[\dfrac{2}{3}x\sqrt{x}+2\sqrt{x}\right]_1^4$

$=\left(\dfrac{2}{3}\times4\sqrt{4}+2\sqrt{4}\right)-\left(\dfrac{2}{3}\times1\sqrt{1}+2\sqrt{1}\right)$

$=\dfrac{20}{3}$

답 ③

02 $f'(x)=\dfrac{2x^3-1}{x^2}$이므로

$f(x)=\displaystyle\int\frac{2x^3-1}{x^2}\,dx$

$\quad\ =\displaystyle\int\left(2x-\frac{1}{x^2}\right)dx$

$\quad\ =x^2+\dfrac{1}{x}+C$ (단, C는 적분상수)

이때 함수 $y=f(x)$의 그래프가 점 $(1,\ 1)$을 지나므로

$f(1)=1^2+\dfrac{1}{1}+C=1$

$C=-1$

따라서 $f(x)=x^2+\dfrac{1}{x}-1$이므로

$f(2)=2^2+\dfrac{1}{2}-1=\dfrac{7}{2}$

답 ④

03 $F(x)$가 함수 $f(x)$의 한 부정적분이므로

$F'(x)=f(x)$

주어진 등식의 양변을 x에 대하여 미분하면

$f(x)=f(x)+xf'(x)-\dfrac{1}{\sqrt{x}}-2x$

$xf'(x)=\dfrac{1}{\sqrt{x}}+2x$

이때 $x>0$이므로

$f'(x)=\dfrac{1}{x\sqrt{x}}+2$

$f(x)=\displaystyle\int\left(\frac{1}{x\sqrt{x}}+2\right)dx$

$\quad\ =-\dfrac{2}{\sqrt{x}}+2x+C$ (단, C는 적분상수)

따라서

$f(4)-f(1)=\left(-\dfrac{2}{2}+8+C\right)-\left(-\dfrac{2}{1}+2+C\right)=7$

답 ⑤

04 $f(x)+xf'(x)=3\sqrt{x}+\dfrac{1}{x}$에서

$\dfrac{d}{dx}\{xf(x)\}=f(x)+xf'(x)$이므로

$\dfrac{d}{dx}\{xf(x)\}=3\sqrt{x}+\dfrac{1}{x}$

따라서

$xf(x)=\displaystyle\int\left(3\sqrt{x}+\frac{1}{x}\right)dx$

$\qquad\ =2x\sqrt{x}+\ln x+C$

이때 $x>0$이므로

$f(x)=2\sqrt{x}+\dfrac{\ln x}{x}+\dfrac{C}{x}$ (단, C는 적분상수)

한편 $f(1)=-2$이므로

$2+\ln 1+C=-2$

$C=-4$

따라서

$f(x)=2\sqrt{x}+\dfrac{\ln x}{x}-\dfrac{4}{x}$이므로

$f(4)=2\sqrt{4}+\dfrac{\ln 4}{4}-\dfrac{4}{4}=\dfrac{\ln 2}{2}+3$

답 $\dfrac{\ln 2}{2}+3$

05 $\displaystyle\int_{-\ln 3}^{\ln 3}|e^x-1|\,dx$

$=\displaystyle\int_{-\ln 3}^{0}(1-e^x)\,dx+\int_{0}^{\ln 3}(e^x-1)\,dx$

$=\Big[x-e^x\Big]_{-\ln 3}^{0}+\Big[e^x-x\Big]_{0}^{\ln 3}$

$=\{-e^0-(-\ln 3-e^{-\ln 3})\}+\{(e^{\ln 3}-\ln 3)-e^0\}$

$=\Big(-1+\ln 3+\dfrac{1}{3}\Big)+(3-\ln 3-1)$

$=\dfrac{4}{3}$

답 ②

06 $\displaystyle\int_{0}^{1}\dfrac{4^x}{2^x+1}\,dx-\int_{0}^{1}\dfrac{1}{2^x+1}\,dx$

$=\displaystyle\int_{0}^{1}\dfrac{4^x-1}{2^x+1}\,dx$

$=\displaystyle\int_{0}^{1}\dfrac{(2^x+1)(2^x-1)}{2^x+1}\,dx$

$=\displaystyle\int_{0}^{1}(2^x-1)\,dx$

$=\Big[\dfrac{2^x}{\ln 2}-x\Big]_{0}^{1}$

$=\Big(\dfrac{2}{\ln 2}-1\Big)-\Big(\dfrac{2^0}{\ln 2}-0\Big)$

$=\dfrac{1}{\ln 2}-1$

답 ①

07 함수 $f(x)$가 실수 전체의 집합에서 연속이므로 $x=0$에서 연속이어야 한다.

즉, $\displaystyle\lim_{x\to 0-}f(x)=\lim_{x\to 0+}f(x)=f(0)$이어야 한다.

$\displaystyle\lim_{x\to 0-}e^x=e^0=1$

$\displaystyle\lim_{x\to 0+}(\sqrt{x}+a)=a$

이므로 $a=1$

따라서

$\displaystyle\int_{-\ln 4}^{1}f(x)\,dx=\int_{-\ln 4}^{0}f(x)\,dx+\int_{0}^{1}f(x)\,dx$

$=\displaystyle\int_{-\ln 4}^{0}e^x\,dx+\int_{0}^{1}(\sqrt{x}+1)\,dx$

$=\Big[e^x\Big]_{-\ln 4}^{0}+\Big[\dfrac{2}{3}x\sqrt{x}+x\Big]_{0}^{1}$

$=(e^0-e^{-\ln 4})+\Big(\dfrac{2}{3}+1\Big)=\dfrac{29}{12}$

답 ⑤

08 $\displaystyle\int_{0}^{\frac{\pi}{2}}(\cos x+1)^2\,dx+\int_{\frac{\pi}{2}}^{0}(\cos x-1)^2\,dx$

$=\displaystyle\int_{0}^{\frac{\pi}{2}}(\cos x+1)^2\,dx-\int_{0}^{\frac{\pi}{2}}(\cos x-1)^2\,dx$

$=\displaystyle\int_{0}^{\frac{\pi}{2}}\{(\cos x+1)^2-(\cos x-1)^2\}\,dx$

$=\displaystyle\int_{0}^{\frac{\pi}{2}}4\cos x\,dx$

$=\Big[4\sin x\Big]_{0}^{\frac{\pi}{2}}$

$=4\sin\dfrac{\pi}{2}-4\sin 0=4$

답 ④

09 $\displaystyle\int_{-\frac{\pi}{4}}^{\frac{\pi}{4}}\dfrac{\cos^2 x}{1+\sin x}\,dx$

$=\displaystyle\int_{-\frac{\pi}{4}}^{\frac{\pi}{4}}\dfrac{1-\sin^2 x}{1+\sin x}\,dx$

$=\displaystyle\int_{-\frac{\pi}{4}}^{\frac{\pi}{4}}\dfrac{(1+\sin x)(1-\sin x)}{1+\sin x}\,dx$

$=\displaystyle\int_{-\frac{\pi}{4}}^{\frac{\pi}{4}}(1-\sin x)\,dx$

$=\Big[x+\cos x\Big]_{-\frac{\pi}{4}}^{\frac{\pi}{4}}$

$=\dfrac{\pi}{4}+\cos\dfrac{\pi}{4}-\Big\{\Big(-\dfrac{\pi}{4}\Big)+\cos\Big(-\dfrac{\pi}{4}\Big)\Big\}$

$=\dfrac{\pi}{4}+\dfrac{\pi}{4}=\dfrac{\pi}{2}$

답 ①

10 $f'(x)=\begin{cases} e^x & (x<0) \\ 1+\sin x & (x>0) \end{cases}$에서

$$f(x)=\begin{cases} e^x+C_1 & (x<0) \\ k & (x=0) \\ x-\cos x+C_2 & (x>0) \end{cases}$$

(단, C_1, C_2는 적분상수이고, k는 상수이다.)

한편 $f(\pi)=\pi+2$이므로

$f(\pi)=\pi-\cos \pi+C_2=\pi+1+C_2=\pi+2$에서

$C_2=1$

함수 $f(x)$가 미분가능하므로 연속함수이다.

즉, $x=0$에서 연속이어야 한다.

$\lim\limits_{x \to 0-} f(x)=\lim\limits_{x \to 0+} f(x)=f(0)$에서

$\lim\limits_{x \to 0-} (e^x+C_1)=\lim\limits_{x \to 0+} (x-\cos x+1)=k$

즉, $1+C_1=0=k$이므로

$C_1=-1$, $k=0$

따라서

$$f(x)=\begin{cases} e^x-1 & (x<0) \\ x-\cos x+1 & (x\geq 0) \end{cases}$$ 이므로

$f(-\ln 2)=e^{-\ln 2}-1$

$\qquad\qquad =\dfrac{1}{2}-1=-\dfrac{1}{2}$

답 ②

11 $f'(x)=\cos x-\sin x=0$, 즉 $\cos x=\sin x$에서

$0<x<2\pi$이므로

$x=\dfrac{\pi}{4}$ 또는 $x=\dfrac{5}{4}\pi$

$f''(x)=-\sin x-\cos x$

$f''\left(\dfrac{\pi}{4}\right)=-\sin \dfrac{\pi}{4}-\cos \dfrac{\pi}{4}$

$\qquad\quad =-\dfrac{\sqrt{2}}{2}-\dfrac{\sqrt{2}}{2}$

$\qquad\quad =-\sqrt{2}<0$

$f''\left(\dfrac{5}{4}\pi\right)=-\sin \dfrac{5}{4}\pi-\cos \dfrac{5}{4}\pi$

$\qquad\quad =\dfrac{\sqrt{2}}{2}+\dfrac{\sqrt{2}}{2}$

$\qquad\quad =\sqrt{2}>0$

따라서 함수 $f(x)$는 $x=\dfrac{\pi}{4}$에서 극대이고, $x=\dfrac{5}{4}\pi$에서 극소이다.

한편

$f(x)=\displaystyle\int (\cos x-\sin x)dx$

$\qquad =\sin x+\cos x+C$ (단, C는 적분상수)

함수 $f(x)$의 극댓값은

$M=f\left(\dfrac{\pi}{4}\right)=\sin \dfrac{\pi}{4}+\cos \dfrac{\pi}{4}+C$

$\qquad =\dfrac{\sqrt{2}}{2}+\dfrac{\sqrt{2}}{2}+C=\sqrt{2}+C$

함수 $f(x)$의 극솟값은

$m=f\left(\dfrac{5}{4}\pi\right)=\sin \dfrac{5}{4}\pi+\cos \dfrac{5}{4}\pi+C$

$\qquad =-\dfrac{\sqrt{2}}{2}-\dfrac{\sqrt{2}}{2}+C$

$\qquad =-\sqrt{2}+C$

따라서

$(M-m)^2=\{(\sqrt{2}+C)-(-\sqrt{2}+C)\}^2$

$\qquad\qquad =(2\sqrt{2})^2=8$

답 8

참고 $0<x<2\pi$에서 함수 $f(x)$의 증가와 감소를 표로 나타내면 다음과 같다.

x	(0)	$\cdots$	$\dfrac{\pi}{4}$	$\cdots$	$\dfrac{5}{4}\pi$	$\cdots$	(2π)
$f'(x)$		$+$	0	$-$	0	$+$	
$f(x)$		↗	극대	↘	극소	↗	

12 $\displaystyle\int_1^{e^2} \dfrac{(\ln x)^2}{x} dx$에서

$\ln x=t$로 놓으면 $\dfrac{1}{x}=\dfrac{dt}{dx}$이고

$x=1$일 때 $t=0$, $x=e^2$일 때 $t=2$이다.

따라서

$\displaystyle\int_1^{e^2} \dfrac{(\ln x)^2}{x} dx=\int_1^{e^2} \left\{(\ln x)^2 \times \dfrac{1}{x}\right\} dx$

$\qquad\qquad\qquad =\displaystyle\int_0^2 t^2 dt$

$\qquad\qquad\qquad =\left[\dfrac{1}{3}t^3\right]_0^2$

$\qquad\qquad\qquad =\dfrac{8}{3}$

답 ④

13 $\displaystyle\int_0^{\frac{\pi}{2}} \sqrt{\cos x}\sin x \, dx$에서

$\cos x=t$로 놓으면 $-\sin x=\dfrac{dt}{dx}$이고

$x=0$일 때 $t=1$, $x=\dfrac{\pi}{2}$일 때 $t=0$이다.

따라서

$$\int_0^{\frac{\pi}{2}} \sqrt{\cos x}\, \sin x\, dx = \int_1^0 (-\sqrt{t}\,)\, dt$$
$$= \int_0^1 \sqrt{t}\, dt$$
$$= \left[\frac{2}{3} t\sqrt{t}\right]_0^1 = \frac{2}{3}$$

답 ②

14 $f(x) = \displaystyle\int \frac{\cos x}{1-\cos^2 x}\, dx$

$$= \int \frac{\cos x}{\sin^2 x}\, dx$$

$\sin x = t$로 놓으면 $\cos x = \dfrac{dt}{dx}$이므로

$$f(x) = \int \left(\frac{1}{\sin^2 x} \times \cos x\right) dx$$
$$= \int \frac{1}{t^2}\, dt$$
$$= -\frac{1}{t} + C$$
$$= -\frac{1}{\sin x} + C \text{ (단, } C\text{는 적분상수)}$$

따라서

$$f\left(\frac{\pi}{6}\right) - f\left(\frac{\pi}{2}\right) = -\frac{1}{\sin\frac{\pi}{6}} + C - \left(-\frac{1}{\sin\frac{\pi}{2}} + C\right)$$
$$= -2 + 1 = -1$$

답 ③

15 $f(x) = \displaystyle\int (ax+1)^3\, dx$에서

$f'(x) = (ax+1)^3$
$f''(x) = 3a(ax+1)^2$
이때 $f''(0) = 3a = 6$이므로
$a = 2$
한편 $f(x) = \displaystyle\int (2x+1)^3\, dx$에서

$2x+1 = t$로 놓으면 $2 = \dfrac{dt}{dx}$이므로

$$f(x) = \int (2x+1)^3\, dx$$
$$= \frac{1}{2}\int \{(2x+1)^3 \times 2\}\, dx$$
$$= \frac{1}{2}\int t^3\, dt$$
$$= \frac{1}{2} \times \frac{1}{4} t^4 + C \text{ (단, } C\text{는 적분상수)}$$

$$= \frac{1}{8} t^4 + C$$
$$= \frac{1}{8}(2x+1)^4 + C$$

이때 $f(0) = \dfrac{1}{8} + C = \dfrac{1}{8}$이므로 $C = 0$

따라서 $f(x) = \dfrac{1}{8}(2x+1)^4$이므로

$$f\left(\frac{3}{2}\right) = \frac{1}{8}\left(2 \times \frac{3}{2} + 1\right)^4 = 32$$

답 32

16 조건 (가)에서 모든 실수 x에 대하여 $f(x) > 0$이므로 조건 (나)에서 양변을 $f(x)$로 나누면

$$\frac{f'(x)}{f(x)} = \sin x + \cos x$$

이때

$$\int \frac{f'(x)}{f(x)}\, dx = \int (\sin x + \cos x)\, dx$$

$\ln f(x) = -\cos x + \sin x + C$ (단, C는 적분상수)
$f(x) = e^{-\cos x + \sin x + C}$
$f(0) = e^{-\cos 0 + \sin 0 + C} = e^{-1+C} = 1$에서
$-1 + C = 0$, $C = 1$
따라서 $f(\pi) = e^{-\cos \pi + \sin \pi + 1} = e^2$이므로
$\ln f(\pi) = \ln e^2 = 2$

답 ⑤

17 $\displaystyle\int_1^e x \ln x\, dx$에서

$u = \ln x$, $v' = x$로 놓으면

$u' = \dfrac{1}{x}$, $v = \dfrac{1}{2} x^2$이므로

$$\int_1^e x \ln x\, dx = \left[\frac{1}{2} x^2 \ln x\right]_1^e - \int_1^e \frac{1}{2} x\, dx$$
$$= \left(\frac{1}{2} e^2 \ln e - \frac{1}{2} \times 1^2 \times \ln 1\right) - \int_1^e \frac{1}{2} x\, dx$$
$$= \frac{1}{2} e^2 - \left[\frac{1}{4} x^2\right]_1^e$$
$$= \frac{1}{2} e^2 - \left(\frac{1}{4} e^2 - \frac{1}{4}\right)$$
$$= \frac{1}{2} e^2 - \frac{1}{4} e^2 + \frac{1}{4}$$
$$= \frac{e^2+1}{4}$$

답 ④

18 $f'(x)=x\sqrt{e^x}$에서

$f(x)=\displaystyle\int x\sqrt{e^x}\,dx$

이때 $u=x$, $v'=\sqrt{e^x}$으로 놓으면 $u'=1$, $v=2\sqrt{e^x}$이므로

$f(x)=2x\sqrt{e^x}-\displaystyle\int 2\sqrt{e^x}\,dx$

$\qquad =2x\sqrt{e^x}-4\sqrt{e^x}+C$

$\qquad =2(x-2)\sqrt{e^x}+C$ (단, C는 적분상수)

따라서 $f(2)-f(0)=C-(-4+C)=4$

🔢 4

19 $\displaystyle\int_0^\pi e^x\sin x\,dx$에서

$f(x)=\sin x$, $g'(x)=e^x$으로 놓으면

$f'(x)=\cos x$, $g(x)=e^x$이므로

$\displaystyle\int_0^\pi e^x\sin x\,dx=\Big[e^x\sin x\Big]_0^\pi-\int_0^\pi e^x\cos x\,dx$

$\qquad =(e^\pi\sin\pi-e^0\sin 0)-\displaystyle\int_0^\pi e^x\cos x\,dx$

$\qquad =-\displaystyle\int_0^\pi e^x\cos x\,dx$ ...... ㉠

또, $\displaystyle\int_0^\pi e^x\cos x\,dx$에서

$u=\cos x$, $v'=e^x$으로 놓으면

$u'=-\sin x$, $v=e^x$이므로

$\displaystyle\int_0^\pi e^x\cos x\,dx=\Big[e^x\cos x\Big]_0^\pi+\int_0^\pi e^x\sin x\,dx$

$\qquad =(e^\pi\cos\pi-e^0\cos 0)+\displaystyle\int_0^\pi e^x\sin x\,dx$

$\qquad =-(e^\pi+1)+\displaystyle\int_0^\pi e^x\sin x\,dx$ ...... ㉡

㉡을 ㉠에 대입하면

$\displaystyle\int_0^\pi e^x\sin x\,dx=(e^\pi+1)-\int_0^\pi e^x\sin x\,dx$

따라서

$\displaystyle\int_0^\pi e^x\sin x\,dx=\frac{e^\pi+1}{2}$

🔢 ②

20 $f'(x)=x\cos x$에서

$f(x)=\displaystyle\int x\cos x\,dx$

이때 $u=x$, $v'=\cos x$로 놓으면

$u'=1$, $v=\sin x$이므로

$f(x)=\displaystyle\int x\cos x\,dx$

$\qquad =x\sin x-\displaystyle\int\sin x\,dx$

$\qquad =x\sin x+\cos x+C$ (단, C는 적분상수)

이때 $f(0)=1+C=1$에서 $C=0$이므로

$f(x)=x\sin x+\cos x$

한편 $f'(x)=0$에서 $x\cos x=0$

이때 $0\le x\le\pi$이므로 $x=0$ 또는 $x=\dfrac{\pi}{2}$

$0\le x\le\pi$에서 함수 $f(x)$의 증가와 감소를 표로 나타내면 다음과 같다.

x	0	$\cdots$	$\dfrac{\pi}{2}$	$\cdots$	π
$f'(x)$		$+$	0	$-$	
$f(x)$	1	↗	극대	↘	-1

$0\le x\le\pi$에서 함수 $f(x)$는 $x=\dfrac{\pi}{2}$에서 극대이고, 동시에 최댓값을 가진다.

따라서 구하는 최댓값은

$f\Big(\dfrac{\pi}{2}\Big)=\dfrac{\pi}{2}\sin\dfrac{\pi}{2}+\cos\dfrac{\pi}{2}=\dfrac{\pi}{2}$

🔢 $\dfrac{\pi}{2}$

21 $\displaystyle\int_1^x f(t)\,dt=e^{2x}-ax$ ...... ㉠

㉠의 양변에 $x=1$을 대입하면

$0=e^2-a$, $a=e^2$

㉠의 양변을 x에 대하여 미분하면

$f(x)=2e^{2x}-a$, $f'(x)=4e^{2x}$

따라서

$f'(\ln a)=f'(\ln e^2)=f'(2)=4e^4$

🔢 $4e^4$

22 $\displaystyle\lim_{x\to 2}\frac{1}{x^2-4}\int_2^x f(t)\,dt$에서

$F'(t)=f(t)$라 하면

$\displaystyle\lim_{x\to 2}\frac{1}{x^2-4}\int_2^x f(t)\,dt=\lim_{x\to 2}\frac{F(x)-F(2)}{x^2-4}$

$$=\lim_{x\to 2}\frac{F(x)-F(2)}{x-2}\times\lim_{x\to 2}\frac{1}{x+2}$$

$$=F'(2)\times\frac{1}{4}$$

$$=\frac{1}{4}f(2)$$

$$=\frac{1}{4}\times 2^4\cos 2\pi=4$$

답 ④

23 $f(x)=\sin 2x+\int_0^{\frac{\pi}{2}}f(t)\cos 2x\,dt$에서

$$f(x)=\sin 2x+\cos 2x\int_0^{\frac{\pi}{2}}f(t)\,dt$$

$\int_0^{\frac{\pi}{2}}f(t)\,dt=a$ (단, a는 상수)라 하면

$$f(x)=\sin 2x+a\cos 2x$$

이때

$$a=\int_0^{\frac{\pi}{2}}f(x)\,dx$$

$$=\int_0^{\frac{\pi}{2}}(\sin 2x+a\cos 2x)\,dx$$

$$=\left[-\frac{1}{2}\cos 2x+\frac{a}{2}\sin 2x\right]_0^{\frac{\pi}{2}}$$

$$=\left(-\frac{1}{2}\cos \pi+\frac{a}{2}\sin \pi\right)-\left(-\frac{1}{2}\cos 0+\frac{a}{2}\sin 0\right)$$

$$=\frac{1}{2}+\frac{1}{2}=1$$

따라서 $f(x)=\sin 2x+\cos 2x$이므로

$$f(\pi)=\sin 2\pi+\cos 2\pi=1$$

답 ④

24 $xf(x)=x^2\ln x+\int_e^x f(t)\,dt$ ······ ㉠

㉠의 양변을 x에 대하여 미분하면

$$f(x)+xf'(x)=2x\ln x+x+f(x)$$

$$xf'(x)=2x\ln x+x$$

이때 $x>0$이므로 위 등식의 양변을 x로 나누면

$$f'(x)=2\ln x+1$$

따라서

$$f(x)=\int (2\ln x+1)\,dx$$

$$=2\int \ln x\,dx+\int 1\,dx$$

$$=2(x\ln x-x)+x+C$$

$$=2x\ln x-x+C\text{ (단, }C\text{는 적분상수)}$$

한편 ㉠의 양변에 $x=e$를 대입하면

$ef(e)=e^2$이므로

$$f(e)=e$$

이때 $f(e)=2e\ln e-e+C$

$$=2e-e+C$$

$$=e+C$$

$f(e)=e$이므로 $C=0$

따라서 $f(x)=2x\ln x-x$이므로

$$f(e^2)=2e^2\ln e^2-e^2$$

$$=4e^2-e^2=3e^2$$

답 $3e^2$

서술형 연습장 본문 96쪽

01 4   **02** $\frac{7}{3}$ **03** e

---

01 $f(x)=|4\cos 2x|$라 하면 닫힌구간 $\left[0,\frac{\pi}{2}\right]$에서

$$f(x)=\begin{cases}4\cos 2x & \left(0\le x<\frac{\pi}{4}\right)\\ -4\cos 2x & \left(\frac{\pi}{4}\le x\le\frac{\pi}{2}\right)\end{cases}$$

따라서

$$\int_0^{\frac{\pi}{2}}|4\cos 2x|\,dx$$

$$=\int_0^{\frac{\pi}{4}}4\cos 2x\,dx+\int_{\frac{\pi}{4}}^{\frac{\pi}{2}}(-4\cos 2x)\,dx$$ ······ ❶

$$=\left[2\sin 2x\right]_0^{\frac{\pi}{4}}-\left[2\sin 2x\right]_{\frac{\pi}{4}}^{\frac{\pi}{2}}$$

$$=\left(2\sin\frac{\pi}{2}-2\sin 0\right)-\left(2\sin \pi-2\sin\frac{\pi}{2}\right)$$

$$=2-(-2)=4$$ ······ ❷

답 4

단계	채점 기준	비율
❶	구간을 나누어서 정적분을 나타낸 경우	50 %
❷	정적분의 값을 구한 경우	50 %

02 $\int_{1}^{e^{\sqrt{3}}} \dfrac{\sqrt{(\ln x)^2+1}\times\ln x}{x}\,dx$에서

$(\ln x)^2+1=t$로 놓으면

$\dfrac{2\ln x}{x}=\dfrac{dt}{dx}$이고

$x=1$일 때 $t=1$, $x=e^{\sqrt{3}}$일 때 $t=4$이므로

$\displaystyle\int_{1}^{e^{\sqrt{3}}} \dfrac{\sqrt{(\ln x)^2+1}\times\ln x}{x}\,dx$

$=\dfrac{1}{2}\displaystyle\int_{1}^{e^{\sqrt{3}}}\left\{\sqrt{(\ln x)^2+1}\times\dfrac{2\ln x}{x}\right\}dx$

$=\dfrac{1}{2}\displaystyle\int_{1}^{4}\sqrt{t}\,dt$ ...... ❶

$=\dfrac{1}{2}\left[\dfrac{2}{3}t\sqrt{t}\right]_{1}^{4}$

$=\dfrac{1}{2}\left(\dfrac{16}{3}-\dfrac{2}{3}\right)=\dfrac{7}{3}$ ...... ❷

답 $\dfrac{7}{3}$

단계	채점 기준	비율
❶	치환적분을 이용하여 정적분을 나타낸 경우	60 %
❷	정적분의 값을 구한 경우	40 %

03 조건 (나)에서

$f(x)=1+\displaystyle\int_{0}^{x} te^{t}f(t)\,dt$ ...... ㉠

이므로

㉠의 양변을 x에 대하여 미분하면

$f'(x)=xe^{x}f(x)$ ...... ㉡ ...... ❶

조건 (가)에서 $f(x)>0$이므로 ㉡의 양변을 $f(x)$로 나누면

$\dfrac{f'(x)}{f(x)}=xe^{x}$

이때

$\displaystyle\int \dfrac{f'(x)}{f(x)}\,dx=\int xe^{x}\,dx$

한편 $\displaystyle\int xe^{x}\,dx$에서

$u=x$, $v'=e^{x}$으로 놓으면

$u'=1$, $v=e^{x}$이므로

$\displaystyle\int xe^{x}\,dx=xe^{x}-\int e^{x}\,dx$

$\qquad=xe^{x}-e^{x}+C$ (단, C는 적분상수)

이때 $\displaystyle\int \dfrac{f'(x)}{f(x)}\,dx=\int xe^{x}\,dx$에서

$\ln f(x)=xe^{x}-e^{x}+C$ ...... ㉢

㉠의 양변에 $x=0$을 대입하면

$f(0)=1$

㉢의 양변에 $x=0$을 대입하면

$\ln f(0)=0-1+C$, $0=-1+C$

$C=1$

따라서 $\ln f(x)=xe^{x}-e^{x}+1$ ...... ㉣ ...... ❷

㉣의 양변에 $x=1$을 대입하면

$\ln f(1)=e-e+1=1$

따라서 $f(1)=e$ ...... ❸

답 e

단계	채점 기준	비율
❶	$f'(x)$를 구한 경우	40 %
❷	$\ln f(x)$를 구한 경우	40 %
❸	$f(1)$의 값을 구한 경우	20 %

내신 ⊕ Plus 수능 · 고난도 문항 · 본문 97쪽

01 ③ **02** ④ **03** 16

01

곡선 $y=f(x)$ 위의 점 $(t,\,f(t))$에서의 접선의 기울기가 $e^{\sin t}\sin t\cos t$이므로 $f'(t)=e^{\sin t}\sin t\cos t$

즉, $f'(x)=e^{\sin x}\sin x\cos x$로 놓을 수 있다.

이때 $f(x)=\displaystyle\int e^{\sin x}\sin x\cos x\,dx$에서

$\sin x=u$로 놓으면 $\cos x=\dfrac{du}{dx}$이므로

$f(x)=\displaystyle\int e^{\sin x}\sin x\cos x\,dx$

$\qquad=\displaystyle\int ue^{u}\,du$

$\qquad=ue^{u}-\displaystyle\int e^{u}\,du$

$\qquad=ue^{u}-e^{u}+C$

$\qquad=(u-1)e^{u}+C$

$\qquad=(\sin x-1)e^{\sin x}+C$ (단, C는 적분상수)

따라서
$$f\left(\frac{\pi}{2}\right)-f(0)$$
$$=\left\{\left(\sin\frac{\pi}{2}-1\right)e^{\sin\frac{\pi}{2}}+C\right\}-\left\{(\sin 0-1)e^{\sin 0}+C\right\}$$
$$=1$$

目 ③

02 미분가능한 함수 $f(x)$에 대하여
$$\frac{d}{dx}\{f(x)\}^2=2f(x)f'(x)$$
이므로 $\{f(x)\}^2$은 $2f(x)f'(x)$의 부정적분 중의 하나이다.
이때
$$\{f(x)\}^2=\int 2f(x)f'(x)\,dx$$
$$=\int\left(-\frac{8\cos x}{\sin^3 x}\right)dx$$
$\sin x=t$로 놓으면 $\cos x=\dfrac{dt}{dx}$이므로
$$\{f(x)\}^2=\int\left(-\frac{8\cos x}{\sin^3 x}\right)dx$$
$$=\int\left(-\frac{8}{\sin^3 x}\times\cos x\right)dx$$
$$=\int\left(-\frac{8}{t^3}\right)dt$$
$$=\frac{4}{t^2}+C$$
$$=\frac{4}{\sin^2 x}+C \ (\text{단}, C\text{는 적분상수})$$
이때 $f\left(\dfrac{\pi}{2}\right)=3$이므로
$$\left\{f\left(\frac{\pi}{2}\right)\right\}^2=\frac{4}{\sin^2\frac{\pi}{2}}+C\text{에서}$$
$$9=4+C, \ C=5$$
따라서 $\{f(x)\}^2=\dfrac{4}{\sin^2 x}+5$이고, $f(x)>0$이므로
$$f(x)=\sqrt{\frac{4}{\sin^2 x}+5}$$
따라서
$$f\left(\frac{\pi}{6}\right)=\sqrt{\frac{4}{\sin^2\frac{\pi}{6}}+5}=\sqrt{\frac{4}{\left(\frac{1}{2}\right)^2}+5}=\sqrt{16+5}=\sqrt{21}$$

目 ④

03 $f(x)=\displaystyle\int_1^x\frac{(\ln t-1)^3}{t}\,dt$에서
양변을 x에 대하여 미분하면
$$f'(x)=\frac{(\ln x-1)^3}{x}$$
$f'(x)=0$에서
$$\ln x-1=0, \ \ln x=1$$
$$x=e$$
함수 $f(x)$의 증가와 감소를 표로 나타내면 다음과 같다.

x	(0)	$\cdots$	e	$\cdots$
$f'(x)$		$-$	0	$+$
$f(x)$		↘	극소	↗

함수 $f(x)$는 $x=e$에서 극소이고, 극솟값은 $f(e)$이다.
$f(e)=\displaystyle\int_1^e\frac{(\ln t-1)^3}{t}\,dt$에서
$\ln t-1=u$로 놓으면 $\dfrac{1}{t}=\dfrac{du}{dt}$이고
$t=1$일 때 $u=-1$, $t=e$일 때 $u=0$이므로
$$f(e)=\int_1^e\frac{(\ln t-1)^3}{t}\,dt$$
$$=\int_1^e\left\{(\ln t-1)^3\times\frac{1}{t}\right\}dt$$
$$=\int_{-1}^0 u^3\,du$$
$$=\left[\frac{1}{4}u^4\right]_{-1}^0$$
$$=-\frac{1}{4}$$
따라서 $a=e$, $b=-\dfrac{1}{4}$이므로
$$\left(\frac{e}{ab}\right)^2=\left\{\frac{e}{e\times\left(-\frac{1}{4}\right)}\right\}^2=16$$

目 16

Ⅲ. 적분법

07 정적분의 활용

기본 유형 익히기　　유제　　본문 100~102쪽

1. 19　　**2.** $\dfrac{16}{3}$　　**3.** $e^2-5e+\dfrac{17}{2}$　　**4.** $\dfrac{63}{8}\pi$

5. 1　　**6.** $\dfrac{7}{3}$

1. $\displaystyle\lim_{n\to\infty}\sum_{k=1}^{n}f\left(2+\dfrac{k}{n}\right)\dfrac{1}{n}$에서

$f(x)=3x^2$이고 $a=2$, $b=3$으로 놓으면

$\Delta x=\dfrac{b-a}{n}=\dfrac{1}{n}$이므로

$x_k=a+k\Delta x=2+\dfrac{k}{n}$

정적분과 급수의 합 사이의 관계에 의하여

$\displaystyle\lim_{n\to\infty}\sum_{k=1}^{n}f\left(2+\dfrac{k}{n}\right)\dfrac{1}{n}=\int_{2}^{3}f(x)\,dx$

$\displaystyle\qquad\qquad\qquad\quad=\int_{2}^{3}3x^2\,dx$

$\displaystyle\qquad\qquad\qquad\quad=\Big[\,x^3\,\Big]_{2}^{3}$

$\qquad\qquad\qquad\quad=3^3-2^3=19$

답 19

2.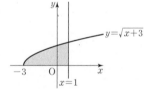

곡선 $y=\sqrt{x+3}$과 x축 및 직선 $x=1$로 둘러싸인 부분의 넓이는

$\displaystyle\int_{-3}^{1}\sqrt{x+3}\,dx=\left[\dfrac{2}{3}(x+3)\sqrt{x+3}\right]_{-3}^{1}$

$\qquad\qquad\qquad\quad=\dfrac{16}{3}$

답 $\dfrac{16}{3}$

3. 두 곡선 $y=e^{x+1}$, $y=e^{2x}$의 교점의 x좌표를 구해 보자.

$e^{x+1}=e^{2x}$에서

$x+1=2x$, $x=1$

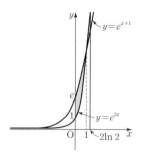

두 곡선 $y=e^{x+1}$, $y=e^{2x}$ 및 두 직선 $x=0$, $x=2\ln 2$로 둘러싸인 부분의 넓이는

$\displaystyle\int_{0}^{2\ln 2}|e^{x+1}-e^{2x}|\,dx$

$\displaystyle=\int_{0}^{1}(e^{x+1}-e^{2x})\,dx+\int_{1}^{2\ln 2}(e^{2x}-e^{x+1})\,dx$

$=\left[e^{x+1}-\dfrac{1}{2}e^{2x}\right]_{0}^{1}+\left[\dfrac{1}{2}e^{2x}-e^{x+1}\right]_{1}^{2\ln 2}$

$=\left(\dfrac{1}{2}e^2-e+\dfrac{1}{2}\right)+\left(8-4e+\dfrac{1}{2}e^2\right)$

$=e^2-5e+\dfrac{17}{2}$

답 $e^2-5e+\dfrac{17}{2}$

4. 단면의 넓이를 $S(x)$라 하면

$S(x)=\pi(\sqrt{e^x+e^{-x}})^2=\pi(e^x+e^{-x})$

따라서 구하는 부피 V는

$\displaystyle V=\int_{0}^{3\ln 2}\pi(e^x+e^{-x})\,dx$

$\displaystyle\quad=\pi\Big[\,e^x-e^{-x}\,\Big]_{0}^{3\ln 2}$

$\quad=\pi(e^{3\ln 2}-e^{-3\ln 2})-\pi\,(e^0-e^{-0})$

$\quad=\pi\left(8-\dfrac{1}{8}\right)-\pi(1-1)$

$\quad=\dfrac{63}{8}\pi$

답 $\dfrac{63}{8}\pi$

5. 점 P의 시각 t에서의 속도가 $v(t)=\ln(t+1)$이므로 원점을 출발 후 시각 $t=e-1$까지 점 P의 위치의 변화량은

$\displaystyle\int_{0}^{e-1}\ln(t+1)\,dt$

이때 $f(t)=\ln(t+1)$, $g'(t)=1$이라 하면

$f'(t) = \dfrac{1}{t+1}$, $g(t) = t$이므로

$$\int_0^{e-1} \ln(t+1)\,dt = \Big[\, t\ln(t+1)\,\Big]_0^{e-1} - \int_0^{e-1} \dfrac{t}{t+1}\,dt$$

$$= (e-1) - \int_0^{e-1}\left(1 - \dfrac{1}{t+1}\right)dt$$

$$= e-1 - \Big[\, t - \ln(t+1)\,\Big]_0^{e-1}$$

$$= e-1 - (e-2)$$

$$= 1$$

답 1

6. $x = \dfrac{1}{2}t^2$, $y = \dfrac{1}{3}t^3$에서

$\dfrac{dx}{dt} = t$, $\dfrac{dy}{dt} = t^2$이므로 점 P가 움직인 거리를 s라 하면

$$s = \int_0^{\sqrt{3}} \sqrt{\left(\dfrac{dx}{dt}\right)^2 + \left(\dfrac{dy}{dt}\right)^2}\,dt$$

$$= \int_0^{\sqrt{3}} \sqrt{t^2 + t^4}\,dt$$

$$= \int_0^{\sqrt{3}} t\sqrt{1+t^2}\,dt$$

이때 $1+t^2 = u$라 하면 $2t = \dfrac{du}{dt}$이고

$t=0$일 때 $u=1$, $t=\sqrt{3}$일 때 $u=4$이므로

$$s = \int_0^{\sqrt{3}} t\sqrt{1+t^2}\,dt$$

$$= \int_0^{\sqrt{3}} \left(\dfrac{1}{2}\sqrt{1+t^2} \times 2t\right)dt$$

$$= \int_1^4 \dfrac{1}{2}\sqrt{u}\,du$$

$$= \left[\dfrac{1}{2} \times \dfrac{2}{3}u\sqrt{u}\right]_1^4$$

$$= \left[\dfrac{1}{3}u\sqrt{u}\right]_1^4$$

$$= \dfrac{8}{3} - \dfrac{1}{3}$$

$$= \dfrac{7}{3}$$

답 $\dfrac{7}{3}$

01 ⑤ **02** ③ **03** ④ **04** ④ **05** ②

06 $2 - \dfrac{2}{e}$ **07** ④ **08** ① **09** $\dfrac{5}{2}$ **10** ④

11 $\dfrac{4}{\pi^2}$ **12** ③ **13** $\dfrac{\pi}{2}$ **14** ② **15** ④

16 ① **17** ② **18** $\dfrac{\pi-1}{2}$

01 $\displaystyle\lim_{n\to\infty} \sum_{k=1}^{n}\left(\sqrt{1+\dfrac{3k}{n}} \times \dfrac{1}{n}\right)$에서

$f(x) = \sqrt{x}$, $a=1$, $b=4$로 놓으면

$\Delta x = \dfrac{b-a}{n} = \dfrac{3}{n}$, $x_k = a + k\Delta x = 1 + \dfrac{3k}{n}$이므로

정적분과 급수의 합 사이의 관계에 의하여

$$\lim_{n\to\infty} \sum_{k=1}^{n}\left(\sqrt{1+\dfrac{3k}{n}} \times \dfrac{1}{n}\right) = \dfrac{1}{3}\lim_{n\to\infty} \sum_{k=1}^{n}\left(\sqrt{1+\dfrac{3k}{n}} \times \dfrac{3}{n}\right)$$

$$= \dfrac{1}{3}\int_1^4 \sqrt{x}\,dx$$

$$= \dfrac{1}{3}\left[\dfrac{2}{3}x\sqrt{x}\right]_1^4$$

$$= \dfrac{1}{3} \times \left(\dfrac{16}{3} - \dfrac{2}{3}\right) = \dfrac{14}{9}$$

답 ⑤

02 $\displaystyle\lim_{n\to\infty} \dfrac{1}{n}\left(e^{\frac{2}{n}} + e^{\frac{4}{n}} + e^{\frac{6}{n}} + \cdots + e^{\frac{2n}{n}}\right) = \lim_{n\to\infty} \sum_{k=1}^{n}\left(e^{\frac{2k}{n}} \times \dfrac{1}{n}\right)$

에서 $f(x) = e^x$, $a=0$, $b=2$로 놓으면

$\Delta x = \dfrac{b-a}{n} = \dfrac{2}{n}$, $x_k = a + k\Delta x = \dfrac{2k}{n}$이므로

정적분과 급수의 합 사이의 관계에 의하여

$$\lim_{n\to\infty} \sum_{k=1}^{n}\left(e^{\frac{2k}{n}} \times \dfrac{1}{n}\right) = \dfrac{1}{2}\lim_{n\to\infty} \sum_{k=1}^{n}\left(e^{\frac{2k}{n}} \times \dfrac{2}{n}\right)$$

$$= \dfrac{1}{2}\int_0^2 e^x\,dx$$

$$= \dfrac{1}{2}\Big[e^x\Big]_0^2$$

$$= \dfrac{e^2-1}{2}$$

답 ③

03 $\displaystyle\lim_{n\to\infty} \dfrac{\pi}{n}\sum_{k=1}^{n} \cos^2\dfrac{k\pi}{n}\sin\dfrac{k\pi}{n}$에서

$f(x)=\cos^2 x \sin x$, $a=0$, $b=\pi$로 놓으면

$\Delta x=\dfrac{b-a}{n}=\dfrac{\pi}{n}$, $x_k=a+k\Delta x=\dfrac{k\pi}{n}$이므로

정적분과 급수의 합 사이의 관계에 의하여

$\displaystyle \lim_{n\to\infty}\frac{\pi}{n}\sum_{k=1}^{n}\cos^2\frac{k\pi}{n}\sin\frac{k\pi}{n}=\int_0^{\pi}\cos^2 x\sin x\,dx$

$\cos x=t$로 놓으면 $-\sin x=\dfrac{dt}{dx}$이고

$x=0$일 때 $t=1$이고 $x=\pi$일 때 $t=-1$이다.

따라서

$\displaystyle \lim_{n\to\infty}\frac{\pi}{n}\sum_{k=1}^{n}\cos^2\frac{k\pi}{n}\sin\frac{k\pi}{n}$

$\displaystyle =\int_0^{\pi}\cos^2 x\sin x\,dx$

$\displaystyle =-\int_0^{\pi}\{\cos^2 x\times(-\sin x)\}\,dx$

$\displaystyle =-\int_1^{-1} t^2\,dt$

$\displaystyle =2\int_0^1 t^2\,dt$

$\displaystyle =2\left[\frac{1}{3}t^3\right]_0^1=\frac{2}{3}$

답 ④

04 곡선 $y=\sin \pi x$의 주기는 $\dfrac{2\pi}{\pi}=2$

또, $0\le x\le 1$이므로 $\sin \pi x=0$에서

$\pi x=0$ 또는 $\pi x=\pi$

즉, $x=0$ 또는 $x=1$

이때 함수 $y=\sin \pi x$는 다음 그림과 같다.

따라서 닫힌구간 $[0,\,1]$에서 곡선 $y=\sin \pi x$와 x축으로 둘러
싸인 도형의 넓이는

$\displaystyle \int_0^1 \sin \pi x\,dx=\left[-\frac{1}{\pi}\cos \pi x\right]_0^1$

$\displaystyle =-\frac{1}{\pi}\cos \pi-\left(-\frac{1}{\pi}\cos 0\right)$

$\displaystyle =\frac{1}{\pi}+\frac{1}{\pi}=\frac{2}{\pi}$

답 ④

05 $y=\dfrac{-x+2}{x+1}=\dfrac{3}{x+1}-1$

함수 $y=\dfrac{-x+2}{x+1}$의 그래프는 함수 $y=\dfrac{3}{x}$의 그래프를 x축의
방향으로 -1만큼, y축의 방향으로 -1만큼 평행이동한 것이다.

$y=0$일 때, $0=\dfrac{-x+2}{x+1}$에서 $x=2$

$x=0$일 때, $y=\dfrac{0+2}{0+1}=2$

이때 함수 $y=\dfrac{-x+2}{x+1}$의 그래프는 다음 그림과 같다.

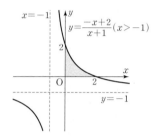

따라서 함수 $y=\dfrac{-x+2}{x+1}$의 그래프와 x축 및 y축으로 둘러싸
인 부분의 넓이는

$\displaystyle \int_0^2 \frac{-x+2}{x+1}\,dx=\int_0^2 \left(\frac{3}{x+1}-1\right)dx$

$\displaystyle =\left[3\ln(x+1)-x\right]_0^2$

$=3\ln 3-2$

답 ②

06

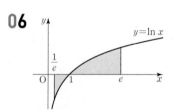

곡선 $y=\ln x$와 x축 및 두 직선 $x=\dfrac{1}{e}$, $x=e$로 둘러싸인 부분
의 넓이는

$\displaystyle \int_{\frac{1}{e}}^{e} |\ln x|\,dx$

$\displaystyle =\int_{\frac{1}{e}}^{1} (-\ln x)\,dx+\int_1^e \ln x\,dx$

$\displaystyle \int \ln x\,dx$에서 $u=\ln x$, $v'=1$로 놓으면

$u'=\dfrac{1}{x}$, $v=x$이므로

$$\int \ln x\,dx = x\ln x - \int 1\,dx$$
$$= x\ln x - x + C \ (\text{단, } C\text{는 적분상수})$$

따라서

$$\int_{\frac{1}{e}}^{e} |\ln x|\,dx = \int_{\frac{1}{e}}^{1} (-\ln x)\,dx + \int_{1}^{e} \ln x\,dx$$
$$= \left[-x\ln x + x \right]_{\frac{1}{e}}^{1} + \left[x\ln x - x \right]_{1}^{e}$$
$$= \left(1 - \frac{2}{e} \right) + 1$$
$$= 2 - \frac{2}{e}$$

답 $2 - \dfrac{2}{e}$

07 두 곡선 $y=e^x$, $y=e^{-x}$은 점 $(0,\,1)$에서 만나고, 두 곡선은 다음 그림과 같다.

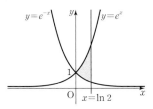

따라서 구하는 넓이는

$$\int_{0}^{\ln 2} (e^x - e^{-x})\,dx = \left[e^x + e^{-x} \right]_{0}^{\ln 2}$$
$$= (e^{\ln 2} + e^{-\ln 2}) - (e^0 + e^{-0})$$
$$= 2 + \frac{1}{2} - 2$$
$$= \frac{1}{2}$$

답 ④

08 $y=2\sqrt{x}$에서 $y'=\dfrac{1}{\sqrt{x}}$이므로

곡선 $y=2\sqrt{x}$ 위의 점 $(1,\,2)$에서의 접선의 기울기는 $\dfrac{1}{\sqrt{1}}=1$
이다.

따라서 접선의 방정식은

$y-2=1\times(x-1)$, 즉 $y=x+1$

$y=x+1$에 $y=0$을 대입하면

$0=x+1$, $x=-1$

이므로 직선 $y=x+1$과 x축이 만나는 점은 $(-1,\,0)$이다.

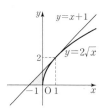

따라서 구하는 넓이는

$$\int_{-1}^{1} (x+1)\,dx - \int_{0}^{1} 2\sqrt{x}\,dx = \left[\frac{1}{2}x^2 + x \right]_{-1}^{1} - \left[\frac{4}{3}x\sqrt{x} \right]_{0}^{1}$$
$$= 2 - \frac{4}{3} = \frac{2}{3}$$

답 ①

09 $\sin 2x = \sin(x+x)$
$$= \sin x \cos x + \cos x \sin x$$
$$= 2\sin x \cos x$$

이므로

$\sin x = \sin 2x$에서

$\sin x = 2\sin x \cos x$

$\sin x (2\cos x - 1) = 0$

$\sin x = 0$ 또는 $\cos x = \dfrac{1}{2}$

$0 \le x \le \pi$이므로

(ⅰ) $\sin x = 0$에서 $x=0$ 또는 $x=\pi$

(ⅱ) $\cos x = \dfrac{1}{2}$에서 $x=\dfrac{\pi}{3}$

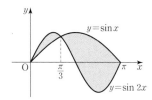

따라서 $0 \le x \le \pi$에서 두 곡선 $y=\sin x$와 $y=\sin 2x$로 둘러싸인 부분의 넓이는

$$\int_{0}^{\pi} |\sin x - \sin 2x|\,dx$$
$$= \int_{0}^{\frac{\pi}{3}} (\sin 2x - \sin x)\,dx + \int_{\frac{\pi}{3}}^{\pi} (\sin x - \sin 2x)\,dx$$
$$= \left[-\frac{1}{2}\cos 2x + \cos x \right]_{0}^{\frac{\pi}{3}} + \left[-\cos x + \frac{1}{2}\cos 2x \right]_{\frac{\pi}{3}}^{\pi}$$
$$= \left(-\frac{1}{2}\cos \frac{2}{3}\pi + \cos \frac{\pi}{3} + \frac{1}{2}\cos 0 - \cos 0 \right)$$
$$+ \left(-\cos \pi + \frac{1}{2}\cos 2\pi + \cos \frac{\pi}{3} - \frac{1}{2}\cos \frac{2}{3}\pi \right)$$

$$= \left(\frac{1}{4} + \frac{1}{2} + \frac{1}{2} - 1 \right) + \left(1 + \frac{1}{2} + \frac{1}{2} + \frac{1}{4} \right)$$

$$= \frac{1}{4} + \frac{9}{4} = \frac{5}{2}$$

답 $\dfrac{5}{2}$

10 곡선 $y = \dfrac{5x}{x^2+1}$ 와 직선 $y = x$ 에서

$$\frac{5x}{x^2+1} = x, \quad x^3 - 4x = 0$$

$$x(x-2)(x+2) = 0$$

$x \geq 0$ 이므로 $x=0$ 또는 $x=2$

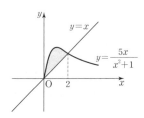

따라서 구하는 넓이는

$$\int_0^2 \left(\frac{5x}{x^2+1} - x \right) dx = \int_0^2 \frac{5x}{x^2+1} dx - \int_0^2 x \, dx \quad \cdots\cdots \ \text{㉠}$$

$\displaystyle\int_0^2 \dfrac{5x}{x^2+1} dx$ 에서

$x^2+1 = t$ 로 놓으면 $2x = \dfrac{dt}{dx}$ 이고,

$x=0$ 일 때 $t=1$, $x=2$ 일 때 $t=5$ 이므로

$$\int_0^2 \frac{5x}{x^2+1} dx = \frac{5}{2} \int_0^2 \frac{1}{x^2+1} \times 2x \, dx = \frac{5}{2} \int_1^5 \frac{1}{t} dt \quad \cdots\cdots \ \text{㉡}$$

㉡을 ㉠에 대입하면

$$\int_0^2 \left(\frac{5x}{x^2+1} - x \right) dx = \frac{5}{2} \int_1^5 \frac{1}{t} dt - \int_0^2 x \, dx$$

$$= \frac{5}{2} \left[\ln t \right]_1^5 - \left[\frac{1}{2} x^2 \right]_0^2$$

$$= \frac{5}{2} \ln 5 - 2$$

$$= \frac{5\ln 5 - 4}{2}$$

답 ④

11

그림에서 $S_1 = S_2$ 이어야 하므로

$$\int_0^\pi (\sin x - ax) \, dx = \int_0^\pi \sin x \, dx - \int_0^\pi ax \, dx$$

$$= \left[-\cos x \right]_0^\pi - \left[\frac{1}{2} ax^2 \right]_0^\pi$$

$$= 2 - \frac{1}{2} a\pi^2 = 0$$

따라서 $a = \dfrac{4}{\pi^2}$

답 $\dfrac{4}{\pi^2}$

12 $x = t \ (0 \leq t \leq \ln 4)$ 일 때, 입체도형의 단면의 넓이를 $S(t)$ 라 하면

$$S(t) = (e^t)^2 = e^{2t}$$

따라서 구하는 부피를 V 라 하면

$$V = \int_0^{\ln 4} S(t) \, dt = \int_0^{\ln 4} e^{2t} \, dt$$

$$= \left[\frac{1}{2} e^{2t} \right]_0^{\ln 4}$$

$$= \frac{1}{2} (e^{2\ln 4} - e^0)$$

$$= \frac{1}{2} (16 - 1) = \frac{15}{2}$$

답 ③

13 $x = t \left(0 \leq t \leq \dfrac{\pi}{2} \right)$ 일 때, 입체도형의 단면의 넓이를 $S(t)$ 라 하면

$$S(t) = \frac{1}{2} \times \sqrt{2 + \cos 2t} \times \sqrt{2 + \cos 2t}$$

$$= \frac{1}{2} (2 + \cos 2t)$$

따라서 구하는 부피를 V 라 하면

$$V = \int_0^{\frac{\pi}{2}} S(t) \, dt = \int_0^{\frac{\pi}{2}} \frac{1}{2} (2 + \cos 2t) \, dt$$

$$= \int_0^{\frac{\pi}{2}} \left(1 + \frac{1}{2} \cos 2t \right) dt$$

$$= \left[t + \frac{1}{4} \sin 2t \right]_0^{\frac{\pi}{2}}$$

$$= \left(\frac{\pi}{2} + \frac{1}{4} \sin \pi \right) - \left(0 + \frac{1}{4} \sin 0 \right)$$

$$= \frac{\pi}{2} - 0 = \frac{\pi}{2}$$

답 $\dfrac{\pi}{2}$

14 이 입체도형의 단면의 넓이를 $S(x)$라 하면

$$S(x)=\pi\left(\sqrt{\frac{x+1}{x^2+2x+8}}\,\right)^2$$

$$=\frac{\pi(x+1)}{x^2+2x+8}$$

따라서 구하는 입체도형의 부피 V는

$$V=\int_0^2 S(x)\,dx$$

$$=\int_0^2 \frac{\pi(x+1)}{x^2+2x+8}\,dx$$

$$=\pi\int_0^2 \frac{x+1}{x^2+2x+8}\,dx$$

이때 $x^2+2x+8=t$로 놓으면

$2x+2=\dfrac{dt}{dx}$이고,

$x=0$일 때 $t=8$, $x=2$일 때 $t=16$이므로

구하는 부피 V는

$$V=\frac{\pi}{2}\int_0^2 \left\{\frac{1}{x^2+2x+8}\times(2x+2)\right\}dx$$

$$=\frac{\pi}{2}\int_8^{16} \frac{1}{t}\,dt$$

$$=\frac{\pi}{2}\Big[\ln t\Big]_8^{16}$$

$$=\frac{\pi}{2}(\ln 16-\ln 8)$$

$$=\frac{\pi}{2}\ln \frac{16}{8}$$

$$=\frac{\pi}{2}\ln 2$$

답 ②

15 점 P의 시각 t에서의 위치 $x(t)$는

$$x(t)=\int_0^t \sin 2x\,dx$$

$$=\left[-\frac{1}{2}\cos 2x\right]_0^t$$

$$=-\frac{1}{2}\cos 2t+\frac{1}{2}$$

$x(t)=0$에서

$$-\frac{1}{2}\cos 2t+\frac{1}{2}=0,\ \cos 2t=1$$

이므로 점 P가 출발한 후 처음으로 원점을 지나는 시각은 $t=\pi$
이다.

점 P의 시각 t에서의 가속도는

$$a(t)=\frac{dv}{dt}=2\cos 2t$$

이므로

시각 $t=\pi$에서의 점 P의 가속도는

$$a(\pi)=2\cos 2\pi=2$$

답 ④

16 점 P가 운동 방향을 바꾼 시각에서의 점 P의 속도가 0이
므로

$v(t)=e^{2t}-2e^t=0$에서

$e^t(e^t-2)=0,\ e^t=2$

$t=\ln 2$

$0<t<\ln 2$일 때 $v(t)<0$이고, $t>\ln 2$일 때 $v(t)>0$이므로
점 P는 시각 $t=\ln 2$인 순간에서 운동 방향을 바꾼다.

따라서 점 P가 원점을 출발한 후 운동 방향을 바꾼 지점까지 움
직인 거리를 l이라 하면

$$l=\int_0^{\ln 2}|e^{2t}-2e^t|\,dt$$

$$=\int_0^{\ln 2}(2e^t-e^{2t})\,dt$$

$$=\left[2e^t-\frac{1}{2}e^{2t}\right]_0^{\ln 2}$$

$$=\left(2e^{\ln 2}-\frac{1}{2}e^{2\ln 2}\right)-\left(2e^0-\frac{1}{2}e^0\right)$$

$$=(4-2)-\left(2-\frac{1}{2}\right)=\frac{1}{2}$$

답 ①

17 $y=\ln(1-x^2)$에서

$$\frac{dy}{dx}=\frac{-2x}{1-x^2}$$

따라서 구하는 곡선의 길이를 l이라 하면

$$l=\int_{-\frac{1}{2}}^{\frac{1}{2}}\sqrt{1+(y')^2}\,dx$$

$$=\int_{-\frac{1}{2}}^{\frac{1}{2}}\sqrt{1+\left(\frac{-2x}{1-x^2}\right)^2}\,dx$$

$$=\int_{-\frac{1}{2}}^{\frac{1}{2}}\sqrt{\left(\frac{1+x^2}{1-x^2}\right)^2}\,dx$$

$$=\int_{-\frac{1}{2}}^{\frac{1}{2}}\frac{1+x^2}{1-x^2}\,dx$$

$$= \int_{-\frac{1}{2}}^{\frac{1}{2}} \left(-1 + \frac{2}{1-x^2} \right) dx$$

$$= 2 \int_{0}^{\frac{1}{2}} \left(-1 + \frac{1}{1+x} + \frac{1}{1-x} \right) dx$$

$$= 2 \times \left[-x + \ln|1+x| - \ln|1-x| \right]_{0}^{\frac{1}{2}}$$

$$= 2 \times \left(-\frac{1}{2} + \ln \frac{3}{2} - \ln \frac{1}{2} \right)$$

$$= -1 + 2\ln 3$$

답 ②

18 $x = \sin t + \cos t$, $y = \frac{1}{2} \sin^2 t$에서

$$\frac{dx}{dt} = \cos t - \sin t$$

$$\frac{dy}{dt} = \sin t \cos t$$

구하는 점 P가 움직인 거리를 l이라 하면

$$l = \int_{0}^{\frac{\pi}{2}} \sqrt{\left(\frac{dx}{dt} \right)^2 + \left(\frac{dy}{dt} \right)^2} \, dt$$

$$= \int_{0}^{\frac{\pi}{2}} \sqrt{(\cos t - \sin t)^2 + (\sin t \cos t)^2} \, dt$$

$$= \int_{0}^{\frac{\pi}{2}} \sqrt{(\cos^2 t - 2\cos t \sin t + \sin^2 t) + (\sin^2 t \cos^2 t)} \, dt$$

$$= \int_{0}^{\frac{\pi}{2}} \sqrt{1 - 2\sin t \cos t + \sin^2 t \cos^2 t} \, dt$$

$$= \int_{0}^{\frac{\pi}{2}} \sqrt{(1 - \sin t \cos t)^2} \, dt$$

$$= \int_{0}^{\frac{\pi}{2}} |1 - \sin t \cos t| \, dt$$

$$= \int_{0}^{\frac{\pi}{2}} (1 - \sin t \cos t) \, dt$$

$$= \int_{0}^{\frac{\pi}{2}} 1 \, dt - \int_{0}^{\frac{\pi}{2}} \sin t \cos t \, dt$$

이때 $\int_{0}^{\frac{\pi}{2}} \sin t \cos t \, dt$에서

$\sin t = u$라 하면 $\cos t = \dfrac{du}{dt}$이고,

$t = 0$일 때 $u = 0$, $t = \dfrac{\pi}{2}$일 때 $u = 1$이므로

$$l = \int_{0}^{\frac{\pi}{2}} 1 \, dt - \int_{0}^{\frac{\pi}{2}} \sin t \cos t \, dt$$

$$= \int_{0}^{\frac{\pi}{2}} 1 \, dt - \int_{0}^{1} u \, du$$

$$= \left[t \right]_{0}^{\frac{\pi}{2}} - \left[\frac{1}{2} u^2 \right]_{0}^{1}$$

$$= \frac{\pi - 1}{2}$$

답 $\dfrac{\pi - 1}{2}$

서술형 연습장   본문 106쪽

01 2   **02** $2 - \dfrac{2}{e}$ **03** $\dfrac{15}{16}$

01 $\displaystyle\lim_{n \to \infty} \frac{\pi}{n} \sum_{k=1}^{n} \left(\sin \frac{k\pi}{n} + \cos \frac{k\pi}{n} \right)$에서

$f(x) = \sin x + \cos x$, $a = 0$, $b = \pi$로 놓으면

$\varDelta x = \dfrac{b-a}{n} = \dfrac{\pi}{n}$, $x_k = a + k\varDelta x = \dfrac{k\pi}{n}$이므로

정적분과 급수의 합 사이의 관계에 의하여

$$\lim_{n \to \infty} \frac{\pi}{n} \sum_{k=1}^{n} \left(\sin \frac{k\pi}{n} + \cos \frac{k\pi}{n} \right)$$

$$= \int_{0}^{\pi} (\sin x + \cos x) \, dx \qquad \cdots\cdots \mathbf{0}$$

$$= \left[-\cos x + \sin x \right]_{0}^{\pi}$$

$$= (-\cos \pi + \sin \pi) - (-\cos 0 + \sin 0)$$

$$= 1 - (-1)$$

$$= 2 \qquad \cdots\cdots \mathbf{2}$$

답 2

단계	채점 기준	비율
❶	급수를 정적분으로 나타낸 경우	60 %
❷	급수의 합을 구한 경우	40 %

02 곡선 $y = xe^x$에서

$x < 0$일 때 $xe^x < 0$, $x > 0$일 때 $xe^x > 0$

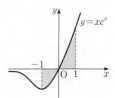

따라서 구하는 넓이 S는

$$S=\int_{-1}^{1}|xe^x|\,dx$$

$$=\int_{-1}^{0}(-xe^x)\,dx+\int_{0}^{1}xe^x\,dx \qquad \cdots\cdots ❶$$

이때 $\int xe^x\,dx$에서

$f(x)=x$, $g'(x)=e^x$으로 놓으면

$f'(x)=1$, $g(x)=e^x$이므로

$$\int xe^x\,dx=xe^x-\int e^x\,dx$$

$$=xe^x-e^x+C \text{ (단, } C\text{는 적분상수)} \qquad \cdots\cdots ❷$$

따라서

$$S=\int_{-1}^{0}(-xe^x)\,dx+\int_{0}^{1}xe^x\,dx$$

$$=\Big[-xe^x+e^x\Big]_{-1}^{0}+\Big[xe^x-e^x\Big]_{0}^{1}$$

$$=(1-2e^{-1})+1$$

$$=2-\frac{2}{e} \qquad \cdots\cdots ❸$$

답 $2-\dfrac{2}{e}$

단계	채점 기준	비율
❶	구하는 넓이를 정적분으로 나타낸 경우	30 %
❷	$\int xe^x\,dx$를 구한 경우	30 %
❸	넓이를 구한 경우	40 %

03 $y=\dfrac{1}{4}(e^{2x}+e^{-2x})$에서

$$y'=\frac{1}{2}(e^{2x}-e^{-2x}) \qquad \cdots\cdots ❶$$

따라서 구하는 곡선의 길이를 l이라 하면

$$l=\int_{0}^{\ln 2}\sqrt{1+\Big\{\frac{1}{2}(e^{2x}-e^{-2x})\Big\}^2}\,dx$$

$$=\int_{0}^{\ln 2}\sqrt{1+\frac{1}{4}(e^{2x}-e^{-2x})^2}\,dx$$

$$=\int_{0}^{\ln 2}\sqrt{\frac{1}{4}(e^{2x}+e^{-2x})^2}\,dx$$

$$=\int_{0}^{\ln 2}\frac{1}{2}(e^{2x}+e^{-2x})\,dx$$

$$=\frac{1}{2}\Big[\frac{1}{2}e^{2x}-\frac{1}{2}e^{-2x}\Big]_{0}^{\ln 2}$$

$$=\frac{1}{2}\Big\{\frac{1}{2}e^{2\ln 2}-\frac{1}{2}e^{-2\ln 2}-\Big(\frac{1}{2}e^{0}-\frac{1}{2}e^{0}\Big)\Big\}$$

$$=\frac{1}{2}\Big(2-\frac{1}{8}\Big)$$

$$=\frac{15}{16} \qquad \cdots\cdots ❷$$

답 $\dfrac{15}{16}$

단계	채점 기준	비율
❶	주어진 함수의 도함수를 구한 경우	40 %
❷	곡선의 길이를 구한 경우	60 %

내신+수능 *Plus* 고난도 문항   본문 107쪽

01 ②   **02** ②   **03** ⑤

01 점 P의 시각 t에서의 속도가 $v(t)=p\cos^3 t$이므로

점 P의 시각 t에서의 가속도는

$$a(t)=\frac{dv}{dt}=-3p\cos^2 t\sin t$$

$$a\Big(\frac{\pi}{6}\Big)=-3p\cos^2\frac{\pi}{6}\sin\frac{\pi}{6}=-\frac{9}{8}$$에서

$$3p\times\Big(\frac{\sqrt{3}}{2}\Big)^2\times\frac{1}{2}=\frac{9}{8},\ p=1$$

따라서 시각 $t=0$에서 시각 $t=\dfrac{\pi}{2}$까지 점 P가 움직인 거리를 l

이라 하면

$$l=\int_{0}^{\frac{\pi}{2}}|\cos^3 t|\,dt$$

$$=\int_{0}^{\frac{\pi}{2}}(1-\sin^2 t)\cos t\,dt$$

$$=\int_{0}^{\frac{\pi}{2}}\cos t\,dt-\int_{0}^{\frac{\pi}{2}}\sin^2 t\cos t\,dt$$

이때 $\int_{0}^{\frac{\pi}{2}}\sin^2 t\cos t\,dt$에서

$\sin t=s$로 놓으면 $\cos t=\dfrac{ds}{dt}$이고

$t=0$일 때 $s=0$, $t=\dfrac{\pi}{2}$일 때 $s=1$이므로

$$\int_{0}^{\frac{\pi}{2}}\sin^2 t\cos t\,dt=\int_{0}^{1}s^2\,ds$$

따라서

$$l = \int_0^{\frac{\pi}{2}} \cos t \, dt - \int_0^1 s^2 \, ds$$

$$= \left[\sin t \right]_0^{\frac{\pi}{2}} - \left[\frac{1}{3} s^3 \right]_0^1$$

$$= 1 - \frac{1}{3} = \frac{2}{3}$$

답 ②

02 직각삼각형 $\mathrm{P}_k\mathrm{OQ}_k$에서

$\angle \mathrm{P}_k\mathrm{OQ}_k = \dfrac{k\pi}{2n}$, $\overline{\mathrm{OP}_k} = 1$

이므로

$\overline{\mathrm{P}_k\mathrm{Q}_k} = \sin \dfrac{k\pi}{2n}$, $\overline{\mathrm{OQ}_k} = \cos \dfrac{k\pi}{2n}$

이때 삼각형 $\mathrm{P}_k\mathrm{OQ}_k$의 넓이 $S(k)$는

$$S(k) = \frac{1}{2} \times \overline{\mathrm{OQ}_k} \times \overline{\mathrm{P}_k\mathrm{Q}_k}$$

$$= \frac{1}{2} \cos \frac{k\pi}{2n} \sin \frac{k\pi}{2n}$$

따라서

$$\lim_{n \to \infty} \frac{\pi}{n} \sum_{k=1}^{n-1} S(k)$$

$$= \lim_{n \to \infty} \frac{\pi}{n} \sum_{k=1}^{n-1} \frac{1}{2} \cos \frac{k\pi}{2n} \sin \frac{k\pi}{2n}$$

$$= \lim_{n \to \infty} \sum_{k=1}^{n-1} \left(\cos \frac{k\pi}{2n} \sin \frac{k\pi}{2n} \times \frac{\pi}{2n} \right)$$

이때 $f(x) = \cos x \sin x$, $a = 0$, $b = \dfrac{\pi}{2}$로 놓으면

$\Delta x = \dfrac{b-a}{n} = \dfrac{\pi}{2n}$, $x_k = a + k\Delta x = \dfrac{k\pi}{2n}$

이므로 정적분과 급수의 합 사이의 관계에 의하여

$$\lim_{n \to \infty} \frac{\pi}{n} \sum_{k=1}^{n-1} S(k) = \int_0^{\frac{\pi}{2}} \cos x \sin x \, dx$$

이때 $\sin x = t$로 놓으면 $\cos x = \dfrac{dt}{dx}$이고

$x = 0$일 때 $t = 0$, $x = \dfrac{\pi}{2}$일 때 $t = 1$이므로

$$\lim_{n \to \infty} \frac{\pi}{n} \sum_{k=1}^{n-1} S(k) = \int_0^{\frac{\pi}{2}} \cos x \sin x \, dx$$

$$= \int_0^{\frac{\pi}{2}} \sin x \cos x \, dx$$

$$= \int_0^1 t \, dt$$

$$= \left[\frac{1}{2} t^2 \right]_0^1 = \frac{1}{2}$$

답 ②

03 조건 (가)에서

$$\int_0^x e^t f(t) \, dt = x^2 + ax + b \qquad \cdots\cdots \ \bigcirc$$

$\bigcirc$의 양변에 $x = 0$을 대입하면 $0 = b$

또, $\bigcirc$의 양변을 x에 대하여 미분하면

$$e^x f(x) = 2x + a \qquad \cdots\cdots \ \bigcirc\!\!\!\!\bigcirc$$

이때 $e^x > 0$이므로 $\bigcirc\!\!\!\!\bigcirc$의 양변을 e^x으로 나누면

$$f(x) = \frac{2x + a}{e^x}$$

$$f'(x) = \frac{2e^x - (2x + a)e^x}{(e^x)^2}$$

$$= \frac{-(2x + a - 2)}{e^x} \qquad \cdots\cdots \ \bigcirc\!\!\!\!\bigcirc\!\!\!\!\bigcirc$$

조건 (나)에서 함수 $f(x)$가 $x = 0$에서 극값을 가지므로

$$f'(0) = 0$$

이때 $\bigcirc\!\!\!\!\bigcirc\!\!\!\!\bigcirc$에서

$$f'(0) = -a + 2 = 0, \ a = 2$$

따라서 $f(x) = \dfrac{2x + 2}{e^x} = (2x + 2)e^{-x}$

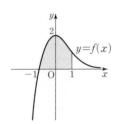

이때 $-1 \le x \le 1$에서 $f(x) \ge 0$이므로

함수 $y = f(x)$의 그래프와 x축 및 직선 $x = 1$로 둘러싸인 도형의 넓이는

$$\int_{-1}^1 (2x + 2)e^{-x} \, dx$$

이때 $u = 2x + 2$, $v' = e^{-x}$으로 놓으면

$u' = 2$, $v = -e^{-x}$이므로

$$\int_{-1}^1 (2x + 2)e^{-x} \, dx$$

$$= \left[-(2x + 2)e^{-x} \right]_{-1}^1 + 2\int_{-1}^1 e^{-x} \, dx$$

$$= -4e^{-1} + 2\left[-e^{-x} \right]_{-1}^1$$

$$= -4e^{-1} + 2(-e^{-1} + e^1)$$

$$= -6e^{-1} + 2e = -\frac{6}{e} + 2e$$

답 ⑤

본문 108~111쪽

01 ⑤	**02** ③	**03** ④	**04** ①	**05** ①
06 $\dfrac{468}{5}\pi$		**07** 34	**08** ③	**09** ①
10 ①	**11** ⑤	**12** ⑤	**13** ①	**14** ③
15 ⑤	**16** ⑤	**17** 8	**18** $\dfrac{3}{40}$	

01 $\displaystyle\int_1^e \left(\dfrac{1}{x}+2x\right)dx = \left[\ln x + x^2\right]_1^e$
$$= (\ln e + e^2) - (\ln 1 + 1^2)$$
$$= (1+e^2) - (0+1) = e^2$$

답 ⑤

02 $\displaystyle\int_0^{\ln 6} e^{2x}\,dx = \left[\dfrac{1}{2}e^{2x}\right]_0^{\ln 6}$
$$= \dfrac{1}{2}(e^{2\ln 6} - e^0)$$
$$= \dfrac{1}{2}(36-1) = \dfrac{35}{2}$$

답 ③

03 $\displaystyle\int_0^{\frac{\pi}{2}} (2\sin x + 1)\cos x\,dx$에서

$\sin x = t$로 놓으면 $\cos x = \dfrac{dt}{dx}$이고,

$x=0$일 때 $t=0$, $x=\dfrac{\pi}{2}$일 때 $t=1$이므로

$\displaystyle\int_0^{\frac{\pi}{2}} (2\sin x + 1)\cos x\,dx = \int_0^1 (2t+1)\,dt$
$$= \left[t^2 + t\right]_0^1$$
$$= 1+1 = 2$$

답 ④

04 $\displaystyle\int_0^x f(t)\,dt = \cos 2x + ax + a$ ...... ㉠

㉠의 양변에 $x=0$을 대입하면

$0 = \cos 0 + 0 + a$, $a=-1$

㉠의 양변을 x에 대하여 미분하면

$f(x) = -2\sin 2x - 1$

따라서

$f\left(\dfrac{\pi}{4}\right) = -2\sin\dfrac{\pi}{2} - 1 = -3$

답 ①

05 곡선 $y=\ln x$는 다음 그림과 같다.

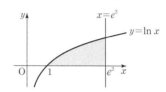

구하는 넓이를 S라 하면

$S = \displaystyle\int_1^{e^2} \ln x\,dx$

이때 $f(x) = \ln x$, $g'(x)=1$로 놓으면

$f'(x) = \dfrac{1}{x}$, $g(x)=x$이므로

$S = \displaystyle\int_1^{e^2} \ln x\,dx = \left[x\ln x\right]_1^{e^2} - \int_1^{e^2} 1\,dx$
$$= \left[x\ln x\right]_1^{e^2} - \left[x\right]_1^{e^2}$$
$$= \left[x\ln x - x\right]_1^{e^2}$$
$$= (e^2 \ln e^2 - e^2) - (1\ln 1 - 1)$$
$$= 2e^2 - e^2 + 1$$
$$= e^2 + 1$$

답 ①

06 단면의 넓이를 $S(x)$라 하면

$S(x) = (x\sqrt{x}+1)^2\pi$
$$= (x^3 + 2x\sqrt{x} + 1)\pi$$

따라서 구하는 부피 V는

$V = \displaystyle\int_0^4 (x^3 + 2x\sqrt{x} + 1)\pi\,dx$
$$= \pi\left[\dfrac{1}{4}x^4 + \dfrac{4}{5}x^2\sqrt{x} + x\right]_0^4$$
$$= \pi\left(\dfrac{1}{4}\times 4^4 + \dfrac{4}{5}\times 4^2\sqrt{4} + 4\right)$$
$$= \dfrac{468}{5}\pi$$

답 $\dfrac{468}{5}\pi$

07 $\lim\limits_{n\to\infty}\dfrac{\pi}{4n}\sum\limits_{k=1}^{n}\left\{1+\tan^2\left(\dfrac{\pi k}{4n}\right)\right\}\sec^2\left(\dfrac{\pi k}{4n}\right)$에서

$a=0$, $b=\dfrac{\pi}{4}$로 놓으면

$\varDelta x=\dfrac{b-a}{n}=\dfrac{\pi}{4n}$, $x_k=a+k\varDelta x=\dfrac{k\pi}{4n}$이므로

정적분과 급수의 합 사이의 관계에 의하여

$\lim\limits_{n\to\infty}\dfrac{\pi}{4n}\sum\limits_{k=1}^{n}\left\{1+\tan^2\left(\dfrac{\pi k}{4n}\right)\right\}\sec^2\left(\dfrac{\pi k}{4n}\right)$

$=\displaystyle\int_0^{\frac{\pi}{4}}(1+\tan^2 x)\sec^2 x\,dx$

이때 $\tan x=t$로 놓으면 $\sec^2 x=\dfrac{dt}{dx}$이고,

$x=0$일 때 $t=0$, $x=\dfrac{\pi}{4}$일 때 $t=1$이므로

$\displaystyle\int_0^{\frac{\pi}{4}}(1+\tan^2 x)\sec^2 x\,dx=\int_0^1(1+t^2)\,dt$

$\qquad\qquad\qquad\qquad\qquad=\left[t+\dfrac{1}{3}t^3\right]_0^1$

$\qquad\qquad\qquad\qquad\qquad=1+\dfrac{1}{3}=\dfrac{4}{3}$

따라서 $p=3$, $q=4$이므로

$10p+q=10\times 3+4=34$

립 34

08 $g(t)=f'(t)f(t)$라 하고
$G'(t)=g(t)$라 하면

$\lim\limits_{x\to e}\dfrac{1}{x-e}\displaystyle\int_e^x f'(t)f(t)\,dt$

$=\lim\limits_{x\to e}\dfrac{1}{x-e}\displaystyle\int_e^x g(t)\,dt$

$=\lim\limits_{x\to e}\dfrac{G(x)-G(e)}{x-e}$

$=G'(e)=g(e)$

$=f'(e)f(e)$ $\qquad\qquad\qquad\cdots\cdots$ ㉠

한편 $f(x)=x^2\ln x$에서

$f'(x)=2x\ln x+x$이므로

$f(e)=e^2\ln e=e^2$

$f'(e)=2e\ln e+e=3e$ $\qquad\qquad\cdots\cdots$ ㉡

따라서

$\lim\limits_{x\to e}\dfrac{1}{x-e}\displaystyle\int_e^x f'(t)f(t)\,dt=f'(e)f(e)$

$\qquad\qquad\qquad\qquad\qquad=3e\times e^2=3e^3$

립 ③

09 등식 $xf(x)-e^{x^2}=-1+\displaystyle\int_0^x f(t)\,dt$에서

양변을 x에 대하여 미분하면

$f(x)+xf'(x)-2xe^{x^2}=f(x)$

$xf'(x)=2xe^{x^2}$

이때

$\displaystyle\int_{\sqrt{\ln 3}}^{\sqrt{\ln 6}}xf'(x)\,dx=\int_{\sqrt{\ln 3}}^{\sqrt{\ln 6}}2xe^{x^2}\,dx$에서

$x^2=t$라 하면 $2x=\dfrac{dt}{dx}$이고

$x=\sqrt{\ln 3}$일 때 $t=\ln 3$, $x=\sqrt{\ln 6}$일 때 $t=\ln 6$이므로

$\displaystyle\int_{\sqrt{\ln 3}}^{\sqrt{\ln 6}}2xe^{x^2}\,dx=\int_{\ln 3}^{\ln 6}e^t\,dt$

$\qquad\qquad\qquad\qquad=\left[e^t\right]_{\ln 3}^{\ln 6}$

$\qquad\qquad\qquad\qquad=e^{\ln 6}-e^{\ln 3}$

$\qquad\qquad\qquad\qquad=6-3=3$

립 ①

10 곡선 $y=\dfrac{2}{x}$와 직선 $y=-x+3$이 만나는 점의 x좌표는

$\dfrac{2}{x}=-x+3$에서

$x(-x+3)=2$

$x^2-3x+2=0$

$(x-1)(x-2)=0$

$x=1$ 또는 $x=2$

즉, 곡선 $y=\dfrac{2}{x}$와 직선 $y=-x+3$은 서로 다른 두 점에서 만나고, 교점의 x좌표는 $x=1$ 또는 $x=2$이다.

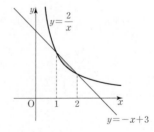

따라서 구하는 넓이를 S라 하면

$S=\displaystyle\int_1^2\left\{(-x+3)-\dfrac{2}{x}\right\}dx$

$\quad=\displaystyle\int_1^2\left(-x+3-\dfrac{2}{x}\right)dx$

$\quad=\left[-\dfrac{1}{2}x^2+3x-2\ln x\right]_1^2$

$$= (-2+6-2\ln 2) - \left(-\frac{1}{2}+3-2\ln 1\right)$$

$$= \frac{3}{2} - 2\ln 2$$

답 ①

11 ㄱ. 시각 $t=b$일 때 $v=0$이고, $t=b$의 좌우에서 $v(t)$의
부호가 변하므로 점 P는 $t=b$에서 운동 방향을 바꾼다.
또, 시각 $t=d$일 때 $v=0$이고, $t=d$의 좌우에서 $v(t)$의
부호가 변하므로 점 P는 $t=d$에서 운동 방향을 바꾼다.
따라서 점 P는 운동 방향을 2번 바꾼다. (참)

ㄴ. $\displaystyle\int_0^d v(t)\,dt=0$이므로

$$\int_0^b |v(t)|\,dt = \int_b^d |v(t)|\,dt$$

이때 $\displaystyle\int_0^b v(t)\,dt>0$, $\displaystyle\int_b^d v(t)\,dt<0$이므로

시각 $t=d$일 때, 점 P의 위치는 원점이다. (참)

ㄷ. 시각 $t=a$에서의 점 P의 가속도는 $v'(a)$이다.
즉, 시각 $t=a$에서의 점 P의 가속도는 곡선 $y=v(t)$ 위의
점 $(a, v(a))$에서의 접선의 기울기와 같다.
이때, 함수 $y=v(t)$는 열린구간 $(0, e)$에서 두 개의 극값을
가지므로 점 P의 가속도가 0이 되는 순간은 2번 있다. (참)
따라서 옳은 것은 ㄱ, ㄴ, ㄷ이다.

답 ⑤

12 $y=\dfrac{1}{3}(x^2+2)^{\frac{3}{2}}$에서

$$\frac{dy}{dx}=\frac{1}{3}\times\frac{3}{2}(x^2+2)^{\frac{1}{2}}\times 2x = x(x^2+2)^{\frac{1}{2}}$$

따라서 구하는 곡선의 길이를 l이라 하면

$$l = \int_0^2 \sqrt{1+\left(\frac{dy}{dx}\right)^2}\,dx$$

$$= \int_0^2 \sqrt{1+\left\{x(x^2+2)^{\frac{1}{2}}\right\}^2}\,dx$$

$$= \int_0^2 \sqrt{1+x^2(x^2+2)}\,dx$$

$$= \int_0^2 \sqrt{x^4+2x^2+1}\,dx$$

$$= \int_0^2 \sqrt{(x^2+1)^2}\,dx$$

$$= \int_0^2 (x^2+1)\,dx$$

$$= \left[\frac{1}{3}x^3+x\right]_0^2$$

$$= \frac{8}{3}+2 = \frac{14}{3}$$

답 ⑤

13 함수 $f(x)$의 한 부정적분이 $F(x)$이므로
$$F'(x)=f(x)$$
$F(x)=xf(x)-x^2\cos x$의 양변을 x에 대하여 미분하면
$$f(x)=f(x)+xf'(x)-2x\cos x+x^2\sin x$$
$$xf'(x)=2x\cos x-x^2\sin x$$
이때 위 등식의 양변을 x로 나누면
$$f'(x)=2\cos x-x\sin x$$

$$f(x)=\int(2\cos x-x\sin x)\,dx$$

$$= \int 2\cos x\,dx - \int x\sin x\,dx$$

$$= 2\sin x+x\cos x-\int\cos x\,dx$$

$$= 2\sin x+x\cos x-\sin x+C$$

$$= \sin x+x\cos x+C \ (단, C는 적분상수)$$

이때 $f\left(\dfrac{\pi}{2}\right)=1+C=1$이므로

$$C=0$$
따라서
$f(x)=\sin x+x\cos x$이므로
$$f(\pi)=\sin\pi+\pi\cos\pi=-\pi$$

답 ①

14 주어진 조건을 만족시키려면

$$\int_0^{e^2-1}\{\ln(x+1)-a\}\,dx=0 \qquad\cdots\cdots ㉠$$

이어야 한다.

$$\int_0^{e^2-1}\ln(x+1)\,dx$$에서

$f(x)=\ln(x+1)$, $g'(x)=1$로 놓으면

$f'(x)=\dfrac{1}{x+1}$, $g(x)=x$이므로

$$\int_0^{e^2-1}\ln(x+1)\,dx$$

$$= \Big[x\ln(x+1)\Big]_0^{e^2-1}-\int_0^{e^2-1}\frac{x}{x+1}\,dx$$

$$=2(e^2-1)-\int_0^{e^2-1}\left(1-\frac{1}{x+1}\right)dx$$

$$=2(e^2-1)-\left[x-\ln(x+1)\right]_0^{e^2-1}$$

$$=2(e^2-1)-(e^2-3)$$

$$=e^2+1$$

이때

$$\int_0^{e^2-1}\{\ln(x+1)-a\}\,dx$$

$$=\int_0^{e^2-1}\ln(x+1)\,dx-\int_0^{e^2-1}a\,dx$$

$$=e^2+1-\left[ax\right]_0^{e^2-1}$$

$$=e^2+1-a(e^2-1) \qquad\qquad \cdots\cdots ㉡$$

㉠, ㉡에서

$$e^2+1-a(e^2-1)=0$$

$$a=\frac{e^2+1}{e^2-1}$$

답 ③

15 $f(x)=\int_2^x(t-a)e^t\,dt$에서

양변을 x에 대하여 미분하면

$$f'(x)=(x-a)e^x$$

$$f''(x)=e^x+(x-a)e^x$$

$$=(x-a+1)e^x$$

점 $(0,\,f(0))$이 곡선 $y=f(x)$의 변곡점이므로

$f''(0)=-a+1=0$에서 $a=1$

이때 $f(x)=\int_2^x(t-1)e^t\,dt$에서

$u=t-1$, $v'=e^t$으로 놓으면 $u'=1$, $v=e^t$이므로

$$f(x)=\int_2^x(t-1)e^t\,dt$$

$$=\left[(t-1)e^t\right]_2^x-\int_2^x e^t\,dt$$

$$=\left[(t-1)e^t-e^t\right]_2^x$$

$$=(x-2)e^x$$

따라서

$$\int_a^e f(\ln x)\,dx=\int_1^e(\ln x-2)\,e^{\ln x}\,dx$$

$$=\int_1^e(x\ln x-2x)\,dx$$

이때 $\int x\ln x\,dx$에서

$u'=x$, $v=\ln x$로 놓으면 $u=\frac{1}{2}x^2$, $v'=\frac{1}{x}$이므로

$$\int x\ln x\,dx=\frac{1}{2}x^2\ln x-\int\frac{1}{2}x\,dx$$

$$=\frac{1}{2}x^2\ln x-\frac{1}{4}x^2+C \text{ (단, } C\text{는 적분상수)}$$

따라서

$$\int_a^e f(\ln x)\,dx=\int_1^e(x\ln x-2x)\,dx$$

$$=\left[\frac{1}{2}x^2\ln x-\frac{1}{4}x^2-x^2\right]_1^e$$

$$=\left[\frac{1}{2}x^2\ln x-\frac{5}{4}x^2\right]_1^e$$

$$=\left(\frac{1}{2}e^2\ln e-\frac{5}{4}e^2\right)-\left(\frac{1}{2}\ln 1-\frac{5}{4}\right)$$

$$=\frac{1}{2}e^2-\frac{5}{4}e^2+\frac{5}{4}$$

$$=\frac{5-3e^2}{4}$$

답 ⑤

16 조건 (가)에서

$$f(x)g(x)$$

$$=e^x-1+\int_0^x(1+te^t)\,dt$$

$$=e^x-1+\left[t+(t-1)e^t\right]_0^x$$

$$=e^x-1+\left[\{x+(x-1)e^x\}-\{0+(0-1)e^0\}\right]$$

$$=x(1+e^x)$$

조건 (다)에서

$x>0$일 때, $f(x)>0$이므로

$$g(x)=\frac{x(1+e^x)}{f(x)}$$

이때 $f(x)=x^2+ax+b$ (단, a, b는 상수)로 놓으면

$$g(x)=\frac{x(1+e^x)}{x^2+ax+b}$$

조건 (나)에서

$$\lim_{x\to 0+}g(x)=\lim_{x\to 0+}\frac{x(1+e^x)}{x^2+ax+b}=2$$

이때 $x\to 0+$일 때, (분자)$\to 0$이고 극한값이 2이므로

(분모)$\to 0$이어야 한다.

즉, $\lim_{x\to 0+}(x^2+ax+b)=b=0$

$$\lim_{x \to 0+} g(x) = \lim_{x \to 0+} \frac{x(1+e^x)}{x^2+ax}$$
$$= \lim_{x \to 0+} \frac{1+e^x}{x+a}$$
$$= \frac{2}{a}$$

이므로 $\dfrac{2}{a}=2$에서 $a=1$

따라서 $f(x)=x^2+x$이므로

$$g(x) = \frac{x(1+e^x)}{x^2+x} = \frac{1+e^x}{x+1}$$

따라서

$$\int_1^2 \left\{ \frac{f(x)}{x+1} + (x+1)g(x) \right\} dx$$
$$= \int_1^2 \left\{ \frac{x^2+x}{x+1} + (x+1) \times \frac{1+e^x}{x+1} \right\} dx$$
$$= \int_1^2 (x+1+e^x) \, dx$$
$$= \left[\frac{1}{2}x^2 + x + e^x \right]_1^2$$
$$= \left(\frac{1}{2} \times 4 + 2 + e^2 \right) - \left(\frac{1}{2} + 1 + e \right)$$
$$= (4+e^2) - \left(\frac{3}{2} + e \right)$$
$$= e^2 - e + \frac{5}{2}$$

답 ⑤

17 두 곡선 $y=\sqrt{2x}$, $y=\sqrt{-x+6}$에서

$\sqrt{2x}=\sqrt{-x+6}$

양변을 제곱하면

$2x=-x+6$, $3x=6$, $x=2$

즉, 두 곡선 $y=\sqrt{2x}$, $y=\sqrt{-x+6}$이 만나는 점의 x좌표는 2
이다. ······ ❶

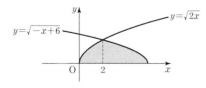

구하는 넓이를 S라 하면

$$S = \int_0^2 \sqrt{2x} \, dx + \int_2^6 \sqrt{-x+6} \, dx$$
$$= \int_0^2 (2x)^{\frac{1}{2}} \, dx + \int_2^6 (-x+6)^{\frac{1}{2}} \, dx$$

$$= \left[\frac{1}{3}(2x)^{\frac{3}{2}} \right]_0^2 + \left[-\frac{2}{3}(-x+6)^{\frac{3}{2}} \right]_2^6$$
$$= \frac{8}{3} + \frac{16}{3}$$
$$= 8 \qquad \qquad \qquad \text{······ ❷}$$

답 8

단계	채점 기준	비율
❶	두 곡선 $y=\sqrt{2x}$, $y=\sqrt{-x+6}$의 교점의 x좌표를 구한 경우	40 %
❷	넓이를 구한 경우	60 %

18 $g'(x)=e^{2x}$이므로

$$g(x) = \int e^{2x} \, dx = \frac{1}{2}e^{2x} + C \quad (\text{단, } C\text{는 적분상수})$$

이때 $g(0) = \dfrac{1}{2}e^0 + C = \dfrac{1}{2}$에서 $C=0$

따라서

$$g(x) = \frac{1}{2}e^{2x} \qquad \qquad \qquad \text{······ ❶}$$

이때 $\displaystyle\int_0^{\ln 2} f(x)g(x) \, dx = \frac{1}{2}\int_0^{\ln 2} \frac{e^{2x}}{(1+e^{2x})^2} \, dx$에서

$1+e^{2x}=t$로 놓으면 $2e^{2x} = \dfrac{dt}{dx}$이고

$x=0$일 때 $t=2$, $x=\ln 2$일 때 $t=5$이므로

$$\frac{1}{2}\int_0^{\ln 2} \frac{e^{2x}}{(1+e^{2x})^2} \, dx = \frac{1}{4}\int_2^5 \frac{1}{t^2} \, dt$$
$$= \frac{1}{4}\left[-\frac{1}{t} \right]_2^5$$
$$= \frac{1}{4}\left\{ -\frac{1}{5} - \left(-\frac{1}{2} \right) \right\}$$
$$= \frac{3}{40}$$

답 $\dfrac{3}{40}$

단계	채점 기준	비율
❶	함수 $g(x)$를 구한 경우	40 %
❷	정적분의 값을 구한 경우	60 %

수능 국어 문법 만점을 위한 절대 원리 !

[기본편]

국어 **문법**의 원리
수능국어문법

- 📖 최신 수능 경향 분석을 통해 뽑아낸 문법의 핵심 원리
- 📖 54개 문법 키워드로 내신·수능에 필요한 개념 모두 설명
- 📖 원리 확인 문제 ➕ 수능형 문제 수록

[문제편]

국어 **문법**의 원리
수능국어문법 240제

- 📖 최신 수능 경향 분석을 통해 출제한 실전 문항 240선
- 📖 원리 잡기 '연습 문제' ➕ 유형 다지기 '실전 문제'
- 📖 수능 신유형 분석 및 대비법, 기출 문항 분석 '특별 부록'

수학의 왕도
수학 (상)
새 교과서, 새 수능 대비 EBS 수학 기본서
"국내 최대 1268문항"
개념을 시각화 했습니다. 한눈에 쏙!
591문항으로 개념다지기 누구나 할 수 있습니다.
기초에서 고득점으로 계단식 구성으로 "저절로 쑥~"
신유형·고득점문제
실력 문제
기본 문제
대표 문제
개념 문제
2015 개정교육과정
2018년 고1적용
EBS
수학의 왕도
수학 (상)
수학 (하)
수학 I
수학 II
확률과 통계
미적분
EBS

뻔한 기본서는 잊어라! 2015 개정교육과정 반영!
2년 동안 EBS가 공들여 만든 신개념 수학 기본서
수학의 왕도와 함께라면 수포자는 없다!!

1. 개념의 시각화

직관적 개념 설명으로 쉽게 이해한다.

- 개념도입시 효과적인 시각적 표현을 적극 활용하여 직관적으로 쉽게 개념을 이해 할 수 있다.

- 복잡한 자료나 개념을 명료하게 정리 제시하여 시각적 이미지와 함께 정보를 제공
  하여 개념 이해 도움을 줄 수 있다.

2. 국내 최대 문항

세분화된 개념 확인문제로 개념을 다진다.

- 개념을 세분화한 문제를 충분히 연습해보며 개념을 확실히 이해할 수 있도록 문항을
  구성하였다.

- 반복 연습을 통해 자연스럽게 대표문제로 이행할 수 있다.

3. 단계적 문항 구성

기초에서 고난도 문항까지 계단식 구성

- 기초 개념 확인문제에서부터 대표문제, 기본&실력 종합문제를 거쳐 고난도, 신유형 문항까지
  풀다보면 저절로 실력이 올라갈 수 있도록 단계적으로 문항을 구성하였다.

4. 단계별 풀이 전략

풀이 단계별 해결 전략을 구성하여 해결 과정의 구체적인 방법을 제시한다.

- 대표 문제의 풀이 과정에 해결 전략을 2~3단계로 제시하여 문항 유형에 따른 해결 방법을
  살펴볼 수 있도록 한다.

전과목 로드맵

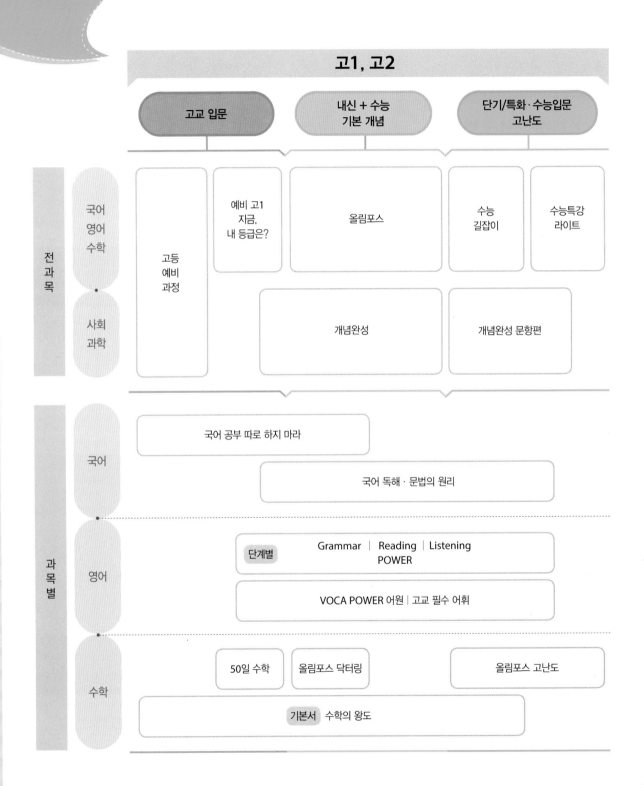

		고1, 고2			
		고교 입문	내신 + 수능 기본 개념	단기/특화·수능입문 고난도	

전과목 — 국어 영어 수학 · 사회 과학

고교 입문	내신 + 수능 기본 개념	단기/특화·수능입문 고난도
고등 예비 과정 / 예비 고1 지금, 내 등급은?	올림포스 / 개념완성	수능 길잡이 / 수능특강 라이트 / 개념완성 문항편

과목별

국어
- 국어 공부 따로 하지 마라
- 국어 독해 · 문법의 원리

영어
- 단계별 — Grammar │ Reading │ Listening POWER
- VOCA POWER 어원 │ 고교 필수 어휘

수학
- 50일 수학
- 올림포스 닥터링
- 올림포스 고난도
- 기본서 — 수학의 왕도